■ 高 等 学 校 教 材

无机化学实验

（第四版）

大连理工大学无机化学教研室 编

牟文生 主编

中国教育出版传媒集团
高等教育出版社·北京

内容提要

本书是大连理工大学无机化学教研室编写的“十二五”普通高等教育本科国家级规划教材《无机化学》(第六版)的配套实验教材。

本书是在第三版的基础上,结合近年来的教学改革实践修订而成的。全书首先介绍了实验室基本知识、常用仪器及基本操作,并按照物理化学量及常数的测定,化学反应原理与物质结构基础,元素化合物的性质,无机化合物的提纯与制备,综合性、设计性和研究性实验等模块精选了40个无机化学实验,实验原理简明扼要,实验内容反映工科特点,注重学生分析解决问题和创新能力的培养。

本书可作为高等学校化工与制药类及相关专业的无机化学实验课程教材,也可供相关科研和工程技术人员参考使用。

图书在版编目(CIP)数据

无机化学实验 / 大连理工大学无机化学教研室编;牟文生主编. -- 4版. -- 北京 : 高等教育出版社,2023.12

ISBN 978-7-04-061265-3

Ⅰ. ①无… Ⅱ. ①大… ②牟… Ⅲ. ①无机化学-化学实验-高等学校-教材 Ⅳ. ①O61-33

中国国家版本馆CIP数据核字(2023)第190960号

WUJI HUAXUE SHIYAN

策划编辑 翟 怡　　责任编辑 翟 怡　　封面设计 李卫青　　版式设计 于 婕
责任绘图 黄云燕　　责任校对 胡美萍　　责任印制 朱 琦

出版发行 高等教育出版社
社　　址 北京市西城区德外大街4号
邮政编码 100120
印　　刷 涿州汇美亿浓印刷有限公司
开　　本 787 mm× 1092 mm 1/16
印　　张 15.25
字　　数 340千字
购书热线 010-58581118
咨询电话 400-810-0598
网　　址 http://www.hep.edu.cn
　　　　 http://www.hep.com.cn
网上订购 http://www.hepmall.com.cn
　　　　 http://www.hepmall.com
　　　　 http://www.hepmall.cn
版　　次 2004年6月第1版
　　　　 2023年12月第4版
印　　次 2023年12月第1次印刷
定　　价 36.40元

本书如有缺页、倒页、脱页等质量问题,请到所购图书销售部门联系调换
版权所有 侵权必究

物 料 号 61265-00

第四版前言

《无机化学实验》(第三版)自2014年出版以来,与大连理工大学无机化学教研室编《无机化学》(第五版或第六版)配套使用,或单独作为无机化学实验教材使用,受到许多兄弟院校教师和学生的欢迎与好评。随着科学技术的发展、教学改革的深化、教学手段的不断提高和实验条件的现代化,有必要对《无机化学实验》(第三版)进行修订,以更好地满足培养新时代高素质创新型人才的需要。

本书主要在以下几方面进行了修订:

1. 根据新形态教材的要求,对《无机化学实验》(第三版)进行了全面文字修改。对无机化学实验基本知识的个别内容和部分仪器及其使用方法的内容做了改编,例如,删去了"pHS-2C型酸度计及其使用方法",更换为"pHS-3C型酸度计及其使用方法"。增加了基本操作和仪器使用的视频资料。

2. 在教材中融入了课程思政元素,例如,介绍微型化学实验、减少环境污染等对于生态文明建设都具有实际意义。

3. 根据近十年的实验教学实践,修改了某些实验中的试剂用量、仪器规格、操作方法等,以便取得更好的实验效果。

4. 将元素化合物实验中某些涉及有毒物质的内容划为选作实验或演示实验(用*标记),有些实验则配以教学视频,减少这些实验的实际操作有利于减少有害物质对环境的污染。

5. 删减了个别内容陈旧的实验,增加一些综合性和研究型实验内容,这些研究型实验反映了大连理工大学无机化学教研室教师科学研究的相关成果。

本书可与大连理工大学无机化学教研室编《无机化学》(第六版)配套使用,也可单独作为无机化学实验教材使用。

参加本次修订工作的有牟文生、宋学志、于永鲜、王春燕、王秀云、安海艳、崔淼、王慧龙、颜洋、周硼、刘淑芹、张利静、王加升、周亮、荣凤玲等。全书由牟文生策划并统稿,宋学志协助做了许多工作。

本次修订工作得到大连理工大学教材出版专项基金的支持,也得到大连理工大学化工学院、无机化学教研室和基础化学实验中心相关教师的支持与帮助。天津大学杨秋华教授精心审阅了本书,提出了宝贵的意见和建议。编者在此一并表示诚挚的谢意。

由于编者水平所限,书中难免存在缺点和错误之处,敬请读者不吝赐教。

编　者

2022年10月

第三版前言

《无机化学实验》(第二版)自2004年出版以来,受到许多兄弟院校教师和学生的欢迎与好评。随着科学技术的发展和教学改革的不断深入,有必要对《无机化学实验》(第二版)进行修订,以更好地满足培养21世纪高素质创新型人才的需要。

《无机化学实验》(第三版)主要在以下几方面对第二版进行了修订:

1. 修改了某些实验中的试剂用量、仪器规格、操作方法等,以利于取得更好的实验效果。

2. 修改了无机化学实验基本知识的个别内容和部分仪器及其使用方法。例如,增加了新型常用酸度计及其使用方法。

3. 将元素化合物实验中某些有毒物质的内容划为选作实验或演示实验,以减少有害物质对环境的污染。

4. 增加一些综合性、设计性和研究性实验内容,充分反映大连理工大学无机化学教研室教师近年来科学研究的相关成果。

本书可与大连理工大学无机化学教研室编《无机化学》(第五版)或即将修订出版的《无机化学》(第六版)配套使用,也可单独作为无机化学实验教材使用。

参加本书修订工作的除第二版编者牟文生、许维波、于永鲜、辛剑、王慧龙、辛钢之外,还有周硼、刘淑芹、马伟、安海艳、陶胜洋等。全书编写由牟文生组织并统稿。

本书修订工作得到大连理工大学教材出版专项基金的支持,也得到大连理工大学化学与环境生命学部、化学学院,以及基础化学实验中心教师的支持与帮助,在此表示诚挚的谢意。

由于编者水平所限,书中难免存在缺点和错误之处,敬请读者不吝赐教。

编　者

2014年8月

第二版前言

本书是在大连理工大学无机化学教研室编写的高等学校教材《无机化学实验》的基础上，经过在多年的实验教学实践中不断改革、充实和更新内容而编写的实验教材，是面向21世纪课程教材、普通高等教育“九五”国家级重点教材《无机化学》（第四版）的配套教材。

《无机化学实验》（第一版）于1990年出版以来的十几年间，科学技术飞速发展，教育和教学改革也在不断深化，第一版实验教材越来越不能适应21世纪人才培养的需要，对其进行修订已势在必行。特别是《无机化学》（第四版）于2001年出版之后，许多使用第一版实验教材院校的教师都希望新版《无机化学实验》早日出版。

《无机化学实验》（第二版）以高等学校无机化学课程教学基本要求为根据，充分体现了新世纪教学改革的精神，充分反映了“面向21世纪工科（化工类）化学系列课程体系与教学内容改革”和工科化学课程教学基地建设的成果。在实验内容的选取上突出时代性、应用性，注意体现工科化学实验教材的特点。本书采用新的模块式实验教材体系，实验内容分为物理化学量及常数的测定，化学反应原理与物质结构基础，元素化合物的性质，无机化合物的提纯与制备，综合性、设计性和研究性实验5部分。在编写过程中，注意精选实验内容，删除重复性内容，削减验证性实验，增加综合性、设计性、研究性实验，编入微型化学实验，适当反映科学研究工作的成果，注重培养学生的实践能力、分析解决问题的能力和创新能力。实验原理简明扼要，有些实验内容的叙述不求细化，改变照方配药的传统模式。在化学反应原理和元素化合物性质两部分中，即开始由易到难、由少到多逐渐编入设计性实验的内容，以利于学生能力的培养。本书所编34个实验中，大多数是我校在多年实验教学中选用或近几年教改中试用过的内容，教学效果良好。有些实验中标有*的内容为选做内容。

本书将第一版附录中的常用仪器简介与使用、实验基本操作等内容移至前面正文中，有利于学生实验前预习。同时尽量介绍一些新型实验仪器。本书增加了常用数据附录，便于在实验中随时查阅。

参加本书修订工作的有：许维波（第一章1.1、1.2，第二、三、四、五章，第六、七、九章部分实验）、牟文生（第一章1.3、1.4，第六、七、八、九、十章部分实验）、于永鲜（实验二十四、二十八、二十九）、辛剑（实验二十六、三十、三十一）、辛钢（实验二十三）、王慧龙（实验三十三）。本书由牟文生策划、整理统稿。基础化学实验中心的杨敏霞、刘丽玉也参加了部分实验工作。本书凝聚着教研室几代教师多年耕耘、奉献的劳动成果，是集体智慧的结晶。

本书承辛剑教授审稿并提供了部分综合、设计性实验。高等教育出版社岳延陆、朱仁、刘啸天编审始终对本书的修订工作给予关心、支持和具体指导。本书的修订工作还得到大连理工大学教务处和化工学院有关领导的大力支持，得到袁万钟、迟玉兰、高占先、孟长功等教授，以及第一版主编石俊昌的关心和支持。使用第一版实验教材的兄弟院校的许多教师也关注着本书的修订工作，并提出了宝贵的修订意见。编者在此一并表示衷心的感谢。

限于编者的学识和水平，书中缺点和错误之处在所难免，恳请同行专家和使用本书的师生批评指正。

编　者

2003年10月

第一版编写说明

本书为大连理工大学无机化学教研室编写的高等学校教材《无机化学》(第三版)的配套实验教材。

本书主要依据我校历年的实验教学实践并参考国内外有关实验教材编写而成。全书共编入了39个实验,其中实验一到三,着重练习基本操作;实验四到十四,配合《无机化学》(第三版)(以下简称教材)第一章到第五章关于化学反应原理的学习;实验十五到十七,配合教材第六章到第九章关于物质结构理论的学习;实验十八到二十九,配合教材第十章到第十五章关于元素化学知识的学习。通过这些实验可以加深理解有关的基本概念、基本理论和基本知识。实验三十到三十三为综合练习,通过这些实验可以培养学生归纳、总结的能力。实验三十四到三十九为加选实验,这些实验可供学生第二课堂或课外选做,以利于学生扩大知识面。关于无机制备的实验,本书按教材内容的先后,分插在有关部分进行。例如,无水硫酸钠和硫酸亚铁铵的制备配合基本操作训练;氯化钠的提纯配合离子反应;硫酸铜的制备配合氧化还原反应;镁氧水泥的制取则结合元素化学的学习等。

在每个实验的实验原理中,凡是教材上已详细讨论过的内容,一般不再重复,学生在实验前后应结合实验目的、内容,学习教材中的有关章节。本书前几个实验的操作写得比较详细,以后各实验则逐渐写得简要,这样可能有利于培养学生独立实验的能力。实验三十六到三十九编写成小论文的格式,希望能给学生以初步实习撰写论文的训练。本书中凡打*号的部分均为选做内容。

参加本书编写工作的有许维波(实验二、六、十三、十七、二十五、二十六、二十七、二十八、二十九、三十一、三十二、三十三、三十四、三十七),关春华(实验一、三、四、七、八、九、十、十一、十二、三十、三十五、三十六及附录),石俊昌(实验五、十四、十五、十六、十八、十九、二十、二十一、二十二、二十三、二十四、三十九)和袁景利(实验三十八),由石俊昌主编。全书插图由吕其玉绘制。袁万钟、隋亮参加了全书的定稿工作。教研室全体同志对本书的编写作出了很大贡献。

本书初稿完成后,承天津大学杨宏孝、沈君朴同志和北京科技大学陶导先、姚迪民同志审稿,提出许多宝贵意见,谨此致谢。

由于我们的水平有限,书中难免存在缺点和错误,敬希读者批评指正。

编　者

1989年1月

目　录

第一章 绪　　言

1.1 无机化学实验的目的

化学是一门以实验为基础的科学。无机化学实验是无机化学课程的重要组成部分，也是学习无机化学的一个重要环节，是高等学校化学工程与工艺、应用化学、环境工程、生物工程、制药工程及冶金、地质、轻工、食品等专业一年级学生必修的基础课程之一。它的主要目的是：通过实验，使学生巩固并加深对无机化学基本概念和基本理论的理解；掌握无机化学实验的基本操作和技能，学会正确地使用基本仪器测量实验数据，正确地处理数据和表达实验结果；掌握一些无机物的制备、提纯和检验方法；培养学生独立思考问题、分析问题、解决问题和创新的能力；培养学生实事求是、严谨认真的科学态度，整洁、卫生、安全、节约的良好习惯，为学生继续学好后续课程（分析化学、有机化学、物理化学和其他化学专业课程及实验课程等）及今后参加实际工作和开展科学研究打下良好的基础。

1.2 无机化学实验的学习方法

学好并掌握无机化学实验，除了要有明确的学习目的和端正的学习态度之外，还要有正确的学习方法。无机化学实验的学习方法大致分为以下三个方面：

1. 认真预习

（1）认真钻研实验教材和理论课教材中的有关内容。

（2）明确实验目的，弄懂实验原理。

（3）熟悉实验内容、实验步骤、基本操作、仪器使用和实验注意事项。

（4）认真思考实验前应准备的问题。

（5）写出预习报告（包括实验目的、实验原理、实验步骤、反应方程式、相关计算、注意事项及有关的安全问题等）。

2. 做好实验

（1）按照实验教材上规定的方法、步骤、试剂用量和操作规程进行实验，要做到以下几点：

① 认真操作，仔细观察并如实记录实验现象。

② 遇到问题要善于分析，力求自己解决，若自己解决不了，可请教指导教师（或同学）。

③ 如果发现实验现象与理论不相符合，应认真查明原因，经指导教师同意后重做实验，直到得出正确的结果。

(2) 要严格遵守实验室规则(详见 2.1):

① 严守纪律,保持肃静。

② 爱护公共财产,小心使用仪器和设备,节约药品、水、电和煤气。

③ 保持实验室整洁、卫生和安全。实验后要认真清扫地面,检查台面是否整洁,关闭水、电、煤气、门窗,经指导教师允许后再离开实验室。

3. 写好实验报告

实验报告是每次实验的记录、概括和总结,也是对实验者综合能力的考核。每个学生在做完实验后都必须及时、独立、认真地完成实验报告,交指导教师批阅。一份合格的实验报告应包括以下内容:

(1) 实验名称 通常作为实验题目出现。

(2) 实验目的 简述该实验所要达到的目的与要求。

(3) 实验原理 简要介绍实验的基本原理和主要反应方程式。

(4) 实验所用的仪器、药品及装置 要写明所用仪器的型号、数量、规格,药品的名称、规格,装置示意图。

(5) 实验内容、步骤 要求简明扼要,尽量用表格、框图、符号表示,不要全盘抄书。

(6) 实验现象和数据的记录 在仔细观察的基础上如实记录实验现象和数据,依据所用仪器的精密度,保留正确的有效数字。

(7) 解释、结论和数据处理 化学实验现象的解释最好用化学反应方程式,如还不完整应另加文字简要叙述;结论要精练、完整、正确;数据处理要有依据,计算要正确。

(8) 问题与讨论 对实验中遇到的疑难问题提出自己的见解。分析产生误差的原因,对实验方法、教学方法、实验内容、实验装置等提出意见或建议。

实验报告要做到文字工整、图表清晰、形式规范。实验报告格式示例见 1.3。

1.3 实验报告格式示例

物质提纯与制备实验报告格式示例

实验名称:氯化钠的提纯

姓名________ 学号________ 班级________

第______室______号位 实验时间________ 指导教师________

一、实验目的

(略)

二、实验步骤

1. 提纯

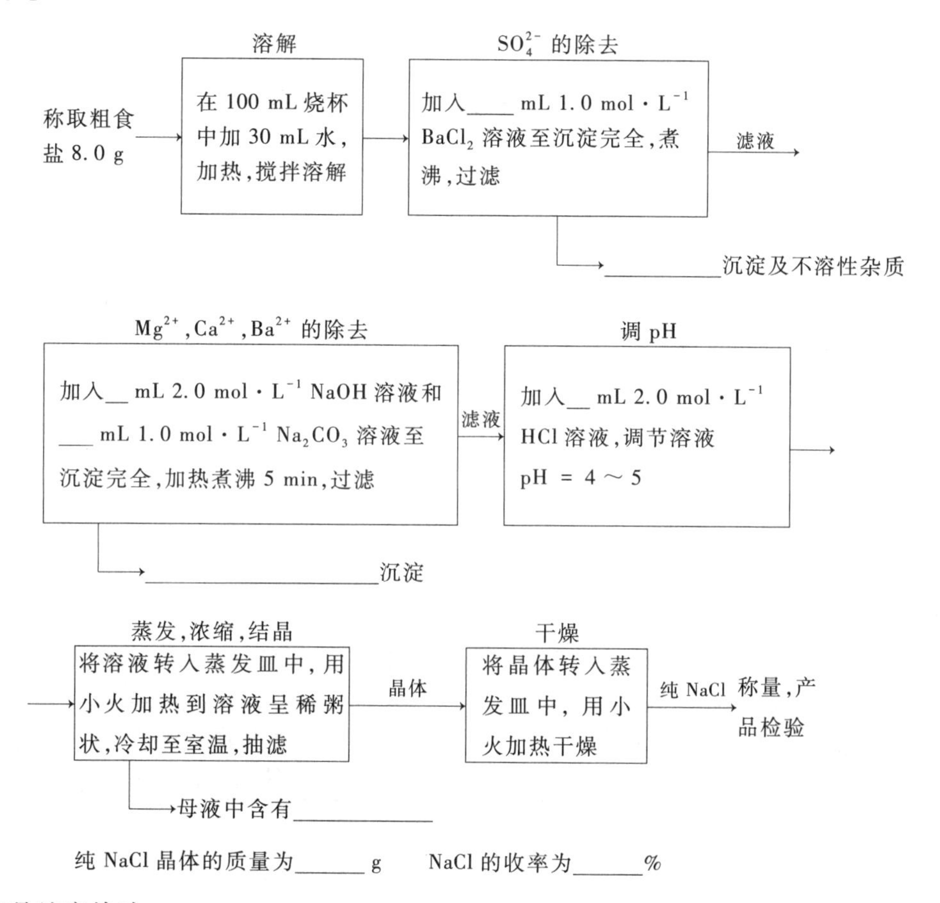

纯 NaCl 晶体的质量为______ g　　NaCl 的收率为______%

2. 产品纯度检验

检验项目	检验方法	实验现象	
		粗食盐	纯 NaCl
SO_4^{2-}	加入 $BaCl_2$ 溶液		
Ca^{2+}	加入 $(NH_4)_2C_2O_4$ 溶液		
Mg^{2+}	加入 NaOH 溶液和镁试剂		

有关的离子反应方程式：

（略）

三、问题与讨论

（略）

物理化学量及常数的测定实验报告格式示例

实验名称：醋酸解离常数的测定

姓名＿＿＿＿＿　　学号＿＿＿＿＿　　班级＿＿＿＿＿

第＿＿＿室＿＿＿号位　　实验时间＿＿＿＿＿　　指导教师＿＿＿＿＿

一、实验目的

（略）

二、实验原理

（略）

三、实验步骤

（略）

四、实验记录和结果

室温＿＿℃　　pH 计编号＿＿＿＿＿　　醋酸标准溶液浓度＿＿＿＿＿ $mol \cdot L^{-1}$

实验编号	$\frac{c(HAc)}{mol \cdot L^{-1}}$	pH	$\frac{c(H^+)}{mol \cdot L^{-1}}$	$K_a^{\ominus}(HAc)$
1				
2				
3				
4				

$$\bar{K}_a^{\ominus}(HAc) = \frac{\sum_{i=1}^{n} K_{ai}^{\ominus}(HAc)}{n} = \underline{\qquad\qquad}$$

$$s = \sqrt{\frac{\sum_{i=1}^{n}\left[K_{ai}^{\ominus}(HAc) - \bar{K}_a^{\ominus}(HAc)\right]^2}{n-1}} = \underline{\qquad\qquad}$$

五、问题与讨论

（略）

化学反应原理或元素化合物性质实验报告格式示例

实验名称：酸碱反应与缓冲溶液

姓名＿＿＿＿＿　学号＿＿＿＿＿　班级＿＿＿＿

第＿＿＿＿室＿＿＿号位　实验时间＿＿＿＿　指导教师＿＿＿＿＿

一、实验目的

（略）

二、实验步骤

实验步骤	实验现象	反应方程式、解释和结论
1. 同离子效应 取 0.20 $mol \cdot L^{-1}$ $NH_3 \cdot H_2O$，用 pH 试纸测其 pH，加 1 滴酚酞，再加少许 $NH_4Ac(s)$ ……	pH =＿＿ 溶液呈＿＿色 颜色变为＿＿色 ……	$NH_3 \cdot H_2O \rightleftharpoons NH_4^+ + OH^-$ 加入 NH_4Ac，$c(NH_4^+)$增大，平衡向左移动，$c(OH^-)$减小 ……

三、问题与讨论

（略）

1.4　微型化学实验简介

微型化学实验（microscale chemical experiment 或 microscale laboratory，简写为 ML）是 20 世纪 80 年代初发展起来的一种化学实验方法。它是在微型化的仪器装置中进行的化学实验，其试剂用量比对应的常规实验节约 90%以上。作为绿色化学的组成部分，20 多年来微型化学实验在国内外迅速发展。

化学实验小型化、微型化的趋势源远流长。从 18 世纪开始，人们就在化学研究中不断进行小型化、微型化研究。自 1982 年起，美国的 Mayo 等人从环境保护和实验室安全角度考虑，在基础有机化学实验中采用微型实验取得成功，从而掀起了研究和应用微型实验的浪潮。微型化学实验教材相继出版。20 世纪 90 年代以来举行的历次国际化学教育大会（ICCE）和国际纯粹与应用化学联合会（IUPAC）学术大会都把微型化学实验列为会议议题。美国《化学教育杂志》（*J. Chem. Educ.*）从 1989 年 11 月起开辟了微型化学实验专栏。

1989 年，我国高等学校化学教育研究中心把微型化学实验课题列入科研计划，由华东师范大学和杭州师范学院牵头成立了微型化学实验研究课题组，从无机化学实验、普通化学实验和中学化学实验开始进行微型实验的系统研究和应用。1992 年，我国第一本《微型化学实验》出版。2000 年，由杭州师范学院、天津大学、大连理工大学牵头编写的《微型无机化学实验》出版。此后，多种微型化学实验教材陆续出版发行。近几年，广东工业大学、内蒙古民族大学等校的新版《微型化学实验》教材相继出版。迄今为止，已有 800 多所大、中学校开展了微型化学实验研究，并在教学中应用。

微型化学实验仪器微型化，试剂用量少，具有实验成本低、实验时间短、安全程度高、操作简便、污染小等优点，它有助于培养学生勤俭节约、保护环境的意识。微型化学实验作为绿色化学的一项实验方法，适应实施可持续发展战略的要求，是 21 世纪化学实验教学改革的内容之一，得到了一定程度的推广。

党的二十大提出“要推进美丽中国建设”，坚持“污染治理、生态保护、应对气候变化，协同推进降碳、减污、扩绿、增长，推进生态优先、节约集约、绿色低碳发展。”高等学校的化学实验室应当率先贯彻落实党的二十大精神，立德树人，教书育人，进一步开展微型化学实验教学实践。这对于生态文明建设具有重要的实际意义。

第二章　实验室基本知识

2.1　实验室规则

（1）实验前要认真预习，明确实验目的和要求，弄懂实验原理，了解实验方法，熟悉实验步骤，写出预习报告。

（2）严格遵守实验室各项规章制度。

（3）实验前要认真清点仪器和药品，如有破损或缺少，应立即报告指导教师，按规定手续向实验室补领。实验时如不慎损坏仪器，应立即主动报告指导教师，进行登记，按规定价进行赔偿，再换取新仪器，不得擅自拿其他位置上的仪器。

（4）在实验室要保持肃静，不大声喧哗。应在规定的位置上进行实验，未经允许，不擅自挪动。

（5）实验时要认真观察，如实记录实验现象。使用仪器时，应严格按照操作规程进行。应按规定量取用药品，无规定量的，应本着节约的原则，尽量少量取用。

（6）爱护公物，节约药品、水、电和煤气。

（7）保持实验室整洁、卫生和安全。实验后应将仪器洗刷干净，将药品放回原处，摆放整齐，用洗净的湿抹布擦净实验台。实验过程中的废纸、火柴梗等固体废物，要放入废物桶（或箱）内，不要丢在水池中或地面上，以免堵塞水池或弄脏地面。玻璃碎片要放入专门的回收桶内。规定回收的废液要倒入废液缸（或瓶）内，以便统一处理。严禁将实验仪器、化学药品擅自带出实验室。

（8）实验结束后，学生应轮流值日，清扫地面和整理实验室，检查水龙头、煤气阀门，以及门、窗是否关好，电源是否切断。得到指导教师许可后方可离开实验室，并将垃圾放入垃圾箱。

2.2　实验室安全守则

1. 前言

化学实验室是学习和研究化学的重要活动场所。在化学实验室中工作往往会接触到各种化学药品、各种电器设备、各种玻璃仪器，以及水、电、煤气。在这些化学药品中，有的有毒，有的有刺激性气味，有的有腐蚀性，有的易燃、易爆，有的还可能致癌。使用不当，或操作有误、违反章程、疏忽大意，都可能造成意外事故。因此，安全教育始终是贯穿化学实验及化学研究、化工生产的重要内容之一，是化学实验工作者要特别注意的大事。在化学实验室工作的每一个人都必须高度重视实验安全问题，认真阅读实验教材中有关的安全指导，了解实验的操作步骤和操作方法，了解有关化学药品的性能及实验中可能碰到的各种危险。实践证明，只要实验者思想上高度重视，具备必要的安全知识，听从指导，严格遵守实验室操作规程，事故就是可以避免的。即使万一发生了事故，实验人员只要事先掌握了一般的防护方法和措施，就能够及时妥善地加以处理，而不致酿成严重后果。反之，若掉以轻心，马虎从事，或我行我素，不听从指导，或违反操作规程，则随时都可能发生事故。当然，与安全有关的因素是多方面的，除客观因素外，业务知识、操作技能也都与安全有关。但最主要的危险是来自对具体事故的无知和疏忽大意。为了防患于未然，确保实验安全顺利进行，实验室必须制定严格的规章制度、安全防范措施和各项操作细则，完善安全设施。

2. 化学实验室安全守则

在化学实验室工作，必须高度重视安全问题，以防各类事故的发生。要做到这一点，在实验前必须充分了解所做实验中应该注意的事项和可能出现的问题，在实验过程中要认真操作，集中注意力。同时，还应遵守如下规则：

(1) 在学生进实验室之前，必须对其进行安全、环保意识的教育和培训。

(2) 熟悉实验室环境，了解与安全有关的设施（如水、电、煤气的总开关，消防用品，喷淋设备，洗眼器和急救箱等）的位置和使用方法。

(3) 容易产生有毒气体及挥发性、刺激性毒物的实验应在通风橱内进行。

(4) 一切对易燃、易爆物质的操作均应在远离火源的地方进行，用后把瓶塞塞紧，放在阴凉处，并尽可能在通风橱内进行。

(5) 金属钾、钠应保存在煤油或液状石蜡中，白磷（或黄磷）应保存在水中，取用时必须用镊子，绝不能用手直接取。

(6) 使用强腐蚀性试剂（如浓硫酸、浓硝酸、浓碱、液溴、浓 H_2O_2 溶液、氢氟酸等）时，切勿溅在衣服和皮肤上、眼睛里，取用时要戴橡胶手套和防护眼镜。

(7) 使用有毒试剂时，应严防其进入口中或接触伤口。实验后应回收废液，集中统一处理。

(8) 用试管加热液体时，不准将试管口对着自己或他人；不能俯视正在加热的液体，以免溅出的液体烫伤眼睛和面部；闻气体的气味时，鼻子不能直接对着瓶（管）口，而应用手把少量的气体扇向自己的鼻孔。

(9) 绝不允许将各种化学药品随意混合，以防发生意外。自行设计的实验，需与指导教师讨论后方可进行。

(10) 不准用湿手操作电器设备，以防触电。

(11) 不能将加热器直接放在木质台面或地板上，应放在石棉板、绝缘砖或水泥板上，加热期间要有人看管。大型贵重仪器应有安全保护装置。加热后的坩埚、蒸发皿应放在石棉网或石棉板上，不能直接放在木质台面上，以防烫坏台面，引起火灾，更不能与湿物接触，以防炸裂。

(12) 实验室内严禁饮食、吸烟、嬉戏打闹、大声喧哗。实验完毕后应将双手洗净。

(13) 实验后应将废物（如废纸、火柴梗、碎试管等）放入废物桶（箱）内，不要丢入水池内，以防堵塞。

(14) 贵重仪器室、化学药品库应安装防盗门。剧毒药品、贵重物品应储存在专门的保险柜中，发放时应严加控制，剩余应回收。有机化学药品库应安装防爆灯。

(15) 每次实验完毕，应将玻璃仪器擦洗干净，按原位摆放整齐；将台面、水池、地面清扫干净，将药品按序摆好；检查水、电、煤气、门、窗是否关好。

化学实验室安全守则是人们长期从事化学实验工作的经验总结，是保持良好的工作环境和工作秩序的行为规范，是保证实验安全顺利完成的前提。为了防止意外事故发生，人人都应严格遵守。

2.3 实验室事故的处理

实验室应配备医药箱，以便在发生意外事故时临时处置使用。医药箱应配备如下药品、材料和用具：

(1) 药品　碘酒、红药水、紫药水、创可贴、止血粉、消炎粉、烫伤油膏、鱼肝油、甘油、无水乙醇、硼酸溶液(1%～3%，饱和)、2%醋酸溶液、1%～5%碳酸氢钠溶液、20%硫代硫酸钠溶液、10%高锰酸钾溶液、20%硫酸镁溶液、1%柠檬酸溶液、5%硫酸铜溶液、1%硝酸银溶液、蓖麻油等。

(2) 材料和用具　医用镊子、剪刀、纱布、药棉、棉签、绷带、胶布等。

医药箱供实验室急救用，不允许随便挪动或借用。

1. 中毒急救

在实验过程中，若感到咽喉灼痛，嘴唇脱色或发绀，胃部痉挛，恶心呕吐，心悸，头晕等症状时，可能是中毒所致。应经以下急救后，立即送医院抢救。

(1) 固体或液体毒物中毒　口中若还有毒物者，应立即吐掉，并用大量水漱口。

① 若是碱中毒，先喝大量水，再喝牛奶，并立即就医。

② 若是误饮酸者，先喝水，再服氢氧化镁乳剂，最后喝些牛奶，并立即就医。

③ 若是重金属(除汞外)中毒，喝一杯含几克硫酸镁的溶液，并立即就医。

④ 若是汞及汞化合物中毒，立即就医。

可用作金属解毒剂的药物如表 2-1 所示。

表 2-1　可用作金属解毒剂的药物

有害金属元素	解毒剂
铅、铀、钴、锌等	乙二胺四乙酸合钙酸钠
汞、镉、砷等	2,3-二巯基丙醇
铜	*R*-青霉胺
铊、锌	二苯硫腙
镍	二乙氨基二硫代甲酸钠
铍	金黄三羧酸

(2) 气体或蒸气中毒 若不慎吸入煤气、溴蒸气、氯气、氯化氢、硫化氢等气体时,应立即到室外呼吸新鲜空气,必要时做人工呼吸(但不要口对口)或送医院治疗。

2. 酸或碱灼伤

(1) 酸灼伤 先用大量清水冲洗,再用饱和碳酸氢钠溶液或稀氨水冲洗,然后再用水冲洗。伤势严重者应立即送医院急救。

若酸溅入眼睛,应先用大量水冲洗,再用1%碳酸氢钠溶液冲洗,最后用蒸馏水或去离子水冲洗。

氢氟酸能腐蚀指甲、骨头,溅在皮肤上会造成令人痛苦的、难以治愈的烧伤。皮肤若被烧伤,应用大量水冲洗20 min以上,再用冰冷的饱和硫酸镁溶液或70%酒精清洗30 min以上。或用大量水冲洗后,再用肥皂水或2%~5%碳酸氢钠溶液冲洗,然后用5%碳酸氢钠溶液湿敷局部,最后用可的松软膏或紫草油软膏及硫酸镁糊剂涂抹伤处。

(2) 碱灼伤 先用大量水冲洗,再用1%柠檬酸溶液或1%硼酸溶液或2%醋酸溶液浸洗,然后用水洗,再用饱和硼酸溶液洗,最后滴点蓖麻油。

3. 溴灼伤

溴灼伤一般不易愈合,必须严加防范。凡用溴时应预先配制好适量20%硫代硫酸钠溶液备用。一旦被溴灼伤,应立即用硫代硫酸钠溶液冲洗伤口,再用水冲洗干净,并敷以甘油。若起泡,则不宜把水泡挑破。

4. 磷烧伤

用5%硫酸铜溶液或1%硝酸银溶液或10%高锰酸钾溶液冲洗伤口,并用浸过硫酸铜溶液的绷带包扎,或送医院治疗。

5. 其他意外事故处理

(1) 割(划)伤 化学实验中要用到各种玻璃仪器,若不小心打碎则易被碎玻璃划伤或刺伤。若伤口内有碎玻璃渣或其他异物,应先取出。若是轻伤,可用生理盐水或硼酸溶液擦洗伤处,并用3% H_2O_2 溶液消毒,然后涂上红药水,撒上些消炎粉,并用纱布包扎。若伤口较深,出血过多,可用云南白药止血或扎止血带,并立即送医院救治。碎玻璃溅入眼中,千万不要揉擦,不要转动眼球,应任其流泪,速送医院处理。

(2) 烫伤 一旦被火焰、蒸气、红热玻璃、陶器、铁器等烫伤,轻者可用10%高锰酸钾溶液擦洗伤处,撒上消炎粉,或在伤处涂烫伤药膏(如氧化锌药膏、獾油或鱼肝油等),重者需送医院救治。

(3) 触电 人体若通以50 Hz 25 mA交流电,会感到呼吸困难,通过100 mA以上交流电时则会致死。因此,使用电器必须制订严格的操作规程,以防触电。

① 已损坏的接头、插座、插头,或绝缘不良的电线,必须更换。

② 若电线有裸露的部分,必须包裹绝缘。

③ 不要用湿手接触或操作电器。

④ 先接好线路后才可通电,用后先切断电源再拆线路。

⑤ 一旦有人触电,应立即切断电源,尽快用绝缘物(如竹竿、干木棒、绝缘塑料管棒等)将触

电者与电源隔开,切不可用手去拉触电者。

2.4 实验室“三废”的处理

在化学实验室中会遇到各种有毒的废渣、废液和废气(简称“三废”),如不加处理随意排放,就会对周围的环境、水源和空气造成污染,形成公害。“三废”中的有用成分,如不加以回收,在经济上也是损失。通过处理消除公害,变废为宝,综合利用,是实验室工作的重要组成部分。

1. 废渣处理

有回收价值的废渣应收集起来统一处理,回收利用。少量无回收价值的有毒废渣也应集中起来分别进行处理或深埋于远离水源的指定地点。

(1) 钠、钾屑及碱金属、碱土金属氢化物、氨基化合物 将其悬浮于四氢呋喃中,在搅拌下慢慢滴加乙醇或异丙醇至不再放出氢气为止,再慢慢加水澄清后冲入下水道。

(2) 硼氢化钠(钾) 用甲醇溶解后,用水充分稀释,再加酸并放置,此时有剧毒硼烷产生,所以该操作应在通风橱内进行,其废液用水稀释后冲入下水道。

(3) 酰氯、酸酐、三氯化磷、五氯化磷、氯化亚砜在搅拌下加入大量水并冲走。五氧化二磷加水,用碱中和后冲走。

(4) 沾有铁、钴、镍、铜催化剂的废纸、废塑料,变干后易燃,不能随便丢入废纸篓内,应趁未干时,深埋于地下。

(5) 重金属及其难溶盐 能回收的应尽量回收,不能回收的集中起来深埋于远离水源的地下。

2. 废液处理

(1) 废酸、废碱液处理 将废酸(碱)液与废碱(酸)液中和至 pH=6～8(如有沉淀则先过滤)排放。

(2) 氰化物废液处理 少量含氰废液可加入硫酸亚铁使之转变为毒性较小的亚铁氰化物冲走,也可用碱将废液调到 pH>10 后,再用适量高锰酸钾将 CN^- 氧化。大量含氰废液则需将废液用碱调至 pH>10 后,加入足量的次氯酸盐,充分搅拌,放置过夜,使 CN^- 分解为 CO_3^{2-} 和 $N_2(g)$后,再调节溶液 pH=6～8 后排放。

$$2CN^- + 5ClO^- + 2OH^- \longrightarrow 2CO_3^{2-} + N_2(g) + 5Cl^- + H_2O$$

(3) 含砷废水处理

① 石灰法 将石灰投入含砷废水中,使之生成难溶的砷酸盐和亚砷酸盐。例如:

$$As_2O_3 + Ca(OH)_2 \longrightarrow Ca(AsO_2)_2(s) + H_2O$$

$$As_2O_5 + 3Ca(OH)_2 \longrightarrow Ca_3(AsO_4)_2(s) + 3H_2O$$

② 硫化法 用 H_2S 或 NaHS 作硫化剂,使之生成难溶硫化物沉淀,沉降分离后,溶液调到 pH=6～8 后排放。

③ 镁盐脱砷法 在含砷废水中加入足够的镁盐,调节镁砷比为 8～12,然后利用石灰或其他

碱性物质将废水中和至弱碱性，控制 pH = 9.5～10.5，利用新生的氢氧化镁与砷化物共沉积和吸附作用，将废水中的砷除去。沉降后，将溶液调到 pH = 6～8 后排放。

（4）含汞废水处理

① 化学沉淀法 在含 Hg^{2+} 的废液中通入 H_2S 或加入 Na_2S，使 Hg^{2+} 形成 HgS 沉淀。为防止形成 HgS_2^{2-}，可加入少量 $FeSO_4$ 使过量 S^{2-} 与 Fe^{2+} 作用生成 FeS 沉淀。过滤后残渣可回收或深埋，调节溶液 pH = 6～8 后排放。

② 还原法 利用镁粉、铝粉、铁粉、锌粉等还原性金属，将 Hg^{2+}，Hg_2^{2+} 还原为单质 Hg（此法并不十分理想）。

③ 离子交换法 利用阳离子交换树脂把 Hg^{2+}，Hg_2^{2+} 交换于树脂上，然后再回收利用（此法较为理想，但成本较高）。

（5）含铬废水处理

① 铁氧体法 在含 Cr(Ⅵ)的酸性溶液中加硫酸亚铁，使 Cr(Ⅵ)还原为Cr(Ⅲ)，再用 NaOH 调节溶液 pH = 6～8，并通入适量空气，控制 Cr(Ⅵ)与 $FeSO_4$ 的比例，使其生成难溶于水的组成类似于 Fe_3O_4（铁氧体）的氧化物（此氧化物有磁性），借助磁铁或电磁铁可使其沉淀分离出来，达到排放标准（小于 0.5 $mg \cdot L^{-1}$）。

② 离子交换法 含铬废水中除含有 Cr(Ⅵ)外，还含有多种阳离子。通常将废液在酸性条件下（pH = 2～3）通过强酸性 H 型阳离子交换树脂，除去金属阳离子。再通过大孔弱碱性 OH 型阴离子交换树脂，除去 SO_4^{2-} 等阴离子。流出液为中性，可作为纯水循环再用。

阳离子交换树脂用盐酸再生，阴离子交换树脂用氢氧化钠再生，再生过程中可回收铬酸钠。

3. 废气处理

产生少量有毒气体的实验应在通风橱内操作。通过排风系统将少量有毒气体排到室外，排出的有毒气体在大气中得到充分的稀释，从而在降低毒害的同时避免了室内空气的污染。产生大量有毒气体的实验必须备有吸收和处理装置。例如，可用导管将 NO_2、SO_2、Cl_2、H_2S、HF 等通入碱液中，使其大部分被吸收后排出。也可以通过燃烧将 CO 转化为 CO_2 排出。另外，还可以用活性炭、活性氧化铝、硅胶、分子筛等固体吸附废气中的污染物。

第三章　实验数据处理

3.1　测量误差

为了巩固和加深学生对无机化学基本理论和基本概念的理解，培养学生掌握无机化学实验的基本操作，学会一些基本仪器的使用，实验数据的记录、处理和结果分析，在无机化学实验中会安排一定数量的物理化学常数测定实验。由实验测得的数据经过计算处理可得到实验结果，通常对实验结果的准确度有一定的要求。因此在实验过程中，除要选用合适的仪器和采用正确的操作方法外，还要学会科学地处理实验数据，使实验结果与理论值尽可能地接近。为此，需要掌握误差和有效数字的概念，以及正确的作图方法，并把它们应用于实验数据的分析和处理过程中。

1. 误差的概念

测定值与真实值之间的偏离称为误差。误差在测量工作中是普遍存在的，即使采用最先进的测量方法，使用最先进的精密仪器，由技术最熟练的工作人员来测量，测定值与真实值也不可能完全符合。测量的误差越小，测定结果的准确度就越高。根据误差性质的不同，可把误差分为系统误差、随机误差和过失误差三类。

（1）系统误差（可测误差，包括仪器误差、环境误差、人员误差、方法误差）　系统误差是由某些比较确定的因素引起的，它对测定结果的影响比较确定，重复测量时，会重复出现。它是由实验方法的不完善、仪器不准、试剂不纯、操作不当、条件不具备等引起的。通过改进实验方法和实验条件、校正仪器、提高试剂纯度、严格操作规程等可减小系统误差。

（2）随机误差（偶然误差和难测误差）　随机误差是由某些难以预料的偶然因素引起的（如环境的温度、湿度、振动、气压、测量者心理和生理状态变化等），它对实验结果的影响无规律可循，一般可通过多次测量取算术平均值来减小随机误差。

（3）过失误差　过失误差是由工作失误造成的误差，如操作不正确、读错数据、加错药品、计算错误等。这种误差纯粹是人为造成的，只要严格按操作规程进行，加强责任心，是完全可以避免的。

2. 测量中误差的处理方法

（1）准确度与精密度　准确度是指测定值与真实值之间的偏离程度，可以用误差来量度。误差越小说明测量的结果准确度越高。

精密度是指测量结果相互接近的程度（再现性或重复性）。精密度高不一定准确度就高，但准确度高一定需要精密度高。精密度是保证准确度的先决条件。通常由于无法知道被测量的真实值，因此往往用多次测量结果的平均值来近似代替真实值。每次测量结果与平均值之差称为偏差。偏差有绝对偏差和相对偏差之分。绝对偏差等于每次测量值减去平均值。相对偏差等于绝对偏差与平均值的比例。相对偏差的大小可以反映出测量结果的精密度。相对偏差越小，测量结果的重现性越好，即精密度越高。为了说明测量结果的精密度，最好以多次测量结果的平均偏差(d)来表示：

$$d=\frac{|d_1|+|d_2|+\cdots+|d_n|}{n}$$

式中：n——测量次数；

d_1——第 1 次测量的绝对偏差；

d_n——第 n 次测量的绝对偏差。

也常用均方根偏差(σ)表示测量结果的精密度：

$$\sigma=\sqrt{\frac{d_1^2+d_2^2+\cdots+d_n^2}{n-1}}$$

(2) 绝对误差与相对误差　实验测得的值与真实值之间的差值称为绝对误差：

绝对误差=测定值-真实值(二者单位相同)

当测定值大于真实值时，绝对误差是正的；当测定值小于真实值时，绝对误差是负的。绝对误差只能表示出误差变化的范围，而不能确切地表示出测量的精密度，所以一般用相对误差表示测量的误差：

$$相对误差=\frac{绝对误差}{真实值}\times100\%$$

绝对误差与被测量值的大小无关，而相对误差与被测量值的大小有关。例如，醋酸的解离常数真实值为 1.76×10^{-5}，两次实验测得的平均值分别为1.80×10^{-5}和 1.75×10^{-5}，则测量的绝对误差分别为

$$(1.80-1.76)\times10^{-5}=4\times10^{-7}$$

$$(1.75-1.76)\times10^{-5}=-1\times10^{-7}$$

测量的相对误差分别为

$$\frac{4\times10^{-7}}{1.76\times10^{-5}}\times100\%=2.27\%$$

$$\frac{-1\times10^{-7}}{1.76\times10^{-5}}\times100\%=-0.57\%$$

显然，后一数值准确度较高。

由以上可知，误差与偏差，准确度与精密度的含义是不同的。误差是以真实值为基准，而偏差则是以多次测量结果的平均值为标准。由于在一般情况下不知道真实值，所以在处理实际问题时，在尽可能减小系统误差的前提下，把多次重复测得的结果的算术平均值近似当作真实值，把偏差作为误差。

评价某一测量结果时，必须将系统误差和随机误差的影响结合起来考虑，把准确度与精密度

统一起来要求，才能确保测定结果的可靠性。

要提高测量结果的准确度，必须尽可能地减小系统误差、随机误差和过失误差。通过多次实验，取其算术平均值作为测量结果，严格按照操作规程认真进行测量，就可以减小随机误差和消除过失误差。在测量过程中，提高准确度的关键就在于减小系统误差。减小系统误差，通常采取如下三种措施：

① 校正测量方法和测量仪器　可用国标法与所选用的方法分别进行测量，将结果进行比较，校正测量方法带来的误差。对准确度要求高的测量，可对所用仪器进行校正，求出校正值，以校正测定值，提高测量结果的准确度。

② 进行对照实验　用已知准确成分或含量的标准样品代替实验样品，在相同的实验条件下，用同样的方法进行测定，以检验所用的方法是否正确，仪器是否正常，试剂是否有效。

③ 进行空白实验　空白实验是在相同的测定条件下用蒸馏水（或去离子水）代替样品，用同样的方法、同样的仪器进行实验，以消除由水质不纯所造成的系统误差。

（3）标准偏差　测量数据的波动性情况也是衡量数据好坏的重要标志。在数理统计方法处理中，通常用多次测定结果的标准偏差（s）来表示，其计算公式为

$$s=\sqrt{\frac{\sum_{i=1}^{n}(\Delta x_i)^2}{n-1}}=\sqrt{\frac{\sum_{i=1}^{n}(x_i-\bar{x})^2}{n-1}}$$

用标准偏差比用平均偏差好，因为将每次测量的绝对偏差平方之后，较大的绝对偏差会更显著地显示出来，这样就能更好地说明数据的分散程度。

绝对偏差（Δx）和标准偏差（s）都是指个别测定值与算术平均值之间的关系。若要用测量的平均值来表示真实值，还必须了解真实值与算术平均值的标准偏差（$s_{\bar{x}}$）以及算术平均值的极限误差（$\delta_{\bar{x}}$），这两个值可分别由下面两个公式求出：

$$s_{\bar{x}}=\frac{s}{\sqrt{n}}=\sqrt{\frac{\sum_{i=1}^{n}(\Delta x_i)^2}{n(n-1)}}$$

$$\delta_{\bar{x}}=3s_{\bar{x}}$$

这样，准确测量的结果（真实值）就可以近似地表示为

$$x=\bar{x}\pm\delta_{\bar{x}}$$

3.2　有效数字及其运算规则

1. 有效数字位数的确定

有效数字是由准确数字与一位可疑数字组成的测量值。它除最后一位数字是不准确的之外，其他数字都是确定的。有效数字的有效位反映了测量的精度。有效位数是从有效数字最左

边第一个不为零的数字起到最后一个数字止的数字个数。例如,用感量为千分之一的天平称一块锌片,其质量为 0.485 g,这里 0.485 就是一个 3 位有效数字,其中最后一个数字 5 是不准确的。因为平衡时天平的指针的投影可能停留在 4.5 分刻度到 5.5 分刻度之间,5 是根据四舍五入法估计出来的。用某一测量仪器测定物质的某一物理量,其准确度都是有一定限度的。测量值的准确度取决于仪器的可靠性,也与测量者的判断力有关。测量的准确度是由仪器刻度标尺的最小刻度决定的。例如,上述这台天平的绝对误差为 0.001 g,称量这块锌片的相对误差为

$$\frac{0.001\ \text{g}}{0.485\ \text{g}}\times 100\% = 0.21\%$$

在记录测量数据时,不能随意乱写,不然就会增大或缩小测量的准确度。如果把上面的称量数字写成 0.485 2,就会把可疑数字 5 变成了确定数字 5,从而夸大了测量的准确度,这是和实际情况不相符的。

在没有搞清有效数字含义之前,有人错误地认为:测量时,小数点后的位数越多,精密度越高;或者在计算中保留的位数越多,准确度就越高。其实二者之间无任何联系。小数点的位置只与单位有关,例如,135 mg 可以写成 0.135 g,也可以写成 1.35×10^{-4} kg,三者的精密度完全相同,都是 3 位有效数字。注意:首位数字≥8 的数据,其有效数字的位数可多算 1 位,例如,9.25 可看作 4 位有效数字。常数、系数等的有效数字的位数没有限制。

记录和计算测量结果都应与测量的精确度相适应,任何超出或低于仪器精确度的数字都是不妥当的。常见仪器的精确度见表 3-1。

表 3-1 常见仪器的精确度

仪器名称	仪器精确度	例子	有效数字位数
托盘天平	0.1 g	6.5 g	2 位
电光天平	0.000 1 g	15.325 4 g	6 位
千分之一天平	0.001 g	20.253 g	5 位
100 mL 量筒	1 mL	75 mL	2 位
滴定管	0.01 mL	35.23 mL	4 位
容量瓶	0.01 mL	50.00 mL	4 位
移液管	0.01 mL	25.00 mL	4 位
pHS—3C 型酸度计	0.01	4.76	2 位

对于有效数字位数的确定,还有几点需要说明:

(1)“0”在数字中是不是有效数字与“0”在数字中的位置有关。“0”在数字后或在数字中间都表示一定的数值,都算是有效数字;“0”在数字之前,只表示小数点的位置(仅起定位作用)。例如,3.000 5 是 5 位有效数字,2.500 0 也是 5 位有效数字,而 0.002 5 则是两位有效数字。

(2)对于很大或很小的数字采用指数表示法更简便合理,例如 260 000、0.000 002 5 可分别

写成 2.6×10^5、2.5×10^{-6}。“10”不包含在有效数字中。

（3）对化学中经常遇到的 pH，$\lg k$ 等对数数值，有效数字仅由小数部分数字位数决定，首数（整数部分）只起定位作用，不是有效数字。例如，pH = 4.76 的有效数字为 2 位，而不是 3 位。“4”是 10 的整数方次，即 10^4 中的“4”。

（4）在化学计算中，有时还遇到表示倍数或分数的数字，例如，$\frac{KMnO_4\text{的摩尔质量}}{5}$中的 5 是个固定数，不是测量所得，不应当看作一位有效数字，而应看作无限多位有效数字。

2. 有效数字的运算规则

（1）有效数字取舍规则

① 记录和计算结果所得的数值，均只保留 1 位可疑数字。

② 当有效数字的位数确定后，其余尾数应按照“四舍五入”法或“四舍六入五看齐，奇进偶不进”的原则一律舍去（“四舍六入五看齐，奇进偶不进”的原则是：当尾数≤4 时，舍去；当尾数≥6 时，进位；当尾数 = 5 时，则要看尾数前一位数是奇数还是偶数，若为奇数则进位，若为偶数则舍去）。

一般运算通常用“四舍五入”法，当进行复杂运算时，采用“四舍六入五看齐，奇进偶不进”的原则，以提高运算结果的准确性。

（2）加减法运算规则　进行加法或减法运算时，所得的和或差的有效数字位数应与各个加、减数中的小数点后位数最少者相同。例如：

$$23.454+0.000\,124+3.12+1.687\,4=28.261\,524$$

应取 28.26。

以上是先运算后取舍，也可以先取舍，后运算，取舍时也是以小数点后位数最少的数为准：

$$23.454\rightarrow23.45$$

$$0.000\,124\rightarrow0$$

$$3.12\rightarrow3.12$$

$$1.687\,4\rightarrow1.69$$

$$23.45+0+3.12+1.69=28.26$$

（3）乘除法运算规则　进行乘除运算时，其积或商的有效数字的位数应与各数中有效数字位数最少的数相同，而与小数点后的位数无关。例如：

$$2.35\times3.642\times3.357\,6=28.736\,691\,12$$

应取 28.7。

同加减法一样，也可以先以小数点后位数最少的数为准，四舍五入后再进行运算：

$$2.35\times3.64\times3.36=28.741\,44$$

应取 28.7。

当数的首位有效数字为 8 或 9 时，在乘除法运算中也可运用“四舍六入五看齐，奇进偶不进”的原则，将有效数字的位数多加 1 位。

（4）乘方或开方运算规则　将数进行乘方或开方时，幂或根的有效数字的位数与原数相同。

若乘方或开方后还要继续进行数学运算，则幂或根的有效数字的位数可多保留1位。

(5) 对数运算规则 在对数运算中，所取对数的尾数应与真数有效数字位数相同。反之，尾数有几位，真数就取几位。例如，溶液 pH = 4.74，其 $c(H^+) = 1.8\times10^{-5}$ mol·L^{-1}，而不是 1.82×10^{-5} mol·L^{-1}。

(6) 在所有计算式中，常数 π, e 的值及某些因子 $\sqrt{2}$, 1/2 的有效数字的位数，可认为是无限多位的，在计算中需要几位就可以写几位。一些国际定义值，如摄氏温标的零度值为热力学温标的 273.15 K，标准大气压 1 atm = 1.01325×10^5 Pa，g = 9.80665 m·s^{-2}，R = 8.314 J·K^{-1}·mol^{-1}被认为是严密准确的数值。

(7) 误差一般只取1位有效数字，最多取2位有效数字。

3.3 无机化学实验中的数据处理

化学实验中测量一系列数据的目的是要找出一个合理的实验值，通过实验数据找出某种变化规律，这就需要将实验数据进行归纳和处理。数据处理包括数据计算处理和根据数据进行作图处理和列表处理。

对要求不太高的定量实验，一般只要求重复两三次，所得数据平行比较，用平均值作为结果即可。对要求较高的实验，往往要进行多次重复实验，所得的一系列数据要经过较为严格的处理。

1. 数据的计算处理步骤

(1) 整理数据。

(2) 计算出算术平均值 $\bar{x}$。

(3) 计算出绝对偏差 Δx_i。

(4) 计算出平均绝对偏差$\overline{\Delta x}$，由此评价每次测量的质量。若每次测得的值都落在($\bar{x}\pm\overline{\Delta x}$)区间（实验重复次数≥15），则所得实验值为合格值；若其中有某个实验值落在上述区间之外，则应剔除该实验值。

(5) 求出剔除后剩下数据的 $\bar{x}$ 和$\overline{\Delta x}$，按上述方法检查，看还有没有再要剔除的数，如果有，继续剔除，直到剩下的数据都落在相应的区间为止，然后求出剩下数据的标准偏差(s)。

(6) 由标准偏差计算出算术平均值的标准偏差($s_{\bar{x}}$)。

(7) 算出算术平均值的极限误差($\delta_{\bar{x}}$)：

$$\delta_{\bar{x}} = 3s_{\bar{x}}$$

(8) 真实值可近似地表示为

$$x = \bar{x} \pm 3s_{\bar{x}}$$

2. 作图法处理实验数据

利用图形来表示实验结果的好处是：

（1）显示数据的特点和数据变化的规律。

（2）由图可求出斜率、截距、内插值、切线等。

（3）由图形找出变量间的关系。

（4）根据图形的变化规律可以剔除一些偏差较大的实验数据。

作图的步骤简略介绍如下：

（1）作图纸和坐标的选择　无机化学实验中常用直角坐标纸和半对数坐标纸。习惯上以横坐标作为自变量，纵坐标作为因变量。坐标轴比例尺的选择应遵循以下原则：

① 坐标刻度要能表示出全部有效数字，从图中读出的精密度应与测量的精密度基本一致，通常采取读数的绝对误差在图纸上相当于 0.5～1 小格（最小分刻度），即 0.5～1 mm。

② 坐标标度应取容易读数的分度，通常每单位坐标格应采用 1、2 或 5 的倍数，而不采用 3、6、7 或 9 的倍数，数字一般标示在逢 5 或逢 10 的粗线上。

③ 在满足上述两个原则的条件下，所选坐标纸的大小应能容纳全部所需数而略有宽裕。如无特殊需要（如直线外推求截距等），就不一定把变量的零点作为原点，可从略低于最小测量值的整数开始，以便充分利用坐标纸，且有利于保证图的精密度。若为直线或近乎直线的曲线，则应安置在图纸对角线附近。

（2）点和线的描绘

① 点的描绘　在直角坐标系中，代表某一读数的点常用“○”“⊙”“×”“△”“·”等不同的符号表示，符号的重心所在即表示读数值，符号的大小应能粗略地表示出测量误差的范围。

② 曲线的描绘　根据大多数点描绘出的曲线必须平滑，并使处于曲线两边点的数目大致相等。

③ 在曲线的极大、极小或折点处，应尽可能多测量几个点，以保证曲线所示规律的可靠性。

对于个别远离曲线的点，如不能判断被测物理量在此区域会发生什么突变，就要分析一下测量过程中是否有偶然性的过失误差。如果是误差所致的，描线时可不考虑这一点，否则就要重复实验。如仍有此点，说明曲线在此区间有新的变化规律。通过认真仔细测量，按上述原则描绘出此区间曲线。

若同一图上需要绘制几条曲线，不同曲线上的数值点可以用不同的符号来表示，描绘的不同曲线，也可以用不同的线（虚线、实线、点线、粗线、细线、不同颜色的线）来表示，并在图上标明。

画线时，一般先用淡、软铅笔沿各数值点的变化趋势轻轻地手绘一条曲线，然后用曲线尺逐段拟合手绘线，作出光滑的曲线。

（3）图名和说明　图形绘制好后，应注上图名，标明坐标轴所代表的物理量、比例尺及主要测量条件（温度、压力、浓度等）。

3. 列表法处理实验数据

把实验数据按顺序，有规律地用表格表示出来，一目了然，既便于数据的处理、运算，又便于检查。一张完整的表格应包括如下内容：表格的顺序号、名称、项目、说明及数据来源。表格的横排称为行，竖排称为列。列表时应注意以下几点：

（1）每张表要有含义明确的完整名称。

（2）每个变量占表格的一行或一列，一般先列自变量，后列因变量，每行或每列的第一栏要写明变量的名称、单位和公用因子。

（3）表中的数据排列要整齐，有效数字的位数要一致，同一列数据的小数点要对齐。若为函数表，数据应按自变量递增或递减的顺序排列，以显示出因变量的变化规律。

（4）应在表下注明处理方法和计算公式。

第四章　常用仪器及基本操作

4.1　化学实验中常用的仪器

化学实验中常用的仪器见表 4-1。

表 4-1　化学实验中常用的仪器

仪器名称	规格	用途	注意事项
普通试管　离心试管	玻璃质。分硬质和软质。普通试管无刻度,以管口外径(mm)×管长(mm)表示,有 12 mm × 150 mm、15 mm × 100 mm、30 mm × 200 mm 等规格;离心试管以容积(mL)表示,有 5 mL、10 mL、15 mL 等规格	普通试管可用作少量试剂的反应器,便于操作和观察,也可用于少量气体的收集。离心试管主要用于少量沉淀与溶液的分离	普通试管可直接用火加热,硬质试管可加热到高温。加热时要用试管夹夹持,加热后不能骤冷,反应试液一般不超过试管容积的1/2,加热时不能超过1/3。加热时要不停地摇荡,试管口不要对着别人和自己,以防发生意外
试管架	有木质、铝质和塑料质等,有大小不同、形状各异的多种规格	盛放试管用	加热后的试管应以试管夹夹好悬放在架上,以防烫坏木质、塑料质架子
试管夹	用木料、钢丝或塑料制成	夹持试管用	防止烧损或锈蚀
毛刷	用动物毛(或化学纤维)和铁丝制成,以大小和用途表示,如试管刷、滴定管刷等	洗刷玻璃仪器用	小心刷子顶端的铁丝撞破玻璃仪器,顶端无毛者不能使用

续表

仪器名称	规格	用途	注意事项
烧杯	玻璃质。分硬质和软质，分普通型和高型，有刻度和无刻度，规格以容积(mL)表示，1 mL、5 mL、10 mL 为微型烧杯，还有 25 mL、50 mL、100 mL、200 mL、250 mL、400 mL、500 mL、1 000 mL、2 000 mL 等规格	用作反应物量较多时的反应容器，可搅拌；也可用作配制溶液时的容器，或简便水浴的盛水器	加热时外壁不能有水，要放在石棉网上，先加入溶液后加热，加热后不可放在湿物上
药匙	用牛角或塑料制成	用来取用固体(粉体或小颗粒)药品	用前擦净
锥形瓶	玻璃质。规格以容积(mL)表示，常见有 125 mL、250 mL、500 mL 等	用作反应容器，振荡方便，适用于滴定操作	加热时外壁不能有水，要放在石棉网上，加热后也要放在石棉网上，不要与湿物接触，不可干加热
平底烧瓶 圆底烧瓶	玻璃质。有普通型和标准磨口型，有圆底和平底之分。普通烧瓶规格以容积(mL)表示。磨口烧瓶以标号表示其口径的大小，如 10、14、19 等	用作反应物较多，且需较长时间加热时的反应器	加热时应放在石棉网上，加热前外壁应擦干。圆底烧瓶竖放桌上时，应垫以合适的器具，以防滚动，打破
蒸馏烧瓶	玻璃质。规格以容积(mL)表示	用于液体蒸馏，也可用作少量气体的发生装置	同上
容量瓶	玻璃质。以刻度以下的容积(mL)表示，有磨口瓶塞，也有配以塑料瓶塞，有 10 mL、25 mL、50 mL、100 mL、250 mL、500 mL、1 000 mL 等	用于配制准确浓度一定体积的溶液	不能加热，不能用毛刷洗刷瓶的磨口。与瓶塞配套使用，不能互换

续表

仪器名称	规格	用途	注意事项
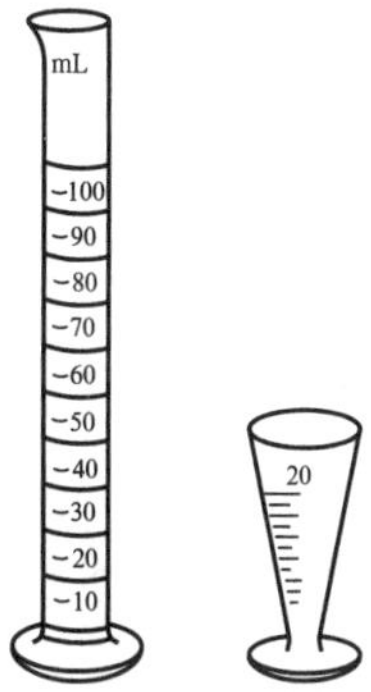 量筒 量杯	玻璃质。规格以刻度所能量度的最大容积(mL)表示。有5 mL、10 mL、25 mL、50 mL、100 mL、200 mL、500 mL、1 000 mL等规格。上口大,下端小的称为量杯	用于量度一定体积的溶液	不能加热,不能量取热的液体,不能用作反应器
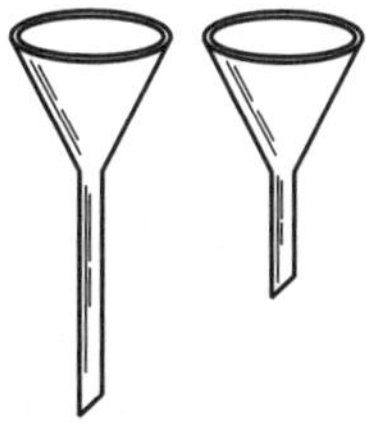 长颈漏斗 漏斗	化学实验室使用的一般为玻璃质或塑料质。规格以口径大小表示	用于过滤等操作,长颈漏斗特别适用于定量分析中的过滤操作	不能用火加热
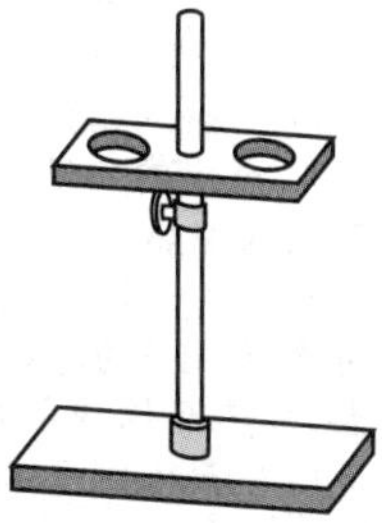 漏斗架	木质或塑料质	过滤时用于放置漏斗	暂无
 布氏漏斗 吸滤瓶	布氏漏斗为瓷质。规格以容积(mL)和口径大小表示。吸滤瓶为玻璃质。以容积(mL)大小表示。有250 mL、500 mL、1 000 mL等	两者配套使用,用于沉淀的减压过滤(利用水泵或真空泵降低吸滤瓶中的压力而加速过滤)	滤纸要略小于漏斗的内径才能贴紧。要先将滤饼取出再停泵,以防滤液回流。不能用火直接加热

续表

仪器名称	规格	用途	注意事项
分液漏斗	玻璃质。规格以容积(mL)大小和形状(球形、梨形、筒形、锥形)表示	用于互不相溶液-液分离,也可用于少量气体发生器装置中的加液器	不能用火直接加热,漏斗塞子不能互换,旋塞处不能漏液
微孔玻璃漏斗	又称烧结漏斗、细菌漏斗、微孔漏斗,漏斗为玻璃质,砂芯滤板为烧结陶瓷。其规格以砂芯板孔的平均孔径(μm)和漏斗的容积(mL)表示	用于细颗粒沉淀或细菌的分离等。也可用于气体洗涤和扩散实验	不能用于含 HF、浓碱液和活性炭等物质的分离。不能直接用火加热。用后应及时洗净
表面皿	玻璃质。规格以口径(mm)表示	盖在烧杯上,防止液体迸溅或其他用途	不能用火直接加热
蒸发皿	瓷质,也有玻璃、石英或金属制成的。规格以口径(mm)或容积(mL)表示	蒸发、浓缩用。随液体性质不同选用不同材质的蒸发皿	瓷质蒸发皿加热前应擦干外壁,加热后不能骤冷,溶液不能超过蒸发皿容积的 2/3,可直接用火加热
坩埚	用瓷、石英、铁、镍、铂及玛瑙等制成,规格以容积(mL)表示	用于灼烧固体用。随固体性质不同选用不同的坩埚	可直接用火加热至高温,加热至灼热的坩埚应放在石棉网上,不能骤冷
称量瓶	玻璃质。规格以外径(mm)×高(mm)表示,分“扁型”和“高型”两种	用于准确称量一定量的固体样品	不能用火直接加热。瓶和塞是配套的,不能互换

续表

仪器名称	规格	用途	注意事项
泥三角	用铁丝拧成，套以瓷管。有大小之分	加热时，坩埚或蒸发皿放在其上直接用火加热	铁丝断了不能再用。灼烧后的泥三角应放在石棉网(板)上
石棉网	由细铁丝编成，中间涂有石棉。规格以铁网边长(cm)表示，如 16 cm × 16 cm、23 cm×23 cm 等	放在受热仪器和热源之间，使受热均匀缓和	用时需检查石棉是否完好，石棉脱落者不能使用。不能和水接触，不能折叠
三脚架	铁质。有大小、高低之分	放置较大或较重的加热容器，用作石棉网及仪器的支承物	要放平稳
研钵	用瓷、玻璃、玛瑙或金属制成。规格以口径(mm)表示	用于研磨固体物质及固体物质的混合。按固体物质的性质和硬度选用	不能用火直接加热，研磨时不能捣碎，只能碾压。不能研磨易爆炸物质
点滴板	瓷质或透明玻璃质，分白釉和黑釉两种。按凹穴多少分为四穴、六穴和十二穴等	用于生成少量沉淀或带色物质反应的实验，根据颜色的不同选用不同的点滴板	不能加热。不能用于含 HF 和浓碱液的反应，用后应及时洗净
洗瓶	塑料质。规格以容积(mL)表示。一般为 250 mL、500 mL	用于装蒸馏水或去离子水。用于挤出少量水洗沉淀或仪器	不能漏气，远离火源

续表

仪器名称	规格	用途	注意事项
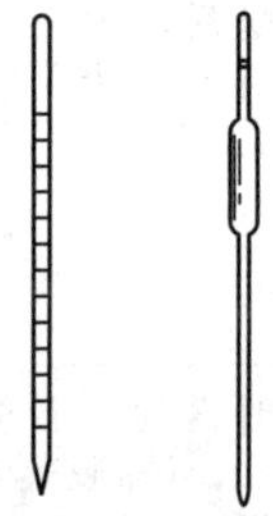 吸量管 移液管	玻璃质。规格以容积(mL)表示。有 1 mL、2 mL、5 mL、10 mL、25 mL、50 mL 等。精密度：如 50 mL 一般约为 0.2%	用于较精确地移取一定体积的溶液	不能加热或移取热溶液。管口无“吹出”字样者，使用时不允许吹出末端的溶液
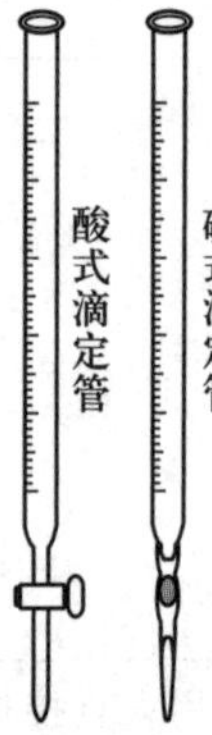 酸式滴定管 碱式滴定管	玻璃质。规格以容积(mL)表示。有酸式、碱式之分。酸式下端以玻璃旋塞控制流出液速度，碱式下端连接一里面装有玻璃球的乳胶管来控制流液量	用于较精确移取一定体积的溶液	不能加热及量取较热的液体。使用前应排除其尖端气泡，并检漏。酸式、碱式不可互换使用
 滴瓶 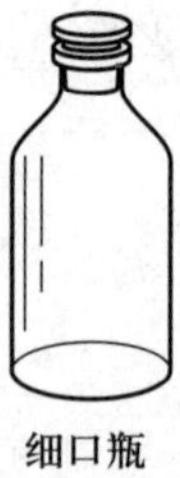 细口瓶 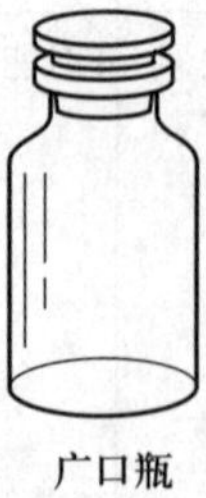 广口瓶	玻璃质。带磨口塞或滴管，有无色或棕色。规格以容积(mL)表示	滴瓶、细口瓶用于存放液体药品。广口瓶用于存放固体药品	不能直接加热。瓶塞配套，不能互换。存放碱液时要用橡胶塞，以防打不开

续表

仪器名称	规格	用途	注意事项
水浴锅	铜质或铝质	用于间接加热,也用于控温实验	加热时,锅内水不可烧干。用完后将水倒掉,将水浴锅擦干,以防腐蚀
干燥器	玻璃质。规格以外径(mm)表示,分为普通干燥器和真空干燥器	内放干燥剂,可保持样品或产物的干燥	防止盖子滑动打碎。灼热的样品待稍冷后才能放入
玻璃棒 滴管	玻璃质。滴管(或吸管)由玻璃尖管和橡胶帽组成	玻璃棒用于搅拌。滴管用于吸取少量溶液	橡胶帽坏了要及时更换
坩埚钳	铁质。有不同规格	用于夹持热的坩埚、蒸发皿	防止与酸性溶液接触,导致生锈或轴不灵活
持夹 单爪夹 铁圈 铁架台	铁质	用于固定玻璃仪器	暂无

续表

仪器名称	规格	用途	注意事项
多用滴管	塑料质。容积4 mL、8 mL,径管直径分别为2.5 mm、6.3 mm,径管长度分别为153 mm、150 mm	微型实验中用作滴液试剂瓶或反应器等	暂无
井穴板	塑料质。有6孔、9孔、12孔和24孔等	微型实验中用作反应器	不能直接用火加热。不能盛装可与之反应的有机化合物
吸滤瓶 玻璃漏斗	玻璃质。磨口口径/容积为10 mm/10 mL	用于常压或减压过滤	暂无

4.2 称量仪器

1. 托盘天平

托盘天平用于精确度要求不高(一般能称准到0.1 g)的称量,其构造见图4-1,使用方法如下:

(1) 调零 称量前应将游码拨至标尺"0"线,观察指针在刻度牌中心线附近的摆动情况。若等距离摆动,表示托盘天平可以使用。否则,应调节托盘下面的平衡调节螺丝,使指针在中心线左右等距离摆动,或停在中心线上不动。

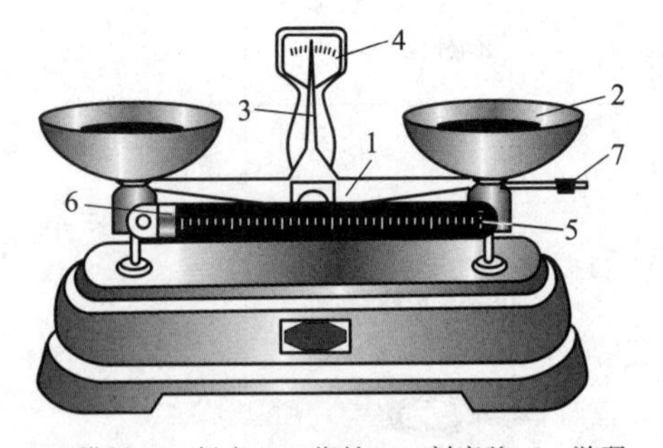

1—横梁;2—托盘;3—指针;4—刻度牌;5—游码标尺;6—游码;7—平衡调节螺丝

图4-1 托盘天平

(2) 称量及注意事项 称量时,左盘放被称量物。被称量物不能直接放在托盘上,应依其性质放在纸上、表面皿上或其他容器里。10 g(或5 g)以上的砝码放在右盘中,10 g(或5 g)以下则用游码标尺上的游码来调节。砝码与游码所示的质量之和就是被称量物的质量。

注意事项：

① 不能称量热的物体。

② 称量完毕后，托盘天平与砝码恢复原状。

③ 要保持托盘天平清洁。

④ 要用镊子取砝码，不要用手拿。

托盘天平的使用

2. 分析天平

分析天平是进行精确称量时常用的仪器。根据天平的平衡原理，可分为杠杆式天平、弹力式天平、电磁力式天平和液体静力平衡式天平四大类；根据使用目的，又可分为通用天平和专用天平两大类；根据分度值的大小，还可分为常量(0.1 mg)、半微量(0.01 mg)、微量(0.001 mg)分析天平等。根据精度等级，分析天平可分为：① 特种准确度(精细)天平；② 高准确度(精密)天平；③ 中等准确度(商用)天平；④ 普通准确度(粗糙)天平。

(1) 分析天平的构造与原理　常用的分析天平有普通分析天平、空气阻尼天平、半自动电光天平、全自动电光天平、单盘天平等。虽然它们的构造和使用方法有所不同，但都是根据杠杆原理制成的。分析天平用已知质量的砝码来衡量被称量物的质量。从力学角度看，如图 4-2 所示，设杠杆 ABC，其支点为 B，力的作用点分别在两端的 A 和 C 上。两端所受力分别为 P 和 Q，P 表示砝码的质量，Q 表示被称量物的质量，当杠杆处于平衡状态时，支点两边的力矩相等：

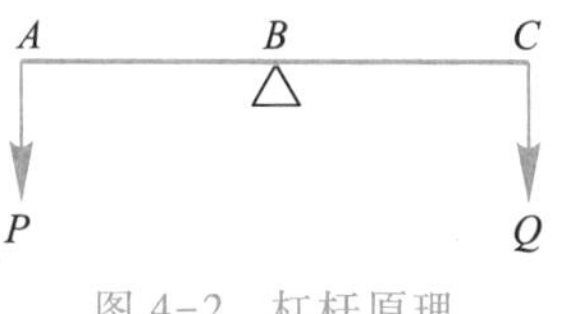

图 4-2　杠杆原理

$$P\,\overline{AB}=Q\,\overline{BC}$$

当支点两端的臂长相等，即$\overline{AB}=\overline{BC}$时，则

$$P=Q$$

以上说明，当等臂天平处于平衡状态时，被称量物的质量等于砝码的质量，这就是等臂天平的基本原理。

等臂天平的横梁用三个玛瑙三棱体的锐边(刀口)分别作为支点 B(刀口朝下)和力点 A，C(刀口朝上)，这三个刀口必须完全平行且位于同一水平面上。

(2) 半自动电光分析天平的结构与主要部件　半自动电光分析天平的结构如图 4-3 所示。

① 天平梁　天平梁是天平的主要部件，在梁的中下方装有细长而垂直的指针。梁的中间和等距离的两端装有三个玛瑙三棱体，中间三棱体刀口向下，两端三棱体刀口向上，三个刀口的棱边必须位于同一水平面上。刀口的尖锐程度决定分析天平的灵敏度，因此保护刀口是十分重要的。梁的两边装有两个平衡螺丝，用来调整梁的平衡位置(即调节零点)。

② 天平柱　天平柱位于天平正中，柱的上方嵌有玛瑙平板，它与天平梁中央的玛瑙刀口接触，天平柱的上部装有能升降的托梁架。天平不使用时，用托梁架托住天平梁，使玛瑙刀口与平板脱开，以减少磨损，保护玛瑙刀口和平板。

③ 吊耳(也称蹬)　吊耳的中间向下的部分嵌有玛瑙平板，与天平梁两端的玛瑙刀口接触。吊耳的两端面向下有两个螺丝凹槽，天平不使用时，凹槽与托梁架的托吊耳螺丝接触，将吊耳托

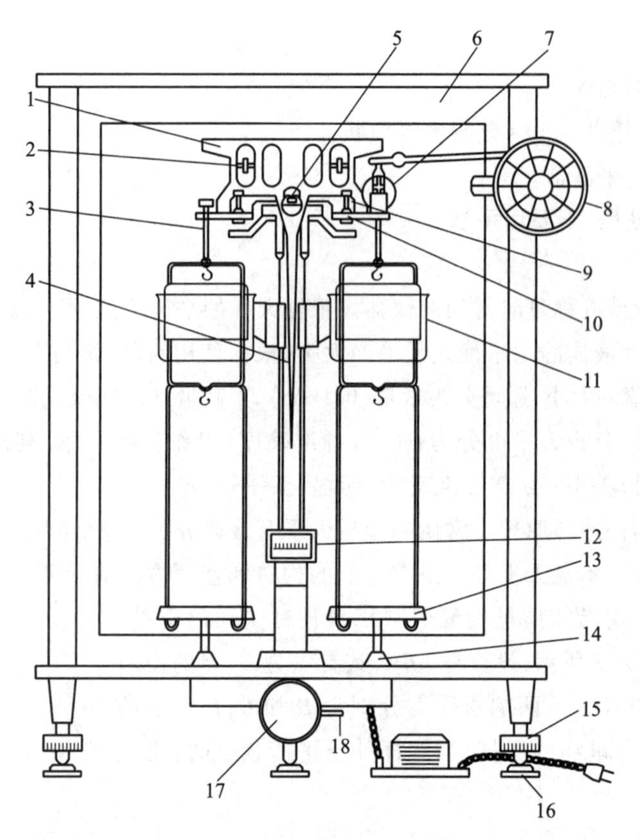

1—天平梁；2—平衡螺丝；3—吊耳；4—指针；5—支点刀；6—天平盒；7—圈码；
8—圈码指数盘；9—支柱；10—托梁架；11—空气阻尼器；12—光屏；13—天平盘；
14—盘托；15—螺旋脚；16—垫脚；17—升降旋钮；18—微动调节杆

图 4-3　半自动电光分析天平结构示意图

住，使玛瑙平板与玛瑙刀口脱开。吊耳上还装有挂托盘与空气阻尼器内筒的镫钩。

④ 空气阻尼器　空气阻尼器是两个套在一起的铝制圆筒，外筒固定在天平柱上，内筒倒挂在蹬钩上，二圆筒间有均匀的空隙，内筒能自由地上下移动。利用筒内空气的阻力产生阻尼作用，使天平很快达到平衡状态。左、右两个内筒上分别刻有标记“1”和“2”，不要挂错。

⑤ 盘托　盘托位于天平盘的下面，装在天平底板上。天平不使用时，盘托上升，把天平盘托住。左、右两个盘托也分别刻有“1”和“2”标记。

⑥ 指针　指针固定在天平梁的中央，天平摆动时，指针也跟着摆动。指针的下端装有缩微标尺，光源发出的光通过光学系统将缩微标尺的刻度放大，反射到光屏上，从光屏上就可以看到标尺的投影，光屏的中央有一条垂直的刻线，标心投影与刻线的重合处即为天平的平衡位置。调屏拉杆可将光屏左、右移动一定距离，在天平未加砝码和重物时，打开升降旋钮，可拨动调屏拉杆使标尺的 0.00 与刻线重合，达到调整零点的目的。

⑦ 升降旋钮（也称升降枢）　升降旋钮是天平的重要部件之一，它连接着托梁架、盘托和光源。使用天平时，打开升降旋钮，可使三部分发生变动：

Ⅰ. 降下托梁架，使三个玛瑙刀口与相应的玛瑙平板接触。

Ⅱ. 盘托下降，使天平能自由摆动。

Ⅲ. 打开光源，在光屏上可以看到缩微标尺的投影。

Ⅳ. 关闭升降旋钮，则天平梁和天平盘被托住，刀口与平板脱离，光源切断。

⑧ 垫脚　天平盒下面有三只垫脚，前方的两只垫脚上装有螺旋脚，可使垫脚升高或降低，以调节天平的平衡位置。天平柱的后上方装有气泡水平仪。

⑨ 圈码指数盘　圈码指数盘转动时可往天平梁上加 10～990 mg 的砝码。圈码指数盘上刻有圈码质量的数值，分内外两层，内层由 10～90 mg 组合，外层由 100～900 mg 组合。天平达到平衡时，可由内外层圈码指数盘刻度读出圈码的质量。

⑩ 天平盒　天平盒由木框和玻璃制成，用以防止污染和消除空气流动对称量带来的影响。两边的门用来取放砝码和称量物，前面的门只在安装和修理时才打开。关好门才能读数。

⑪ 砝码盒　每台天平都附有一盒砝码，1 g 以上的砝码都按固定位置有规则地装在砝码盒里，以免沾污、碰撞而影响砝码质量。对最大负荷为 200 g 的天平，每盒砝码一般由以下一组砝码组成：100 g 1 个，50 g 1 个，20 g 2 个，10 g 1 个，5 g 1 个，2 g 2 个，1 g 1 个。

半自动电光分析天平一般可准确称量到 0.1 mg，最大负荷为 100 g 或 200 g。

（3）半自动电光分析天平的使用方法

① 检查天平是否处于良好状态　检查天平梁是否恰好套在各支力点上；左、右两吊耳是否在各自的支柱上；天平盘上是否有其他物品；圈（环）码是否跳差；指数盘是否在零的位置。接通电源，轻轻转动升降旋钮（枢）启动天平，检查灯泡是否亮，投影光屏上刻度是否清晰。

② 调整零点　接通电源，轻轻开启升降旋钮，从前面光屏上即可看到缩微标尺投影在移动。当投影稳定后，若标尺上的零点与刻线正好重合，则天平的零点等于零。零点是天平不载荷时的平衡点，称量前应先调好零点。调整方法是将天平盘下面的调屏拉杆轻轻移动使光屏上的黑长线与刻度上的零点重合。如移动拉杆后还不重合，即表明天平两臂力矩不相等，此时应调节天平梁上的平衡螺丝。

③ 砝码的使用　1 g 以上砝码可直接加在天平的右盘上，1 g 以下、10 mg 以上的砝码是用金属丝做成的圈码（或环码），分挂在天平右上方的一排圈码（或环码）钩上，钩与圈码盘的指数盘相连接，转动指数盘即可将圈码直接挂在天平梁上。10 mg 以下可从天平前面光屏中的标尺上直接读出。

④ 称量　调好零点后，放下升降旋钮，关闭天平。将被称量物（可先在托盘天平上粗称一下，以便在右盘放合适的砝码）放在天平左盘的中央，右手持镊子从砝码盒内从大到小选取相应的砝码放在右盘中央，轻轻转动升降旋钮。如果指针偏左，表示砝码过重；如果指针偏右，表示砝码太轻。关闭天平，调换砝码（包括圈码）。当天平左右两侧相差不到 10 mg 时，即可读出标尺的数据，然后立即关闭天平。

⑤ 质量计算：

$$被称量物质量 = 砝码质量 + 圈（环）码质量 + 标尺读数$$

光屏标尺上一大格为 1 mg，一小格为 0.1 mg。

（4）称量样品的方法

① 直接称量法 对于在空气中性质稳定且无吸湿性的样品，可用直接称量法。称量时在右盘中放上与被称量物及已知质量的承受物（称量纸、表面皿或其他容器）总质量相等的砝码，然后再往左盘加承受物和被称量物，直至两边平衡为止：

被称量物质量=砝码质量+圈（环）码质量+标尺读数-承受物质量

② 间接称量法 在洗净并烘干的称量瓶中装入略超过实验用量的固体样品，在调整好天平零点后，打开左边门，左手用一干净的纸条围住称量瓶，将其放在天平左盘中央，在右盘中央逐渐加砝码。关好天平门，称出样品质量。再用纸条围住将称量瓶取出，在容器上方，用戴着干净称量手套的右手打开瓶盖，慢慢倾斜称量瓶，用瓶盖轻敲瓶口上部，样品逐渐落入容器中。取样后慢慢将瓶竖正，再稍微倾斜，以瓶盖轻敲，使黏附在容器口上方的少量样品也落入容器（以上操作始终在容器上方进行，不能碰到任何东西，以防样品旁落，造成损失）。盖上瓶盖，再放到天平上称量。前后两次质量之差，就是倒入容器中样品的质量。如果样品的倒出量太少，可按上述方法再倒出一些。为使第二次倒出样品的量在称量范围之内，第一次倒样后比较一下质量，估计第二次该倒多少。倒出样品的次数越少越好，以减少引起误差的机会。如果样品倒出量太多，也不可将样品再倒回称量瓶中，只能倒掉重新称样。

称取易潮解的样品时，可先称出称量瓶的准确质量，再装入样品，其量应接近于所需量，然后盖上盖子再称量。两次称量之差就是装入样品的质量。然后将样品定量地从称量瓶中转入容器。

（5）分析天平的维护和使用规则 分析天平是贵重的精密仪器，必须妥善保管，精心维护，合理使用，才能保持它的灵敏度和精密度。

① 分析天平的维护 分析天平应放在干燥、平稳、没有振动的室内，天平箱（盒）内要经常保持干燥、清洁，为此箱内应放置适当干燥剂，如硅胶或无水 $CaCl_2$ 等，要严防腐蚀性气体和灰尘侵入，防止太阳光照射，用毕后要用黑布罩罩好，还要经常用软毛刷将天平箱及托盘清扫干净。

② 分析天平的检查 除定期检查和维修外，分析天平在使用前仍需进行如下检查：

Ⅰ. 由悬锤或气泡水准仪观察天平箱是否处于水平状态，否则须利用天平箱前面两足调节，使其达到水平。

Ⅱ. 零点 每次称量前都应核准零点。

③ 天平使用规则

Ⅰ. 要切实保护好天平梁

a. 不能称量温热或过冷的样品。

b. 不能超载称量。

c. 被称量物和砝码一定要放在托盘中央。

Ⅱ. 要切实保护好玛瑙刀口

a. 取放样品或砝码时，一定要先放下升降旋钮，以便把天平梁完全托住。

b. 开启或放下升降旋钮时，一定要缓慢小心，不要使天平受到很大振动。

c. 要用镊子取放砝码，决不允许用手接触砝码，因为手上的湿气、汗迹、油脂或污物会使砝码增重或锈蚀。

d. 转动圈码指数盘时,动作要轻,要慢,以免圈码跳落或变位。

e. 称量完之后,应检查天平梁是否托住,有无样品残留物遗留在天平盘上或天平箱中,砝码、圈码是否归位,天平门是否关好,电闸是否拉下,然后罩好布罩,将坐凳放回原处。最后在分析天平使用记录本上记录本次分析天平使用情况,注明使用日期并签名。

3. 电子天平

电子天平是一种先进称量仪器,它利用电子装置完成电磁力补偿的调节,使物体在重力场中实现力的平衡,或通过电磁力矩的调节,使物体在重力场中实现力矩的平衡。近年来电子天平的生产技术得到飞速发展,市场上出现了一系列从简单到复杂,从粗到精,可用于基础、标准和专业等多种级别称量任务的电子天平。例如,梅特勒-托利多公司推出的超微量、微量电子天平可精确称量到 0.1 μg,最大称量值 2 100 mg;AT 分析天平可精确称量到1 μg,最大称量值 22 g;SJ 工业精密天平可精确称量到 0.1 mg,最大称量值 8 100 mg。

电子天平最基本的功能是:自动调零,自动校准,自动扣除空白和自动显示称量结果。使用电子天平称量方便、迅速、读数稳定、准确度高。

电子天平的型号很多,下面介绍三种实验室用电子天平。

(1) JY6001 型电子天平的使用 JY6001 型电子天平(图 4-4)可精确称量到 0.1 g,其称量范围为 0～600 g,用于称量精度要求不高的情况。其称量步骤如下:

图 4-4 JY6001 型电子天平

① 插上电源插头,打开尾部开关。

② 按 C/ON 键,启动显示屏,约 2 s 后显示 0.0。

③ 预热 30 min 以上。

④ 当天平显示“0.0 g”不变时,即可进行称量。

⑤ 当天平显示称量值达到要求且不变时,表示称量完成。

⑥ 称量完毕后,轻按关闭键,关闭天平。

⑦ 拔下电源插头。

去皮键的使用方法:

① 将容器或称量纸置于秤盘上,显示出容器或称量纸的质量(皮重)。

② 轻按“T”键,去除皮重。

③ 取下容器或称量纸,加上被称量物后再称量,显示屏显示值即为去皮后被称量物的质量。

④ 再按“T”键消零。

(2) ED2140 型电子分析天平的使用 ED2140 型电子分析天平(图 4-5)的载重量为 210 g,可精确称量到 0.1 mg。它的称量步骤如下:

① 观察天平的水平指示是否在水平状态,如果不在,用水平脚调整至水平。

② 插上电源插头,轻按开关钮,预热 20 min。

③ 轻按“O/T”键,设天平至 0,即天平显示“0.000 0 g”。

④ 当天平显示“0.000 0 g”不变时，即可进行称量。

⑤ 当天平显示称量值，并不再变化时，表示称量完成。

⑥ 称量完毕后，轻按开关键，关闭天平。

⑦ 拔下电源插头。

（3）FA1604 型电子天平的使用

① 在使用前观察天平仪是否水平，若不在水平状态，可调节水平脚，使气泡位于水平仪中心。

② 接通电源，预热 60 min 后方可开启显示屏。

③ 轻按一下“ON”键，显示屏全亮，出现“±888 888 8% g”，约 2 s 后，显示天平的型号：“-1604-”，然后进入称量模式：“0.000 0 g”或“0.000 g”。

④ 如果显示不正好是“0.000 0 g”，则需按一下“TAR”键。

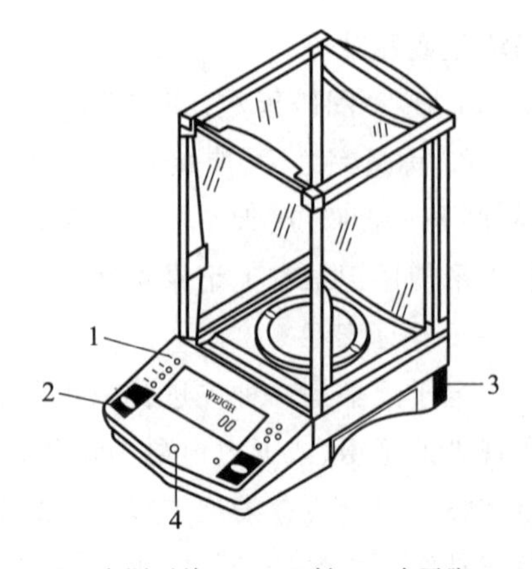

1—电源开关；2—O/T 键；3—水平脚；4—水平指示

图 4-5　ED2140 型电子分析天平示意图

⑤ 将容器或称量纸轻轻放在秤盘上，轻按“TAR”键，显示消隐，随即出现全零状态，容器或称量纸质量已除去（即已去除皮重），即可向容器里或称量纸上加药品进行称量，显示出来的是药品的质量。

⑥ 称量完毕，取下被称量物，按一下“OFF”键（如果不久还要称量，可不拔掉电源），让天平处于待命状态。再次称量时按一下“ON”键就可使用。使用完要拔下电源插头，盖上防尘罩。

电子天平校准：

因为存放时间长、位置移动、环境变化，或者为了获得精确测量，电子天平在使用前或使用一段时间后都应进行校准。校准时，取下秤盘上的所有被称量物，置于“mg-30”“INT-3”“ASD-2”“Ery-g”模式。轻按“TAR”键清零。按“CAL”键当显示器出现“CAL-”时，即松手，显示器就出现“CAL-100”，其中“100”为闪烁码，表示校准码需用 100 g 的标准砝码。此时把准备好的 100 g 校准砝码放在秤盘上，显示器即出现“——”等待状态，经较长时间后显示器出现“100.000 0 g”，除去校准砝码，显示器应出现“0.000 0 g”，若显示不为零，应清零后再重复以上校准操作（为了得到准确的校准效果，最好重复以上校准操作两次）。

4.3　pH 计

pH 计亦称酸度计，是一种用电位法准确测定水溶液 pH 的电子仪器。它主要是利用一对电极在不同 pH 的溶液中，产生不同的直流毫伏电动势，将此电动势输入电位计后，经过电子的转换，最后在指示器上指示出测量结果。pH 计有多种型号，如雷磁 25 型、pHS-2C 型、pHSW-3D 型、pHS-25 型、pHS-10B 型、pHS-3C 型和 Delta 320-S 型等，但基本原理、操作步骤大致相同。现以雷磁 25 型酸度计、pHS-2C 型和 Delta 320-S 型数字酸度计为例，来说明其操作步骤及使用注意事项。

1. 雷磁 25 型酸度计及其使用方法

(1) 基本原理

雷磁 25 型酸度计(图 4-6)是一种通过测量电池电动势来测定溶液 pH 的仪器。与其配套使用的指示电极是玻璃电极(图 4-7),参比(或比较)电极是饱和甘汞电极(图 4-8)。用雷磁 25 型酸度计除了可测溶液的 pH 外,还可测定电池的电动势。

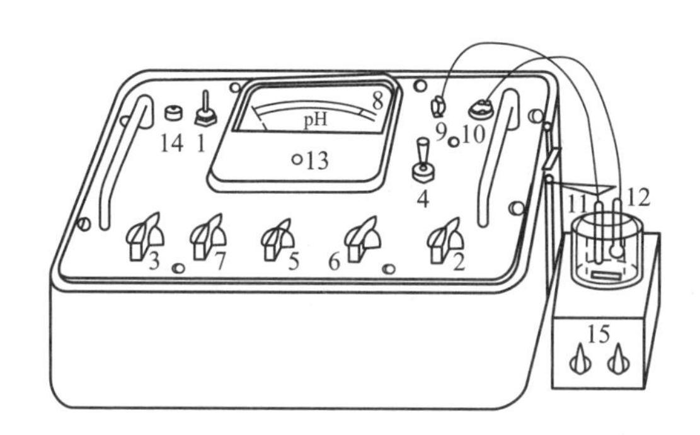

1—电源开关;2—零点调节器;3—定位调节器;4—读数开关;5—pH-mV 开关;6—量程选择开关;7—温度补偿器;8—电流计;9—参比电极接线柱;10—玻璃电极插孔;11—饱和甘汞电极;12—玻璃电极;13—电表机械调节;14—指示灯;15—电磁搅拌器

图 4-6 雷磁 25 型酸度计

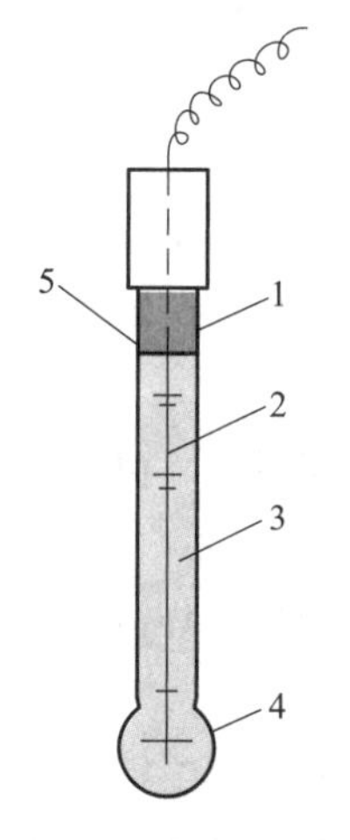

1—玻璃管;2—铂丝;3—缓冲溶液;4—玻璃膜;5—Ag+AgCl

图 4-7 玻璃电极

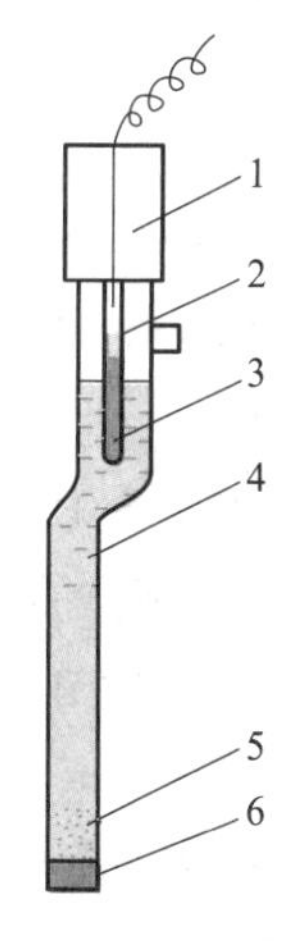

1—导线;2—Hg;3—$Hg+Hg_2Cl_2$;4—饱和 KCl 溶液;5—KCl 晶体;6—素烧陶瓷塞

图 4-8 饱和甘汞电极

① 玻璃电极 玻璃电极是用一种特殊的导电玻璃(含 72% SiO_2,22% Na_2O,6% CaO)吹制成的空心小球,球中有 0.1 $mol\cdot L^{-1}$ HCl 溶液和 Ag-AgCl 电极,把它插入待测溶液中,便组成一个电极:

$$Ag, AgCl(s) | HCl(0.1\ mol\cdot L^{-1}) | 玻璃 | 待测溶液$$

这个导电的薄玻璃膜把两个溶液隔开,即有电势产生。小球内氢离子的浓度是固定的,所以该电极的电势随待测溶液的 pH 不同而改变。即

$$E(\text{玻璃})=E^{\ominus}(\text{玻璃})-0.0592\ \mathrm{V}\ \mathrm{pH}(25\ ℃)$$

式中:E 为电极电势;$E^{\ominus}$ 为标准电极电势。

② 饱和甘汞电极　饱和甘汞电极是由金属汞、Hg_2Cl_2 和饱和 KCl 溶液组成的电极,内玻璃管封接一根铂丝,铂丝插入纯汞中,纯汞下面有一层甘汞(Hg_2Cl_2)和汞的糊状物。外玻璃管中装入饱和 KCl 溶液,下端用素烧陶瓷塞塞住,通过素烧陶瓷塞的毛细孔可使内外溶液相通。饱和甘汞电极可表示为

$$\mathrm{Hg}|\mathrm{Hg_2Cl_2(s)}|\mathrm{KCl}(\text{饱和})$$

电极反应为

$$\mathrm{Hg_2Cl_2+2e^-}\rightleftharpoons \mathrm{2Hg+2Cl^-}$$

其电极电势为

$$E(\mathrm{Hg_2Cl_2/Hg})=E^{\ominus}(\mathrm{Hg_2Cl_2/Hg})-\frac{0.0592\ \mathrm{V}}{2}\lg[c(\mathrm{Cl^-})/c^{\ominus}]^2$$

甘汞电极电势只与 $c(Cl^-)$ 有关,当管内盛饱和 KCl 溶液时,$c(Cl^-)$ 一定,$E(Hg_2Cl_2/Hg)=0.2415\ V(25\ ℃)$。

将饱和甘汞电极与玻璃电极一起浸入待测溶液中组成原电池,其电动势为

$$E_{\mathrm{MF}}=E(\mathrm{Hg_2Cl_2/Hg})-E(\text{玻璃})=0.2415\ \mathrm{V}-E^{\ominus}(\text{玻璃})+0.0592\ \mathrm{V}\ \mathrm{pH}$$

$$\mathrm{pH}=\frac{E_{\mathrm{MF}}-0.2415\ \mathrm{V}+E^{\ominus}(\text{玻璃})}{0.0592\ \mathrm{V}}$$

如果 $E^{\ominus}$(玻璃)已知,即可从电动势求出 pH。不同玻璃电极的 $E^{\ominus}$(玻璃)是不同的,而且同一玻璃电极的 $E^{\ominus}$(玻璃)也会随时间而变化。为此,必须对玻璃电极先进行标定,即用一已知 pH 的缓冲溶液先测出电动势 E_s:

$$E_s=E(\mathrm{Hg_2Cl_2/Hg})-E^{\ominus}(\text{玻璃})-0.0592\ \mathrm{V}\ \mathrm{pH_s} \tag{1}$$

然后测出未知液(其 pH 为 pH_x)的电动势 E_x:

$$E_x=E(\mathrm{Hg_2Cl_2/Hg})-E^{\ominus}(\text{玻璃})-0.0592\ \mathrm{V}\ \mathrm{pH_x} \tag{2}$$

由式(2)-式(1)可得

$$\Delta E=E_x-E_s=0.0592\ \mathrm{V}(\mathrm{pH_s-pH_x})=0.0592\ \mathrm{V}\ \Delta\mathrm{pH}$$

由上式可知,当溶液的 pH 改变一个单位时,电动势改变 0.059 2 V,即59.2 mV。酸度计上一般把测得的电动势直接用 pH 的值表示出来,为了方便起见,仪器上设有定位调节器,测量标准缓冲溶液时,可利用调节器,把读数直接调节到标准缓冲溶液的 pH,以后测量未知液时,就可直接指示出溶液的 pH。

(2) 雷磁 25 型酸度计的使用方法

① pH 挡的使用

Ⅰ. 先把甘汞电极上的橡胶套取下,再将玻璃电极和甘汞电极固定在电极夹上。注意把甘汞电极的位置装得低些,以便上下移动时保护玻璃电极。甘汞电极接正极,玻璃电极接负极。

Ⅱ. 接通电源之前,先检查一下电表指针是否指在零点(pH = 7)。如不指向 7,可用螺丝刀机械调节至 7。

Ⅲ. 接通电源,打开电源开关,预热 10～20 min。

Ⅳ. 定位(或校准)

a. 将电极用去离子水冲洗后,用滤纸条吸干水,插入定位用的标准缓冲溶液中(酸性溶液用 pH = 4.003 的标准缓冲溶液,碱性溶液用 pH = 9.18 的标准缓冲溶液)。

b. 将 pH-mV 旋钮置于 pH 挡。

c. 温度补偿器旋钮指向待测溶液温度值(一般为室温)。

d. 量程开关置于与标准缓冲溶液标定的 pH 范围(0～7 或 7～14)。

e. 调节零点调节器,使电表指针在 pH = 7 处。

f. 按下读数开关,调节定位调节器,使指针的读数与标准缓冲溶液的 pH 相同。

g. 松开读数开关,指针应回到 pH = 7 处。如有变动,重复 e 和 f 两步骤。定位后不得再动定位调节器。

Ⅴ. 测量

a. 将电极从标准缓冲溶液取出后用去离子水冲洗,用滤纸条吸干水,插入待测溶液中。

b. 按下读数开关,指针所指的数值就是待测溶液的 pH。

c. 在测量过程中,零点若发生变动,应随时加以调整。

d. 测量完毕后放开读数开关,移走溶液,冲洗电极。取下甘汞电极,擦干后套上橡胶套。玻璃电极可不取下,但要用新鲜去离子水浸泡保存。切断电源。

② mV 挡的使用

Ⅰ. 接通电源,打开电源开关,预热 10～20 min。

Ⅱ. 把 pH-mV 旋钮置于+mV(或-mV)挡,此时温度补偿旋钮和定位调节旋钮都不起作用。

Ⅲ. 把量程开关置于“0”,此时指针应指“7”,再将量程开关置于“7～0”,指针所示范围为 700～0 mV,调节零点调节器,使电表指针在 0mV 处。

Ⅳ. 将待测电池的电极接在电极接线柱上。

Ⅴ. 按下读数开关,电表指针所指读数即为所测的端电压。若指针偏转范围超出刻度,把量程开关由“7～0”扳回“0”,再扳到“7～14”,指针所示范围为 700～1 400 mV。

Ⅵ. 读数完毕后,先将量程开关扳向“0”,再松开读数开关,以防打弯指针。

Ⅶ. 切断电源,拆除电极。

(3) 注意事项

① 玻璃电极在使用时要提前 24 h 用去离子水浸泡。

② 安装和移动电极时,要特别注意保护玻璃电极。

③ 冲洗电极或更换待测溶液时,都必须先松开读数开关,以保护电表。

2. pHS-3C 型酸度计及其使用方法

(1) 构造

pHS-3C 型酸度计如图 4-9 所示，该酸度计有 4 个调节旋钮，它们的名称与作用如下所述：

图 4-9 pHS-3C 型酸度计

温度补偿调节旋钮用于补偿由于温度不同时对测量结果产生的影响。因此，在溶液 pH 校正时，必须将此旋钮调至该溶液温度值上。在进行电池电动势测量时，此旋钮无作用。

斜率补偿调节旋钮用于补偿电极转换系数。由于实际的电极系统并不能达到理论上的转移系数（100%）。因此，设置此调节旋钮是便于用二点校正法对电极系统进行 pH 校正，使仪器能更精确测量溶液的 pH。

定位调节旋钮用于消除电极的不对称电势和液接电势对测量结果所产生的误差。该仪器的零电势为 pH=7，即仅适应配用零电势 pH 为 7 的玻璃电极，当玻璃电极和甘汞电极（或复合电极）浸入 pH=7 的缓冲溶液中时，其电势不能达到理论上的 0 mV，而有一定差值，该电势差称为不对称电势。此值的大小取决于玻璃电极膜材料的性质、内外参比体系、待测溶液的性质和温度等。为了提高测定的准确度，在测定前必须通过定位消除之。

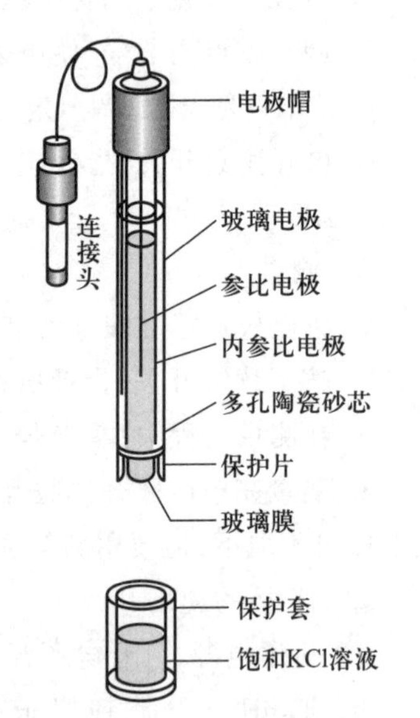

图 4-10 复合电极的结构

斜率及定位调节旋钮仅在测量 pH 及校正时使用。

选择开关旋钮供选定仪器的测量功能使用。

（2）复合电极

pHS-3C 型酸度计使用的是复合电极（图 4-10），该电极是一种由玻璃电极（测量电极）和 Ag-AgCl 电极（参比电极）组合在一起的塑壳可充电电极。玻璃电极球泡内通过 Ag-AgCl 电极组成半电池，球泡外通过 Ag-AgCl 电极组成另一个半电池，外参比溶液为饱和 KCl 溶液。两个半电池组成一个完整的化学原电池，其电势仅与待测溶液的氢离子浓度有关。

（3）pHS-3C 型酸度计的使用方法与步骤

① 接通电源

按下电源开关，预热 30 min。

② 电极安装

将复合电极插在塑料电极夹上，电极夹装在电极杆上。拔去仪器反面电极插口上的短路插头，接上电极插头。注意重新使用或长期不用的复合电极，在使用前应浸泡在去离子水内活化 24 h。

酸度计的使用

③ 定位

仪器附有 3 种标准缓冲溶液，可根据情况，选用 1 种与待测溶液 pH 较接近的缓冲溶液对仪器进行定位。

3 种缓冲溶液的 pH 与温度的关系如表 4-2 所示。

表 4-2 3 种缓冲溶液的 pH 与温度的关系

缓冲溶液类型	温度/K							
	278	283	288	293	298	303	308	313
酸性缓冲溶液	4.00	4.00	4.00	4.00	4.01	4.02	4.02	4.04
中性缓冲溶液	6.95	6.92	6.90	6.88	6.86	6.85	6.84	6.84
碱性缓冲溶液	9.39	9.33	9.27	9.22	9.18	9.14	9.10	9.07

二次定位的操作步骤如下：

(a) 将选择开关旋钮调到“pH”挡，调节温度补偿旋钮至溶液温度值，将斜率补偿调节旋钮顺时针旋到底。

(b) 清洗并吸干电极，将其插入 pH=6.86 的标准缓冲溶液中，调节定位调节旋钮，使仪器显示的 pH 与该温度下缓冲溶液的 pH 一致。

(c) 取出电极，用去离子水清洗，并吸干水分后，再插入 pH=4.00(或 pH=9.18)的标准缓冲溶液中，调节斜率补偿调节旋钮，使仪器显示的 pH 与该温度下缓冲溶液的 pH 一致。

(d) 用去离子水清洗电极，并用待测溶液润冲电极，再将电极插入待测溶液中，打开搅拌器开关，将溶液搅拌均匀，在显示屏上读出溶液的 pH。

pHS-3C 酸度计亦可用于电动势测量。进行电动势测量时，只要将选择开关旋钮置于+mV 或-mV，即可进行测定。

(4) 仪器和电极的维护

① 玻璃电极插口必须保持清洁，不用时短路插头插入插座，以防灰尘和水汽侵入。在环境湿度较高时，应把电极插口用净布擦干。

② 测量前定位校正时，标准缓冲溶液的 pH 与待测溶液的 pH 越接近越好。

③ 测量时，电极的引入线必须保持静止，否则会引起测量不稳定。

④ 使用复合电极时，应避免电极下部的玻璃球泡与硬物或污物接触。若玻璃球泡上发现沾污，可用医用棉花轻擦球泡部分或用 0.1 $mol \cdot L^{-1}$ 盐酸清洗。

⑤ 复合电极的外参比溶液为饱和 KCl 溶液，补充液可从电极上端的小孔中加入。

⑥ 复合电极使用后，应清洗干净，套上保护套，保护套中加少量补充液以保持电极球泡的湿润。切忌浸泡在去离子水中。

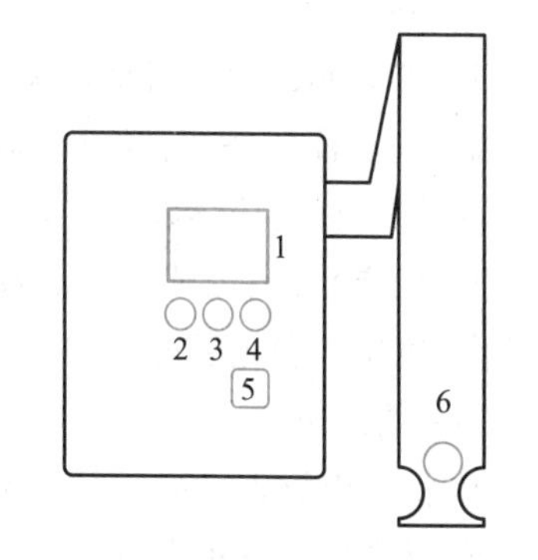

1—数字显示屏；2—模式键；3—校准键；4—开关键；5—读数键；6—电极支架

图 4-11 Delta 320-S 型酸度计构造图

3. Delta 320-S 型酸度计及其使用方法

(1) Delta 320-S 型酸度计的构造(图 4-11) 该酸度计采用了数字显示屏，复合电极，具有 4 个控制键：模式键、校准键、开关键、读数键。

它们的功能如下：

① 模式键 选择 pH，mV 或温度模式。

② 校准键 在 pH 模式下启动校准程序；在温度模式下启动温度输入程序。

③ 开关键 接通/关闭显示器，关闭时将酸度计设置在备用状态。

④ 读数键 在 pH 模式和 mV 模式下启动样品测定过程，再按一次该键时锁定当前值。在温度模式下，读数键作为输入温度值时数字的切换键。

(2) 温度的读数和输入 按一次模式键，进入温度方式，显示屏即有"℃"显示，同时将显示最近一次输入的温度值，小数点闪烁。如果要输入新的温度值，则按一下校准键，此时首先是温度值的十位数从 0 开始闪烁，每隔一段时间加"1"。当十位数到达所要的数值时，按一下读数键，这时十位数固定不变，个位数开始闪烁，并且累加。当个位数到达所要的数值时，按一下读数键，十位数和个位数均保持不变，小数点后十分位开始在"0"和"5"之间变化。当到达需要数字时按读数键，温度值将固定，且小数点停止闪烁，此时温度值已被读入酸度计。完成温度输入后，按模式键回到 pH 模式或 mV 模式。

(3) 测定 pH

① 设置校准溶液组 要获得最精确的 pH，必须用标准缓冲溶液校准电极。Delta 320-S 型酸度计有 3 组标准缓冲溶液可供选择，每组有 3 种不同 pH 的标准缓冲溶液：

第 1 组($b=1$)：pH 分别为 4.00，7.00，10.00

第 2 组($b=2$)：pH 分别为 4.01，7.00，9.21

第 3 组($b=3$)：pH 分别为 4.01，6.86，9.18

选择缓冲溶液的步骤如下：

Ⅰ. 按开关键，关闭显示器。

Ⅱ. 按模式键并按住保持，再按开关键，松开模式键，显示屏显示 $b=3$(或当前的设置值)。

Ⅲ. 按校准键显示 $b=1$ 或 $b=2$。

Ⅳ. 按读数键选择合适的组别，所选择组别必须与所使用的缓冲溶液相一致。

② 校准 pH 电极

Ⅰ. 首先测出缓冲溶液的温度，并进入温度模式输入当前缓冲溶液的温度。

Ⅱ. 一点校准：将电极放入第一种缓冲溶液中并按校准键。当到达终点时相应的缓冲溶液指示器显示数值，按读数键。要回到样品测定方式，按读数开关键。

Ⅲ. 两点校准：继续第二点校准操作，按标准键，将电极放入第二种缓冲溶液中并按上述步骤操作，当显示静止后电极斜率值简要显示。要回到样品测定方式，按读数键。

(4) 测定电势

① 将电极放入样品并按读数键，启动测定过程。显示屏显示该样品的电势绝对值。

② 要将显示静止在终点值上，按读数键。

③ 要启动一个新的测定过程，按读数键。

(5) 注意事项

① 使用电极之前，将保湿帽从电极头处拧下并将橡胶帽从填液孔上移走。

② 新电极须经过缓冲溶液校正后方可使用。

③ 将电极从一种溶液移入另一种溶液之前，要用去离子水或待测溶液清洗电极，用纸巾将水吸干，但不要擦拭电极，以免产生极化和响应迟缓现象。

④ 避免电极填充液干涸，以免损伤电极。若要长期存放电极，应盖上保湿帽，灌满填充液并盖住填液孔。

4.4　分光光度计

分光光度计是用于测量物质对光的吸收程度，并进行定性、定量分析的仪器。可见分光光度计是实验室常用的分析测量仪器，其型号较多，如 72 型、721 型、722 型、V5000 型等。这里只介绍 721 型。

1. 基本原理

白光通过棱镜或衍射光栅的色散形成不同波长的单色光。一束单色光通过有色溶液时溶液中溶质能吸收其中的部分光。物质对光的吸收是有选择性的，一种物质对不同波长光的吸收程度不同。用透光率或吸光度（或光密度）表示物质对光的吸收程度。如果入射光强度用 I_0 表示，透射光强度用 I_t 表示，定义透光率为 I_t/I_0，以 T 表示，即 $T=\frac{I_t}{I_0}$。定义 $\lg(I_0/I_t)$ 为吸光度（光密度或消光度），以 A 表示，即 $A=\lg(I_0/I_t)$。显然，T 越小，A 越大，即溶液对光的吸收程度越大。

朗伯-比尔（Lambert-Beer）定律总结了溶液对光的吸收规律：一束单色光通过有色溶液时，有色溶液的吸光度 A 与溶液浓度 c 和液层厚度 l 的乘积成正比，即

$$A=\kappa cl$$

式中比例常数 κ 称为摩尔吸光系数（或光密度系数），与物质的性质、入射光的波长和溶液的温度等因素有关。

由上式可以看出，当液层厚度一定时，溶液的吸光度 A 只与溶液的浓度 c 成正比。测定时一般只读取吸光度。

分光光度法就是以朗伯-比尔定律为基础建立起来的分析方法。

通常用光的吸收曲线（光谱）来描述有色溶液对光的吸收情况。将不同波长的单色光依次通过一定浓度的有色溶液，分别测定其吸光度 A，以波长 λ 为横坐标，以吸光度 A 为纵坐标作图，所得的曲线称为光的吸收曲线（光谱），见图 4-12。最大吸收峰处对应的单色光波长称为最大吸收波长 λ_{max}。选用 λ_{max} 的光进行测量，光的吸收程度最大，测定的灵敏度最高。

一般在测量样品前，先绘制工作曲线，即在与测定样品相同的条件下，先测量一系列已知准确浓度的标准溶液的吸光度 A，画出 $A-c$ 的曲线，即工作曲线（见图 4-13）。待样品的吸光度 A 测出后，就可以在工作曲线上求出相应的浓度 c。

2. 仪器的基本结构

721 型分光光度计的外形如图 4-14 所示。

721 型分光光度计的内部主要由光源灯、单色光器、入射光和出射光光量调节器、光电管暗盒(电子放大器)和稳压装置等几部分组成,见图 4-15。

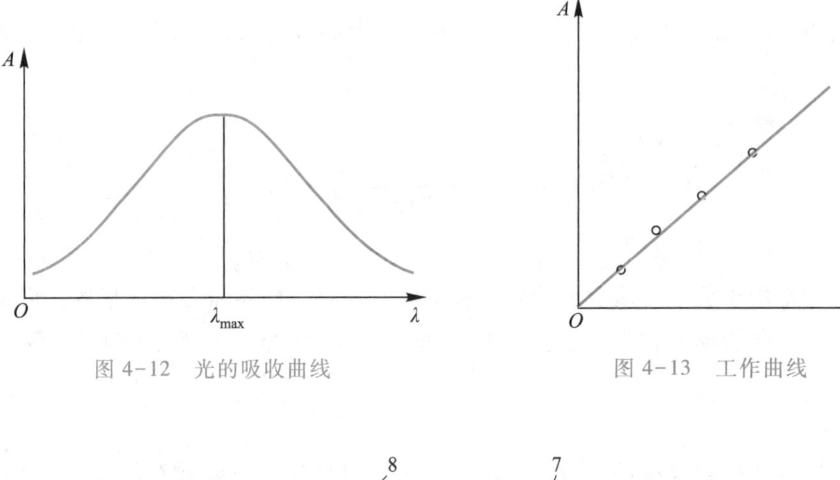

图 4-12　光的吸收曲线

图 4-13　工作曲线

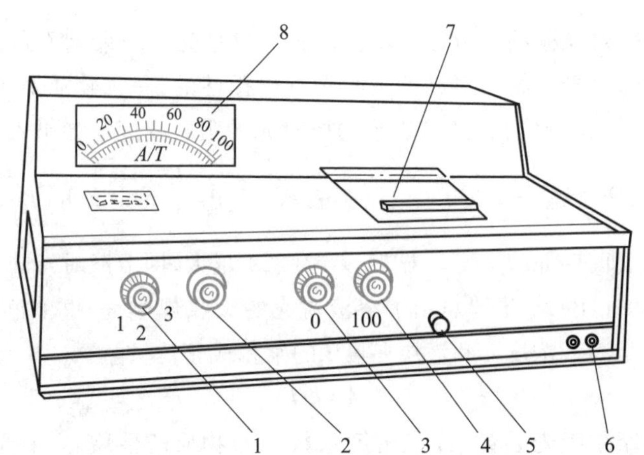

1—灵敏度挡;2—波长调节器;3—调"0"电位器;4—光量调节器;
5—比色皿座架拉杆;6—电源开关;7—比色皿暗箱;8—读数表头

图 4-14　721 型分光光度计的外形图

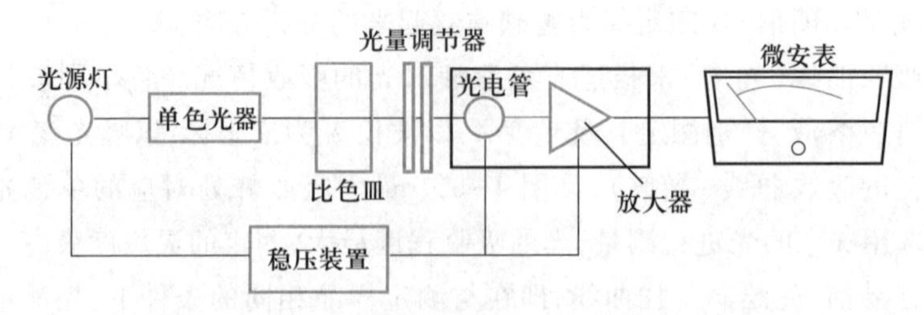

图 4-15　721 型分光光度计的基本结构示意图

从光源灯发出的连续辐射光线,射到聚光透镜上,会聚后,再经过平面镜转角 90°,反射至入射狭缝。由此入射到单色光器内,狭缝正好位于球面准直物镜的焦面上,当入射光经过准直物镜反射后,就以一束平行光射向棱镜。光线进入棱镜后进行色散。色散后回来的光线,再经过准直物镜反射，汇聚在出光狭缝上，经过聚光镜后进入比色皿，光线一部分被吸收，透过的光进入光电管，产生相应的光电流，经过放大后在微安表上显示。

3. 仪器的使用方法

分光光度计的使用

（1）打开电源开关，指示灯亮，打开比色皿暗箱盖，预热 20 min。

（2）旋转波长调节器旋钮，选择所需的单色光波长。

（3）选择适当的灵敏度挡（以能调到透光率为 100%时灵敏度挡越小越好）。

（4）将盛有比色溶液的比色皿放在比色皿架上[注意第一格放参比液（去离子水或其他溶剂）]，将挡板卡紧。

（5）推进比色皿拉杆，使参比液处于光路，打开比色皿暗箱盖，光路自动切断。旋转零点调节器调零（使微安表指针处在左边“零”线上）。

（6）合上暗箱盖，光路接通，旋转光量调节旋钮，使光 100%透过（指针指在右边“100”处）。

（7）重复调节“0”点和“100”点，稳定后，将比色皿架拉杆拉出，测定待测溶液的吸光度。

（8）改变波长后必须重新调节。

（9）测定完毕后，取出比色皿，洗净擦（晾）干，放入盒内，切断电源，关闭仪器。

4. 注意事项

（1）仪器连续使用时间不应超过 2 h，最好是间歇 30 min 再使用。

（2）仪器在预热、间歇期间，要将比色皿暗箱盖打开，以防光电管受光时间过长而“疲劳”。

（3）手持比色皿时要接触“毛面”，每次使用完毕后都要用去离子水（或蒸馏水）洗净比色皿，倒置晾干后再放入比色皿盒内。使用时要特别注意保护比色皿的“透光面”，使其不被污染或划损，擦拭要用高级镜头纸。

（4）在搬动或移动仪器时，注意小心轻放。

4.5 电导率仪

1. 基本原理

在电场作用下，电解质溶液导电能力的大小常以电阻 R 或电导 G 表示。电导是电阻的倒数：

$$G=\frac{1}{R}$$

电阻和电导的 SI 单位分别是 Ω（欧姆）和 S（西门子），显然 $1\ \mathrm{S}=1\ \Omega^{-1}$。

导体的电阻与其长度（l）成正比，与其截面积（A）成反比：

$$R\propto\frac{l}{A},\qquad R=\rho\frac{l}{A}$$

式中：ρ 为电阻率或比电阻，其单位为 Ω·m。根据电导与电阻的关系可以得出：

$$G=\frac{1}{R}=\frac{1}{\rho\frac{l}{A}}=\frac{1}{\rho}\cdot\frac{A}{l}=\kappa\frac{A}{l}$$

$$\kappa = G\frac{l}{A}$$

式中：κ 称为电导率，它是长为 1 m，截面积为 1 m^2 导体的电导，单位是 $S \cdot m^{-1}$。对电解质溶液来说，电导率是电极面积为 1 m^2、两极间距离为 1 m 的两极之间的电导。溶液的浓度为 c，单位是 $mol \cdot L^{-1}$，含有 1 mol 电解质溶液的体积为 $\frac{1}{c}$（L）或 $\frac{10^{-3}}{c}$（m^3），此时溶液的摩尔电导率等于电导率和溶液体积的乘积：

$$\Lambda_m = \kappa\frac{10^{-3}}{c}$$

摩尔电导率 Λ_m 的单位为 $S \cdot m^2 \cdot mol^{-1}$。通常先测定溶液的电导率，再用上式计算得到摩尔电导率。

测定电导率的方法是将两个电极插入溶液中，测出两极间的电阻。对某一电极而言，电极面积 A 与电极间距离 l 都是固定不变的，因此 l/A 是常数，称为电极常数或电导池常数，用 J 表示。于是有

$$G = \kappa\frac{1}{J} \qquad 或 \qquad \kappa = \frac{J}{R_x}$$

由于电导的单位 S 太大，常用 mS（毫西门子）、μS（微西门子）表示，它们间的关系是

$$1\ S = 10^3\ mS = 10^6\ \mu S$$

电导率仪的测量原理（图 4-16）是：由振荡器产生的音频交流电压加到电导池电阻与量程电阻所组成的串联回路中时，如溶液的电压越大，电导池电阻越小，量程电阻两端的电压就越大。电压经交流放大器放大，再经整流后推动直流电表，由电表可直接读出电导值。

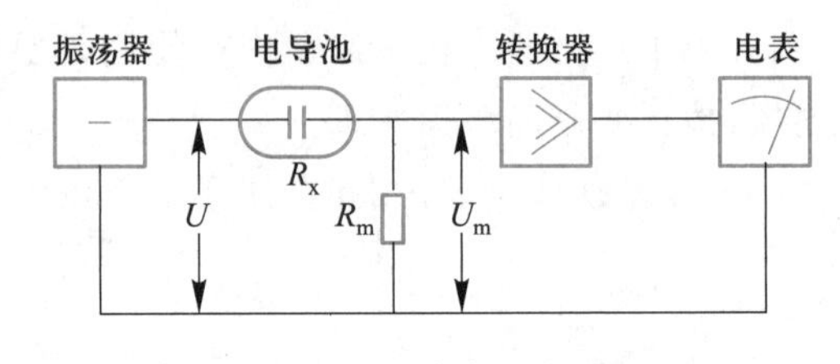

图 4-16　电导率仪测量原理图

溶液的电导取决于溶液中所有共存离子的导电性质的总和。对于单组分溶液，电导 G 与浓度 c 之间的关系可用下式表示：

$$G = \frac{1}{1\ 000}\frac{A}{l}Zkc$$

式中：A 为电极面积，单位为 cm^2；l 为电极间距离，单位为 cm；Z 为每个离子上的电荷数；k 为常数。

2. DDS-11A 型电导率仪

DDS-11A 型电导率仪是实验室常用的电导率测量仪器，除能测量一般液体的电导率外，还能测量高纯水的电导率，因此被广泛用于水质监测，水中含盐量、含氧量的测定，电导滴定以及低浓度弱酸及混合酸的测定。

DDS-11A 型电导率仪的面板结构如图 4-17 所示。

（1）仪器的使用方法

① 开启电源前,观察表头指针是否指向零,可用螺丝刀调节表头螺丝使指针指向零。

② 将校正、测量开关拨在"校正"位置。

③ 先将电源插头插在仪器插座上,再接上电源。打开电源开关,预热数分钟(待指针完全稳定下来为止),调节校正调节器,使电表指针指向满刻度处。

④ 根据液体电导率的大小选用低周或高周(低于 300 $\mu S\cdot cm^{-1}$ 用低周,300～1 000 $\mu S\cdot cm^{-1}$ 用高周),将低周、高周开关拨向"低周"或"高周"。

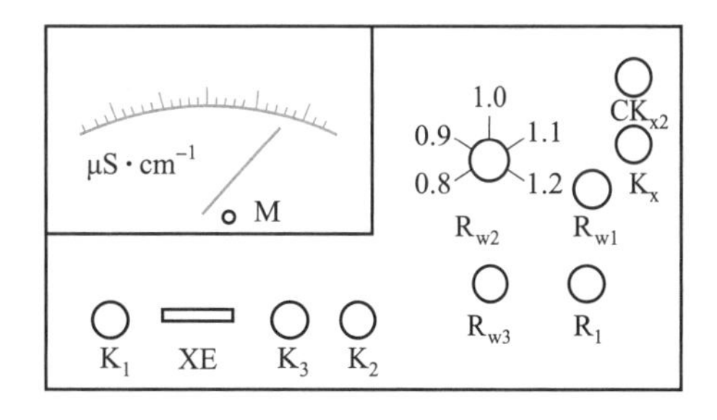

K_1—电源开关;K_2—校正、测量开关;K_3—高、低周开关;XE—氖灯泡;R_1—量程选择开关;R_{w1}—电容补偿调节器;R_{w2}—电极常数调节器;R_{w3}—校正调节器;K_x—电极插口;CK_{x2}—10 mV 输出插口

图 4-17 DDS-11A 型电导率仪的面板结构

⑤ 将量程选择开关旋至所需要的测定范围。如果预先不知道待测溶液的电导率范围,应先把开关旋至最大测量挡,然后再逐挡下降,以防表针被打弯。

⑥ 根据液体电导率的大小选用不同的电极(小于 10 $\mu S\cdot cm^{-1}$ 用 DJS-1 型光亮电极,10～10^4 $\mu S\cdot cm^{-1}$ 用 DJS-1 型铂黑电极)。使用 DJS-1 型光亮电极和 DJS-1 型铂黑电极时,把电极常数调节器调节至与配套电极的常数相对应的位置。如配套电极常数为 0.97,则应把电极常数调节器调至 0.97 处。

当待测溶液的电导率大于 10^4 $\mu S\cdot cm^{-1}$ 时,用 DJS-1 型光亮电极测不出时,应选用 DJS-10 型铂黑电极,这时应把调节器调到配套电极的 1/10 常数位置。例如,电极的电极常数为 9.7,则应使调节器指在 0.97 处,再将测量的读数乘以 10,即为待测溶液的电导率。

⑦ 使用电极时,用电极夹夹紧电极的胶木帽,并通过电极夹把电极固定在电极杆上。将电极插头插入电极插口内,旋紧插口上的坚固螺丝,再将电极浸入待测溶液中。

⑧ 将校正、测量开关拨在校正位置,调节校正调节器使电表指针指示满刻度。注意:为了提高测量精度,当使用×10^4 $\mu S\cdot cm^{-1}$ 挡或×10^3 $\mu S\cdot cm^{-1}$ 挡时,校正必须在接好电导池(电极插头插入插口,电极浸入待测溶液)的情况下进行。

⑨ 将校正、测量开关拨向"测量",这时指示读数乘以量程开关的倍率即为待测溶液的实际电导率。如开关旋至 0～100 $\mu S\cdot cm^{-1}$ 挡,电表指示为 0.9,则待测溶液的电导率为 90 $\mu S\cdot cm^{-1}$。

⑩ 用(1)、(3)、(5)、(7)、(9)、(11)各挡时,看表头上面的一条刻度(0～1.0);当用(2)、(4)、(6)、(8)、(10)各挡时,看表头下面的一条刻度(0～3),即红点对红线,黑点对黑线。

⑪ 当用 0～0.1 $\mu S\cdot cm^{-1}$ 或 0～0.3 $\mu S\cdot cm^{-1}$ 挡测量高纯水时,先把电极引线插入电极插口,在电极未浸入溶液前,调节电容补偿调节器,使电表指示为最小值(此最小值即电极铂片间的漏电阻。由于漏电阻的存在,使得调节电容补偿调节器时电表指针不能达到零点),然后开始测量。

（2）注意事项

① 电极的引线不能潮湿，否则测不准。

② 将高纯水注入容器后应迅速测量，否则电导率将很快增加（空气中的 CO_2、SO_2 等溶入水中都会影响电导率的数值）。

③ 盛待测溶液的容器必须清洁，无其他离子沾污。

④ 每测一份样品后都要用去离子（或蒸馏）水冲洗电极，并用滤纸吸干，但不能擦拭。

第五章　实验基本操作

5.1　玻璃仪器的洗涤与干燥

1. 玻璃仪器的洗涤

无机化学实验仪器多数是玻璃制品。要想得到准确的实验结果，所用的仪器必须干净，这就需要洗涤。

玻璃仪器的洗涤方法很多，应根据实验的要求、污物的性质及沾污的程度来选择。一般说来，附着在仪器上的污物既有可溶性的物质，也有尘土及其他难溶性的物质，还可有油污等有机物质。洗涤时应根据污物的性质和种类，采取不同的方法：

（1）水洗　借助毛刷等工具用水洗涤，既可使可溶物溶去，又可使附着在仪器壁面上不牢的灰尘及不溶物脱落下来，但洗不掉油污等有机物质。

对试管、烧杯、量筒等普通玻璃仪器，可先在容器内注入 1/3 左右的自来水，选用大小合适的（毛）刷子蘸去污粉刷洗，再用自来水冲洗后，容器内外壁能被水均匀润湿而不沾水珠，证实洗涤干净。如有水珠，表明内壁或外壁仍有污物，应重新洗涤，必要时用蒸馏水或去离子水冲洗 2～3 次。

使用毛刷洗涤试管、烧杯或其他薄壁玻璃容器时，毛刷顶端必须有竖毛，没有竖毛的不能使用。洗涤试管时，将刷子顶端毛顺着伸入试管，用一手捏住试管，另一手捏住毛刷，用蘸去污粉的毛刷来回刷或在管内壁旋转刷洗，注意不要用力过猛，以免使铁丝刺穿试管底部。应该一支一支地洗涤，不要同时抓住几支试管一起洗。

（2）洗涤剂洗　常用的洗涤剂有：去污粉、肥皂和合成洗涤剂。在用洗涤剂之前，先用自来水清洗，然后用毛刷蘸少许去污粉、肥皂或合成洗涤剂刷洗润湿的仪器内外壁，最后用自来水冲洗干净，必要时用去离子（或蒸馏）水润冲。

（3）洗液洗　洗液是重铬酸钾在浓硫酸中的饱和溶液（50 g 粗重铬酸钾加到 1 L 浓硫酸中加热溶解而得）。

洗液具有很强的氧化能力，能将油污及有机物洗去。使用时应注意以下几点：

① 使用前最好先用水或去污粉将仪器预洗一下。

② 使用洗液前应尽量把容器内的水去掉，以防洗液被稀释。

③ 洗液具有很强的腐蚀性，会灼伤皮肤和损坏衣服，使用时要特别小心，尤其不要溅入眼睛。使用时最好戴橡胶手套和防护眼镜，万一不慎溅到皮肤或衣服上，要立即用大量水冲洗。

④ 洗液为深棕色，某些还原性污物能使洗液中 Cr(Ⅵ)还原为绿色的Cr(Ⅲ)。所以已变成绿

色的洗液就不能使用了。未变色的洗液可倒回原瓶继续使用。用洗液洗后的仪器还要用去离子(或蒸馏)水润冲干净。

⑤ 用洗液洗涤仪器应遵守少量多次的原则,这样既节约,又可提高洗涤效率。

(4) 特殊物质的去除

① 由铁盐引起的黄色可用盐酸或硝酸洗去。

② 由锰盐、铅盐或铁盐引起的污物可用浓盐酸洗去。

③ 由金属硫化物沾污产生的颜色可用硝酸(必要时可加热)除去。

④ 容器壁沾有硫黄可通过与 NaOH 溶液一起加热,或加入少量苯胺加热,或加入浓硝酸加热溶解除去。

对于比较精密的仪器,如容量瓶、移液管、滴定管,不宜用碱液、去污粉洗,也不能用毛刷洗。

处理后的仪器均需用水淋洗干净。

2. 玻璃仪器的干燥

(1) 晾干　将不急用的仪器,洗净后倒置于仪器架上,让其自然晾干,不能倒置的仪器可将水倒净后任其自然干燥。

(2) 烘干　洗净后仪器可放在电烘箱内烘干,温度控制在 105～110 ℃。把仪器放入烘箱之前应尽可能把水甩净,放置时应使仪器口向上。木塞和橡胶塞不能与仪器一起干燥,玻璃塞应从仪器上取下,放在仪器的一旁,以防止仪器烘干后塞子卡住拿不下来。

(3) 烤干　急用的仪器可置于石棉网上用小火烤干。试管可直接用火烤,但必须使试管口稍微向下倾斜,以防水珠倒流,引起试管炸裂。

(4) 吹干　用压缩空气机或吹风机把洗净的仪器吹干。

(5) 用有机溶剂干燥　带有刻度的仪器既不易晾干或吹干,又不能用加热方法进行干燥,但可用与水相溶的有机溶剂(如乙醇、丙酮等)进行干燥。方法是:向仪器内倒入少量乙醇或乙醇与丙酮的混合溶液(体积比为 1∶1),将仪器倾斜、转动,使水与有机溶剂混溶,然后倒出混合液,尽量倒干,再将仪器口向上,任有机溶剂挥发,或向仪器内吹入冷空气使挥发速度加快。

5.2 加热及冷却方法

1. 加热方法

在实验室中加热常用酒精灯、酒精喷灯、煤气灯、煤气喷灯、电炉、电热板、电加热套、热浴、红外灯、白炽灯、马弗炉、管式炉、烘箱及恒温水浴等。

(1) 酒精灯的使用方法

① 酒精灯的构造　酒精灯的构造如图 5-1 所示,是缺少煤气(或天然气)的实验室常用的加热工具。加热温度通常在 400～500 ℃。

② 使用方法

Ⅰ. 检查灯芯并修整　灯芯不要过紧,最好松些。如果灯芯不齐或烧焦,可用剪刀剪齐或把烧焦处剪掉。

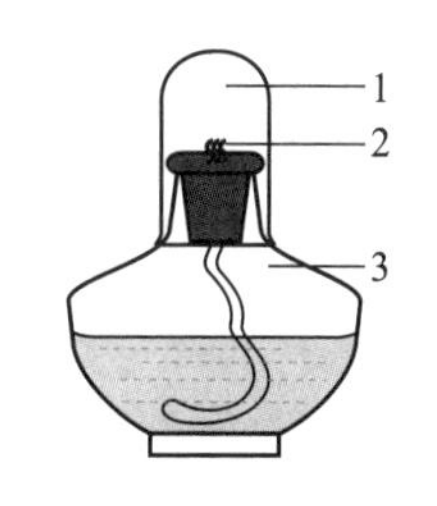

1—灯帽;2—灯芯;3—灯壶

图 5-1 酒精灯的构造

Ⅱ. 添加酒精 用漏斗将酒精加入酒精灯壶中,加入量为灯壶容积的 1/2～2/3。

Ⅲ. 点燃 取下灯帽,竖直放在台面上,不要让其滚动。擦燃火柴,从侧面移向灯芯点燃。燃烧时火焰不发嘶嘶声,并且火焰较暗时火力较强。一般用火焰上部(外焰)加热。

Ⅳ. 熄灭 熄灭时不能用口吹灭,而要用灯帽从火焰侧面轻轻罩上。切不可从高处将灯帽扣下,以免损坏灯帽。灯帽和灯身是配套的,不要弄混。如果灯帽不合适,酒精不但会挥发,还会由于吸水而变稀。因此灯口有缺损及损伤的不能使用。

Ⅴ. 加热 加热盛液体的试管时,要用试管夹夹持试管的中上部,试管与台面成 60°角,试管口不要对着他人或自己。先加热液体的中上部,再慢慢移动试管加热其下部,然后不时地移动或振荡试管,使液体各部分受热均匀,避免试管内液体因局部沸腾而迸溅,引起烫伤。试管中被加热液体的体积不要超过试管容积的 1/2。烧杯或烧瓶加热一般要放在石棉网上。

③ 注意事项

Ⅰ. 长时间使用或在石棉网下加热时,酒精灯的灯口会发热,为防止熄灭时冷的灯帽使酒精蒸气冷凝而导致灯口炸裂,熄灭后可暂将灯帽拿开,等灯口冷却后再罩上。

Ⅱ. 酒精蒸气与空气混合气体的爆炸范围为 3.5%～20%。夏天,无论是灯内还是酒精桶中都会自然形成达到爆炸界限的混合气体。因此使用酒精灯时必须注意补充酒精,以免形成达到爆炸界限的酒精蒸气与空气的混合气体。

Ⅲ. 燃烧着的酒精灯不能补添酒精,更不能用燃烧着的酒精灯对点。

Ⅳ. 酒精易燃,其蒸气易燃易爆,使用时一定要按规范操作,切勿溢洒,以免引起火灾。

Ⅴ. 酒精易溶于水,着火时可用水灭火。

(2) 煤气灯的构造及使用方法

① 煤气灯的构造 煤气灯是以煤气为燃料气的实验室中常用的一种加热工具。煤气一般由一氧化碳(CO)、氢气(H_2)等组成。煤气燃烧后的产物为二氧化碳和水。煤气本身无色无臭、易燃易爆,并且 CO 有毒,不用时一定要关紧阀门,绝不可使其逸入室内。为提高人们对煤气的警觉和识别能力,通常在煤气中掺入少量有特殊臭味的叔丁硫醇,一旦漏气,马上可以闻到气味,便于检查。

煤气灯有多种样式,但构造原理是相同的。它由灯管和灯座组成。如图 5-2 所示,灯管下部以螺旋针与灯座相连。

灯管下部还有几个分布均匀的小圆孔,为空气入口,旋转灯管即可完全关闭或不同程度地开启圆孔,以调节空气的进入量。煤气灯构造简单,使用方便,用橡胶管将煤气灯与煤气阀门连接起来即可使用。

② 使用方法 点燃煤气灯步骤:

Ⅰ. 先关闭空气入口(因空气进入量大时,灯管口气体冲力太大,不易点燃)。

煤气灯操作

Ⅱ. 擦燃火柴，将火柴从下斜方向移近灯管口。

Ⅲ. 打开煤气阀门。

Ⅳ. 点燃煤气灯。最后调节煤气阀门或螺旋针，使火焰高度适宜（一般高度 4～5 cm）。这时火焰呈黄色，逆时针旋转灯管，调节空气进入量，使火焰呈淡紫色。

煤气在空气中燃烧不完全时，部分地分解产生碳粒。火焰因碳粒发光而呈黄色，黄色的火焰温度不高。煤气与适量空气混合后可完全燃烧生成二氧化碳和水，产生正常火焰。正常火焰不发光而接近无色，它由三部分组成（图 5-3）：内层（焰心）呈绿色，圆锥状，在这里煤气和空气仅仅混合，并未燃烧，所以温度不高（300 ℃左右）；中层（还原焰）呈淡蓝色，在这里，由于空气不足，煤气燃烧不完全，并部分地分解出含碳的产物，具有还原性，温度为 700 ℃左右；外层（氧化焰）呈淡紫色，这里空气充足，煤气完全燃烧，具有氧化性，温度约为 1 000 ℃。通常利用氧化焰来加热。在淡蓝色火焰上方与淡紫色火焰交界处为最高温度区（约 1 500 ℃）。

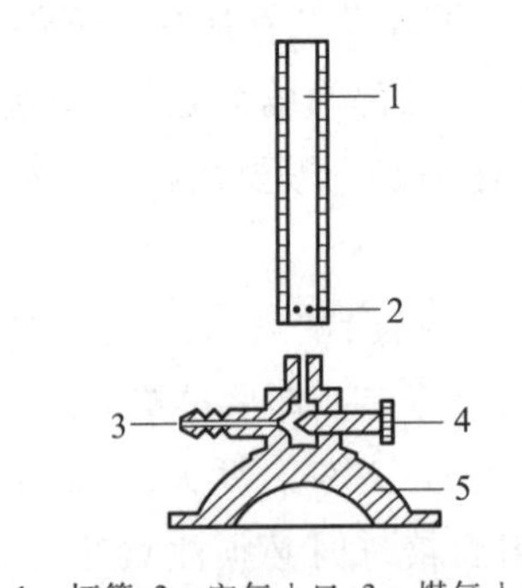

1—灯管；2—空气入口；3—煤气入口；4—螺旋针；5—灯座

图 5-2 煤气灯的构造

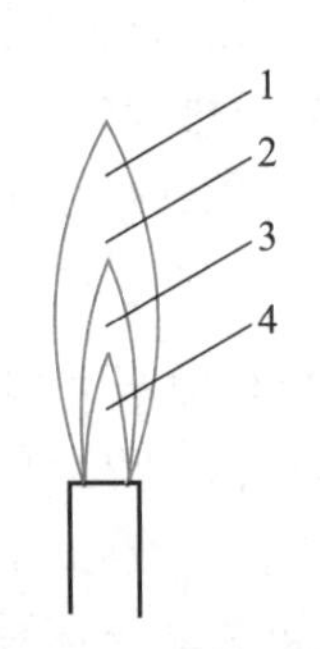

1—氧化焰；2—最高温度区；3—还原焰；4—焰心

图 5-3 火焰组成

当煤气和空气的进入量调配不合适时，点燃时会产生不正常火焰，如图 5-4 中(b)，(c)所示。当煤气和空气进入量都很大时，由于灯管口处气压过大，容易造成以下两种后果：一种是用火柴难以点燃；另一种是点燃时会产生临空火焰[火焰脱离灯管口，临空燃烧，图 5-4(b)]。如果遇到这种情况，应适当减少煤气和空气的进入量。如果空气进入量过大，则会在灯管内燃烧，这时能听到特殊的嘶嘶声，有时在灯管口的一侧有细长的淡紫色的火舌，形成“侵入火焰”[图 5-4(c)]。它将烧热灯管，一不小心就会烫伤手指。有时在煤气灯使用过程中，因某种原因煤气量会突然减小，空气量相对过剩，这时就容易产生侵入火焰，这种现象称为“回火”。产生侵入火焰时，应立即减少空气的进入量或增大煤气的进入量。如果灯管已烧热，应立即关闭煤气灯，待灯管冷却后再重新点燃和调节。

③ 注意事项

Ⅰ. 煤气中的一氧化碳有毒，而且当煤气和空气混合到一定比例时，遇火源即可发生爆炸，所以不用时一定要把煤气阀门关好。点燃时一定要先擦燃火柴，再打开煤气阀门。离开实验室时，要检查煤气开关是否关好。

Ⅱ. 点火时要先关闭空气入口，再擦燃火柴点火，否则因空气孔太大，管口气体冲力太大，不

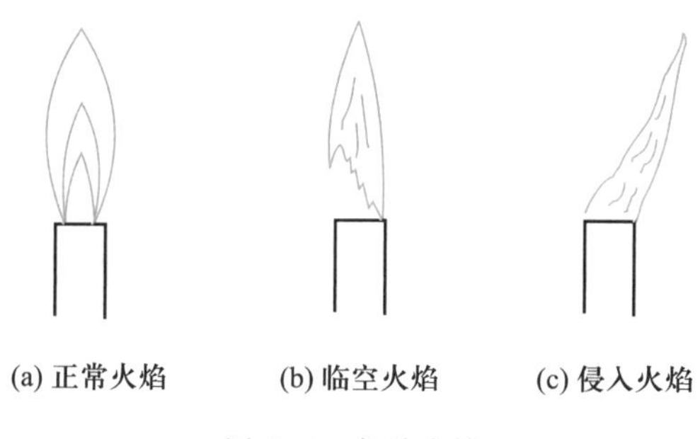

图 5-4 各种火焰

易点燃，且易产生“侵入火焰”。

玻璃加工时，有时还会使用酒精喷灯或煤气喷灯。

(3) 电加热方法　实验室还常用电炉(图 5-5)、电热板(图 5-6)、电加热套(图 5-7)、烘箱(图 5-8)、管式炉(图 5-9)和马弗炉(图 5-10)等多种电器加热。和火焰加热法相比，电加热具有不产生有毒物质和蒸馏易燃物时不易发生火灾等优点。因此，了解一下用于不同目的的电加热方法很有必要。

① 电炉　电炉如图 5-5 所示，根据发热量不同有不同规格，如 300 W、500 W、800 W、1 000 W 等。有的带有可调装置。单纯加热可以用一般的电炉。使用电炉时应注意以下几点：

Ⅰ. 电源电压与电炉电压要相符。

Ⅱ. 加热器与电炉间要放一块石棉网，以使加热均匀。

Ⅲ. 炉盘的凹槽要保持清洁，要及时清除烧焦物，以保证炉丝传热良好，延长使用寿命。

② 电热板　电热板如图 5-6 所示，电炉做成封闭式时称为电热板。电热板加热表面是平面的，且升温较慢，多用作水浴、油浴的热源，也常用于加热烧杯、平底烧瓶、锥形瓶等平底容器。许多电磁搅拌附加可调电热板。

图 5-5 电炉

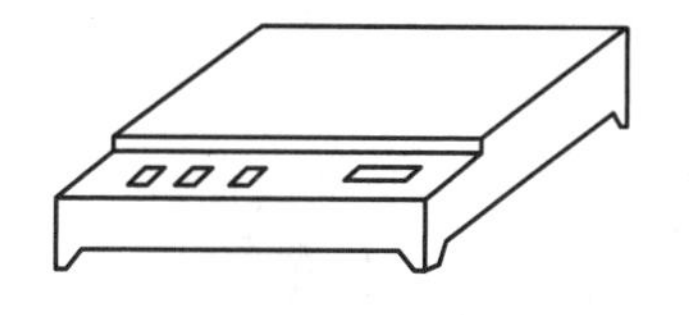
图 5-6 电热板

③ 电加热套(包)　电加热套如图 5-7 所示，是专为加热圆底容器而设计的电加热源，特别适用于蒸馏易燃物品。有适合不同规格烧瓶的电加热套，相当于一个均匀加热的空气浴，热效率高。

④ 红外灯和白炽灯　加热乙醇、石油等低沸点液体时，可使用红外灯和白炽灯。使用时受热容器应正对灯面，中间留有空隙，再用玻璃布或铝箔将容器和灯泡松松包住，既保温又能防止冷水或其他液体溅到灯泡上，还能避免灯光刺激眼睛。

⑤ 烘箱　烘箱如图 5-8 所示，用于烘干玻璃仪器和固体试剂，工作温度从室温至设计最高

温度。在此温度范围内可任意选择,有自动控温系统。箱内装有鼓风机,使箱内空气对流,温度均匀。工作室内设有两层网状隔板以放置被干燥物。

图 5-7 电加热套

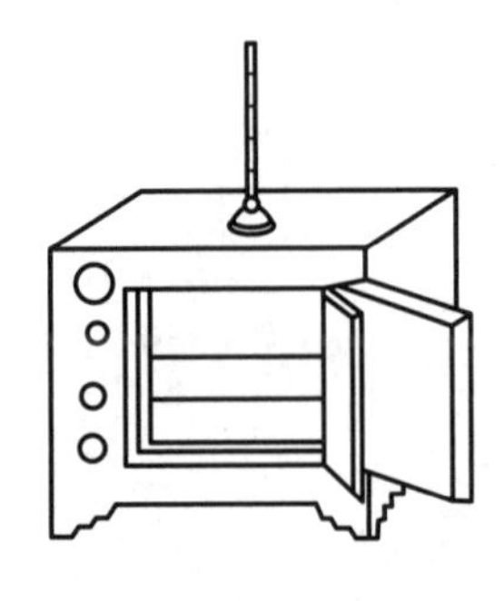

图 5-8 烘箱

使用时注意事项:

Ⅰ. 被烘干的仪器应洗净、沥干后再放入,且应口朝下,烘箱底部放有搪瓷盘承接仪器上滴下的水,不让水滴到电热丝上。

Ⅱ. 不能把易燃、易挥发物放进烘箱,以免发生爆炸。

Ⅲ. 升温时应检查控温系统是否正常,一旦失效就可能造成箱内温度过高,导致水银温度计炸裂。

Ⅳ. 升温时,一定要关严烘箱门。

⑥ 管式炉 管式炉如图 5-9 所示,高温下的气-固反应常用管式炉。管式炉是高温电炉的一种。

⑦ 马弗炉 马弗炉又称为箱式电炉,如图 5-10 所示。其高温电炉发热体(电阻丝),900 ℃以下可用镍铬丝;1 300 ℃以下可用钼丝;1 600 ℃以下可用碳化硅(硅碳棒);1 800 ℃以下可用铂铑合金丝;要达到 2 100 ℃时则使用铱丝,也可使用硅钼棒。这些发热体,都嵌入由耐火材料制成的炉膛内壁。电炉需要大的电流,通常和变压器联用。根据发热体的种类选用合适的变压器。

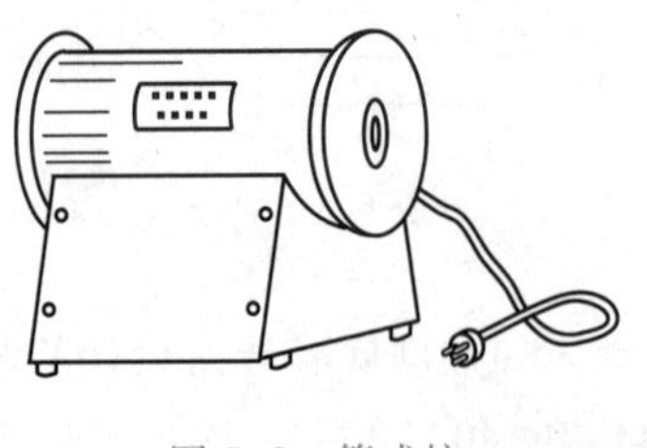

图 5-9 管式炉

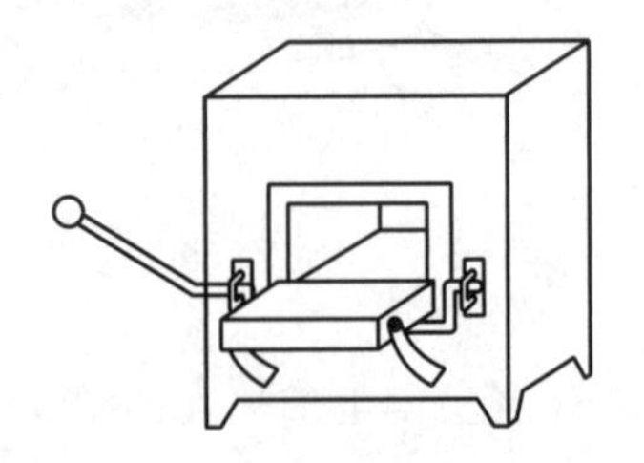

图 5-10 马弗炉

⑧ 热浴 当被加热的物质需要受热均匀又不能超过一定温度时,可用特定热浴间接加热。

Ⅰ. 水浴 要求温度不超过 100 ℃时可用水浴加热,如图 5-11 所示。水浴有恒温水浴和不定温水浴。不定温水浴可用烧杯代替。使用水浴锅应注意以下几点:

a. 水浴锅中的存水量应保持在总容积的 2/3 左右。

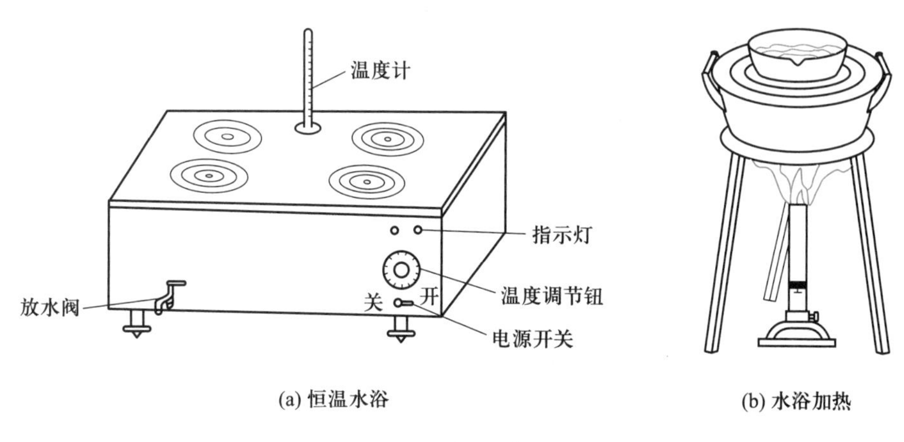

(a) 恒温水浴　　(b) 水浴加热

图 5-11 水浴

b. 受热玻璃器皿勿触及锅壁或锅底。

c. 水浴锅不能用于油浴、沙浴。

Ⅱ. 油浴　油浴适用于100～250 ℃的加热。油浴锅一般由生铁铸成,有时也用大烧杯代替。反应物的温度一般低于油浴液温度20 ℃左右。常用作油浴液的有:

a. 甘油　可加热到140～150 ℃,温度过高会分解。

b. 植物油　如菜籽油、豆油、蓖麻油和花生油,新加植物油受热到220 ℃时,有一部分分解而冒烟,所以加热以不超过200 ℃为宜,植物油用久以后可以加热到220 ℃。为抗氧化常加入1%的对苯二酚等抗氧化剂,温度过高会分解,达到闪点可能燃烧,所以使用时要十分小心。

c. 石蜡　固体石蜡和液状石蜡均可加热到200 ℃左右。温度再高时,石蜡虽不易分解,但易着火燃烧。

d. 硅油　硅油在250 ℃左右时仍较稳定,透明度好,但价格较贵。

使用油浴时要特别注意防止着火。当油受热冒烟时,要立即停止加热;油量要适量,不可过多,以免受热膨胀溢出;油锅外不能沾油;如遇油浴着火,要立即拆除热源,用石棉布盖灭火焰,切勿用水浇火焰。

Ⅲ. 沙浴　沙浴是在用生铁铸成的平底铁盘中放入约一半的细沙,然后以细沙为热浴物质的热浴方法。操作时可将烧瓶或其他器皿的欲加热部位埋入沙中进行加热(图5-12),加热前先将平底铁盘熔烧除去有机物。80～400 ℃加热可以使用沙浴。由于沙子导热性差,升温慢,因此沙层不能太厚,沙中各部位温度也不尽相同,因此测量温度时,最好在受热器附近测。注意受热器不能触及沙浴盘底部。

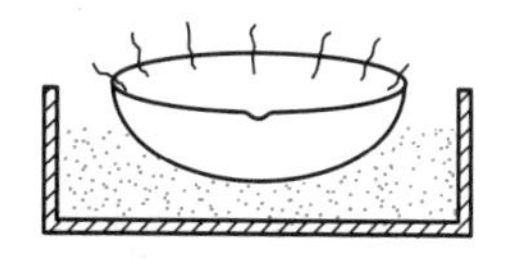

图 5-12 沙浴加热

2. 冷却方法

在化学实验中,有些反应、分离、提纯操作要求在低温下进行,这就需要选择合适的制冷技术。

(1) 自然冷却　热的物质在空气中放置一定时间,会自然冷却至室温。

(2) 吹风冷却　当实验需要快速冷却时,可用吹风机或鼓风机吹冷风冷却。

(3) 水冷 最简便的冷却方法是将盛有被冷却物的容器放在冷水浴中。如果要求在低于室温下进行,可用水和碎冰的混合物作冷却剂,效果比单独用冰块要好,因为它能和容器更好地接触。如果水的存在不妨碍反应的进行,可把碎冰直接投入反应体系中,这能更有效地进行冷却。

实验室中常用冰(雪)盐冷却剂(表 5-1)来维持 0 ℃以下的低温。制冰(雪)盐冷却剂时,应把盐研细,将冰用刨冰机刨成粗砂糖状,然后按一定比例均匀混合。

表 5-1 常用的冰(雪)盐冷却剂

盐类	100 g 碎冰(或雪)中加入盐的质量/g	混合物能达到的最低温度/℃
NH_4Cl	25	-15
$NaNO_3$	50	-18
NaCl	33	-21
$CaCl_2 \cdot 6H_2O$	100	-29
$CaCl_2 \cdot 6H_2O$	143	-55

干冰(固体二氧化碳)和乙醇、乙醚或丙酮的混合物可以达到更低的温度(-80～-50 ℃),见表 5-2。操作时,先将干冰放在浅木箱中用木槌打碎(注意戴防护手套,以免冻伤),装入杜瓦瓶中至 2/3 处,逐次加入少量溶剂,并用筷子快速搅拌成粥状。注意:如果一次加入溶剂过多时,干冰气化会使溶剂溅出。由于干冰易气化跑掉,必须随时补充。干冰本身有相当的水分,加之空气中水的进入,使用一段时间后溶剂就变成黏结状而难以使用。

表 5-2 干冰与不同溶剂对应的最低制冷温度

溶剂	最低制冷温度/℃
乙醇	-86
乙醚	-77
丙酮	-86

5.3 固体物质的溶解、固液分离、蒸发(浓缩)和结晶

在无机制备和提纯过程中,常用到溶解、固液分离、蒸发(浓缩)和结晶(重结晶)等基本操作。现分述如下:

1. 固体物质的溶解

将一种固体物质溶解于某一溶剂时,除了要考虑取用适量的溶剂外,还必须考虑温度对物质溶解度的影响。

一般情况下,加热可以加速固体物质的溶解过程。直接用火加热还是间接加热取决于物质

的热稳定性。

搅拌可以加速溶解过程。用搅拌棒搅拌时,应手持搅拌棒并转动手腕使搅拌棒在溶液中均匀地朝一个方向搅动,不要用力过猛,不要使搅拌棒碰到器壁上,以免发出响声,损坏容器。如果固体颗粒太大,应预先研细。

2. 固液分离

固体与液体的分离方法有三种:倾析法、过滤法和离心分离法。

(1) 倾析法 当沉淀的相对密度较大或晶体的颗粒较大,静置后能很快沉降至容器的底部时,常用倾析法进行分离或洗涤。倾析法是待沉淀静置沉降后将上层清液倾入另一容器中而使沉淀与溶液分离的过程。如要洗涤沉淀时,只需向盛沉淀的容器内加入少量洗涤液,再用倾析法,倾去清液(图 5-13)。如此反复操作两三遍,即可将沉淀洗净。

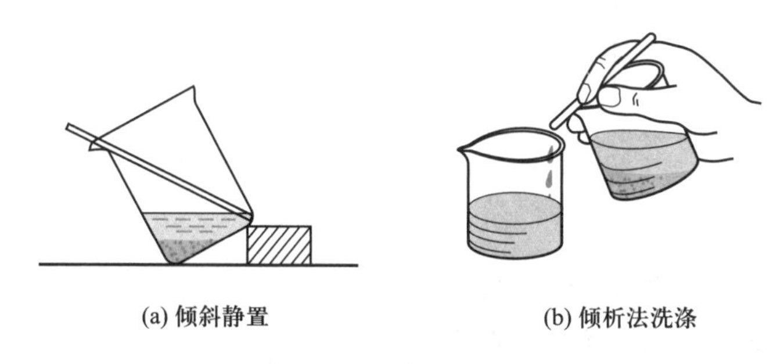

(a) 倾斜静置 (b) 倾析法洗涤

图 5-13 沉淀分离与洗涤

(2) 过滤法 过滤是最常用的分离方法之一。当沉淀和溶液经过过滤器时,沉淀留在过滤器上,溶液通过过滤器而进入接收容器,所得溶液为滤液,而留在过滤器上的沉淀称为滤饼。

过滤时,应根据沉淀颗粒的大小、状态及溶液的性质而选用合适的过滤器和采取相应的措施。黏度小的溶液比黏度大的溶液过滤快,热的溶液比冷的溶液过滤快,减压过滤比常压过滤快。如果沉淀是胶状的,可在滤前加热破坏。

常用的过滤方法有常压过滤(普通过滤)、减压过滤和热过滤三种。

① 常压过滤

Ⅰ. 用滤纸过滤

a. 滤纸的选择 滤纸分定性滤纸和定量滤纸两种。在质量分析中,如需将滤纸连同沉淀一起灼烧后称质量,就采用定量滤纸。在无机定性实验中常用定性滤纸。

常压过滤

滤纸按孔隙大小分为快速、中速和慢速三种,按直径大小分为 7 cm、9 cm、11 cm等。应根据沉淀的性质选择滤纸的类型,如 $BaSO_4$ 为细晶形沉淀,应选用慢速滤纸过滤;NH_4MgPO_4 为粗晶形沉淀,宜选用中速滤纸过滤;$Fe_2O_3 \cdot nH_2O$ 为胶状沉淀,需选用快速滤纸过滤。滤纸直径的大小由沉淀量的多少来决定,一般要求沉淀的总体积不得超过滤纸锥体高度的 1/3。滤纸的大小还应与漏斗的大小相适应,一般滤纸上沿应低于漏斗上沿约 1 cm。

b. 漏斗的选择 普通漏斗大多是玻璃的,也有搪瓷的或塑料的。分长颈和短颈两种,如

图 5-14 所示。长颈漏斗颈长 15～20 cm，颈的直径一般为 3～5 mm，颈口处磨成 45°角度，漏斗锥体角度应为 60°。

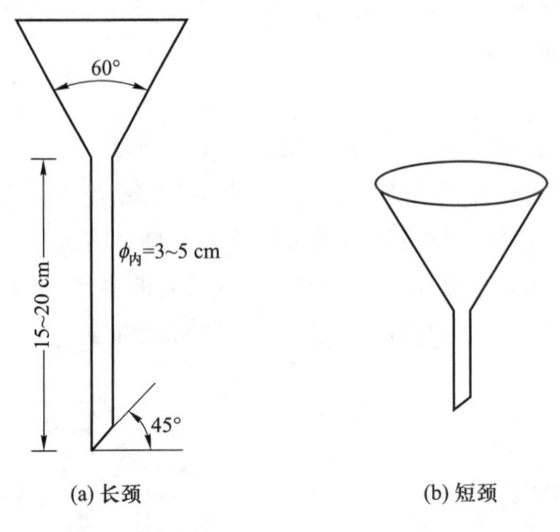

图 5-14 漏斗

普通漏斗的规格按半径划分，常用的有 30 mm、40 mm、60 mm、100 mm、120 mm 等规格。使用时应依据溶液体积的大小来选择半径适当的漏斗。

c. 滤纸的折叠 滤纸一般按四折法折叠，折叠前应先把手洗净擦干，以免弄脏滤纸。滤纸的折叠方法是先将滤纸整齐地对折，然后再对折，如图 5-15 所示，为保证滤纸与漏斗密合，第二次对折时不要折死，先把锥体打开，放入漏斗（漏斗内壁应干净且干燥），如果上边缘不十分密合，可以稍微改变滤纸的折叠角度，使滤纸与漏斗密合，此时可以把第二次的折叠边折死。

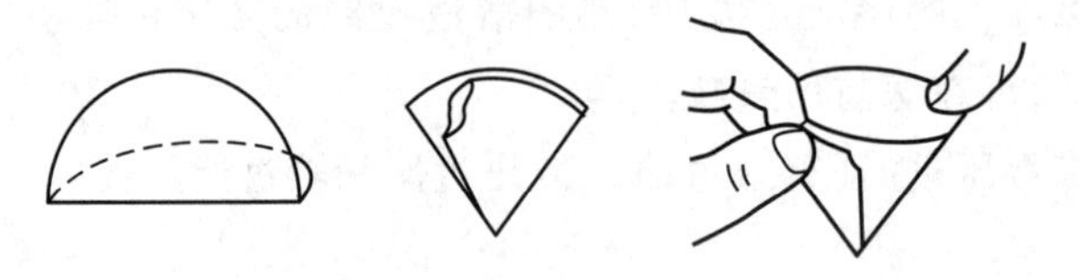

图 5-15 滤纸的折叠

将折叠好的滤纸放在准备好（与滤纸大小相适应）的漏斗中，打开三层的一边对准漏斗出口短的一边。用食指按紧三层的一边，为使滤纸和漏斗内壁贴紧而无气泡，常在三层厚的外层滤纸折角处撕下一小块（保留以备擦拭烧杯中的残留沉淀），用洗瓶吹入少量去离子水（或蒸馏水）将滤纸润湿，然后轻轻按滤纸，使滤纸的锥体上部与漏斗间无气泡，而下部与漏斗内壁形成缝隙。按好后加水至滤纸边缘。这时漏斗颈内应全部充满水，形成水柱。由于液柱的重力可起抽滤作用，故可加快过滤速度。若未形成水柱，可用手指堵住漏斗下口，稍掀起滤纸的一边，用洗瓶向滤纸和漏斗的空隙处加水，使漏斗充满水，压紧滤纸边，慢慢松开堵住下口的手指，此时应形成水柱。如仍不能形成水柱，可能是漏斗形状不规范。漏斗颈不干净也影响水柱的形成，应重新清洗。

将准备好的漏斗放在漏斗架上,漏斗下面放一承接滤液的洁净烧杯,其容积应为滤液总量的5～10倍,并以表面皿斜盖。漏斗颈口长的一边紧贴杯壁,使滤液沿烧杯壁流下。漏斗放置的位置以漏斗颈下口不接触滤液为宜。

d. 过滤和转移　过滤操作多采用倾析法,如图5-16所示。待烧杯中的沉淀静置沉降后,只将上面的清液倾入漏斗,而不是一开始就将沉淀和溶液搅浑后过滤。溶液应从烧杯尖口处沿玻璃棒流入漏斗,玻璃棒的下端对着三层滤纸处。一次倾入的溶液最多不要超过滤纸充满高度的2/3,以免少量沉淀由于毛细管作用越过滤纸上沿而损失。倾析完成后,在烧杯内用少量洗涤液[如去离子水(或蒸馏水)]将沉淀进行初步洗涤,再用倾析法过滤,如此重复3～4次。

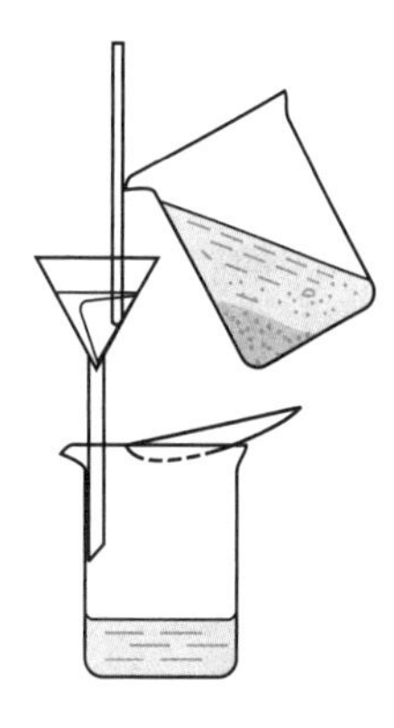
图5-16　倾析法过滤

为了把沉淀转移到滤纸上,先用少量洗涤液把沉淀搅起,立即按上述方法转移到滤纸上,如此重复几次,一般可将绝大部分沉淀转移到滤纸上。残留的少量沉淀可按图5-17所示方法全部转移干净。左手持烧杯倾斜着在漏斗上方,烧杯嘴向着漏斗。用食指将玻璃棒横架在烧杯口上,玻璃棒的下端向着滤纸的三层处,用洗瓶吹出少量洗涤液冲洗烧杯内壁,沉淀连同溶液沿玻璃棒流入漏斗。

e. 洗涤　沉淀转移到滤纸上以后,仍需在滤纸上进行洗涤,以除去沉淀表面吸附的杂质和残留的母液。方法是用洗瓶吹出的洗涤液,从滤纸边沿稍下部位置开始,按螺旋形向下移动,将沉淀集中到滤纸锥体的下部,如图5-18所示。注意:洗涤时切勿将洗涤液冲在沉淀上,否则容易溅出。

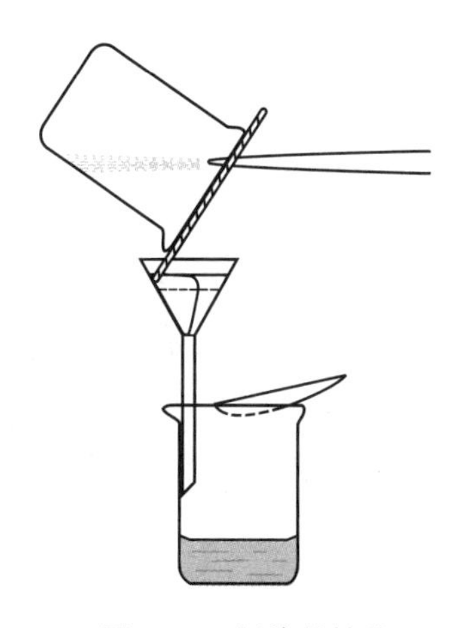
图5-17　沉淀的转移

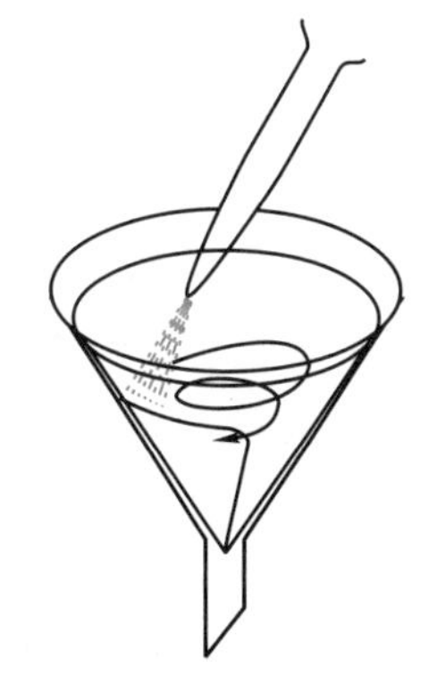
图5-18　沉淀的洗涤

为提高洗涤效率,应本着“少量多次”的原则,即每次使用少量的洗涤液,洗后尽量沥干,多洗几次。

选用什么样的洗涤液洗涤沉淀应由沉淀的性质而定。

对于晶形沉淀,可用冷、稀的沉淀剂洗涤,利用洗涤液产生的同离子效应,可降低沉淀的溶解量。但若沉淀剂为不易挥发的物质,则只能用水或其他溶剂来洗涤。对于非晶形沉淀,需用热的电解质溶液为洗涤液,以防止胶溶现象的产生,实验中一般采用易挥发的铵盐作洗涤液;对溶解度较大的沉淀,可采用沉淀剂加有机溶剂来洗涤,以降低沉淀的溶解度。

Ⅱ. 用微孔玻璃漏斗(或坩埚)过滤 对于烘干后即可称量的沉淀可用微孔玻璃漏斗(或坩埚)过滤。微孔玻璃漏斗、微孔玻璃坩埚和抽滤装置分别如图 5-19、图 5-20 和图 5-21 所示。此种过滤器皿的滤板是用玻璃粉末在高温下烧结而成的。微孔的孔径由大到小分为六级:G1~G6。G1 的孔径最大(80~1 200 μm),G6 的孔径最小(2 μm 以下)。在定量分析中一般用 G3~G5 规格的微孔玻璃漏斗(相当于慢速滤纸)过滤细晶形沉淀。使用此类过滤器时,需用抽气法过滤。不能用微孔玻璃漏斗(或坩埚)过滤强碱性溶液,因为它会损坏漏斗(或坩埚)的微孔。

图 5-19 微孔玻璃漏斗

图 5-20 微孔玻璃坩埚

图 5-21 抽滤装置

Ⅲ. 用纤维棉过滤 有些浓的强酸、强碱和强氧化性溶液,过滤时不能用滤纸,因为溶液会和滤纸作用而破坏滤纸,可用石棉纤维来代替,但此法不适用于分析或滤液需要保留的情况。

② 减压过滤 减压过滤也称吸滤或抽滤,其装置如图 5-22 所示,利用水泵中急速的水流不断把空气带走,从而使吸滤瓶内的压力减小,在布氏漏斗内的液面与吸滤瓶之间形成压力差,从而提高了过滤速度。在连接水泵的橡胶管和吸滤瓶之间往往要安装一个安全瓶,以防止因关闭水阀或水泵后压力改变引起水倒吸,进入吸滤瓶将滤液沾污或稀释。也正因为如此,在停止过滤时,应先从吸滤瓶上拔掉橡胶管,然后再关闭自来水龙头或水泵,以防止自来水(或水)倒吸入吸滤瓶内。安装时,布氏漏斗通过橡胶塞与吸滤瓶相连,布氏漏斗的下端斜口应正对吸滤瓶的侧管,橡胶塞与瓶口间必须紧密不漏气,吸滤瓶的侧管用橡胶管与安全瓶相连,安全瓶与水泵侧管相连。滤纸要比布氏漏斗内径略小,但必须覆盖漏斗的全部瓷孔。将滤纸放入并用同一溶剂将滤纸润湿后,打开水龙头或水泵稍微抽吸一下,使滤纸紧贴漏斗的底部,然后通过玻璃棒向漏斗内转移溶液。注意加入溶液的量不要超过漏斗容积的 2/3。打开水龙头或水泵,等溶液抽干后

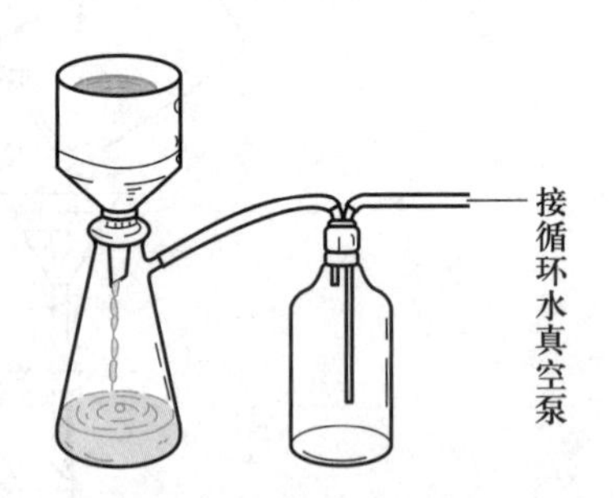

图 5-22 减压过滤的装置

减压过滤

再转移沉淀,继续抽滤,直至沉淀抽干。滤毕,先拔掉橡胶管,再关闭水龙头或水泵,用玻璃棒轻轻掀起滤纸边缘,取出滤纸和沉淀。滤液由吸滤瓶上口倾出。洗涤沉淀时,应关小水龙头或暂停抽滤,加入洗涤液使其与沉淀充分接触,再开大水龙头或水泵将沉淀抽干。

减压过滤能够加快过滤速度,并能使沉淀抽吸得较干燥。热溶液和冷溶液都可选用减压过滤。若为热过滤,则过滤前应将布氏漏斗放入烘箱(或用吹风机)预热,抽滤前用同一热溶剂润湿滤纸。析出的晶体与母液分离,常用布氏漏斗进行减压过滤。为了更好地将晶体与母液分离,最好用洁净的玻璃(瓶)塞将晶体在布氏漏斗上挤压,使母液尽量抽干。晶体表面残留的母液可用少量溶剂洗涤,这时应暂时停止抽气。把少量溶剂均匀地洒在布氏漏斗内的滤饼上,以全部晶体刚好被溶剂没过为宜。用玻璃棒或不锈钢刮刀搅松晶体(勿把滤纸捅破),使晶体润湿后稍候片刻,再开泵把溶剂抽干,如此重复两次就可把滤饼洗涤干净。

③ 热过滤 当溶液在温度降低时易结晶析出时,可用热滤漏斗进行过滤,如图 5-23 所示。过滤时把玻璃漏斗放在铜质的热滤漏斗内,热滤漏斗内装有热水(水不要装得太满,以免加热至沸后溢出)以维持溶液的温度。也可以事先把玻璃漏斗在水浴上用水蒸气预热再使用。热过滤选用的玻璃漏斗颈越短越好(为什么?)。

(3) 离心分离法 当被分离的沉淀量很少时,采用一般的方法过滤后,沉淀会黏附在滤纸上,难以取下,这时可以用离心分离法,其操作简单而迅速。实验室常用的有手摇离心机和电动离心机,后者如图 5-24 所示。操作时,把盛有沉淀与溶液混合物的离心试管(或小试管)放入离心机的套管内,再在此套管的相对位置上的空套管内放一同样大小的试管,内装与混合物等体积的水,以保持转动平衡。然后缓慢而均匀地摇动(或启动)离心机,再逐渐加速,1～2 min 后停止摇动(或转动),使离心机自然停下。在任何情况下,启动离心机都不能用力过猛(或速度太快),也不能用外力强制停止,否则会使离心机损坏,而且易发生危险。将试管离心时一般用中速,时间 1～2 min。

离心机的使用

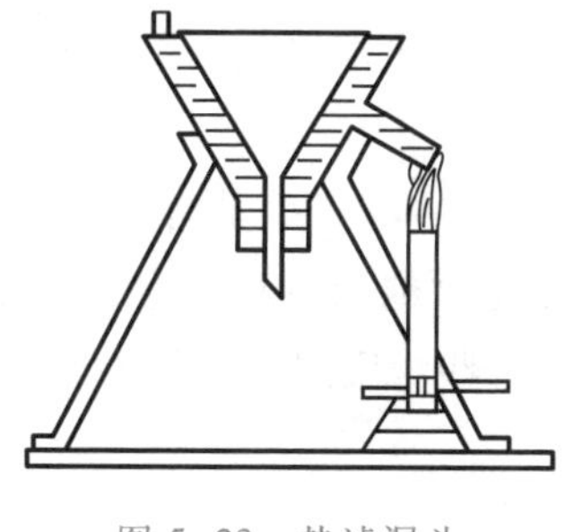

图 5-23 热滤漏斗

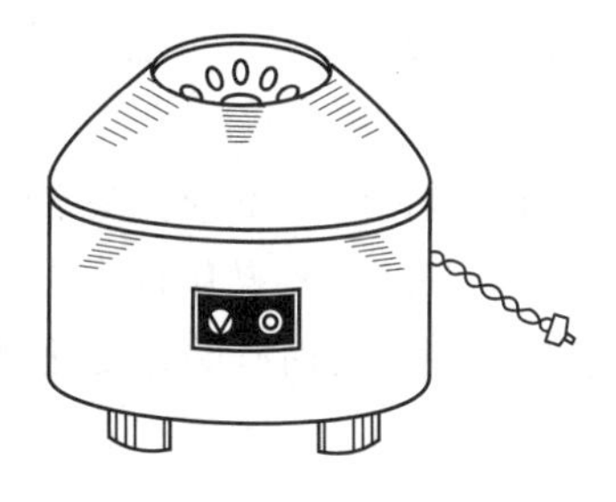

图 5-24 电动离心机

由于离心作用,离心后的沉淀紧密聚集于离心试管的尖端,上方的溶液通常是澄清的,可用滴管小心地吸出上方的清液,也可将其倾出。如果沉淀需要洗涤,可以加入少量洗涤液,用玻璃棒充分搅动,再进行离心分离,如此重复操作两三遍即可。

3. 蒸发(浓缩)

当溶液很稀且欲制备的无机物质的溶解度较大时,为了能从溶液中析出该物质的晶体,就需对溶液进行蒸发、浓缩。在无机制备和提纯实验中，蒸发、浓缩一般在水浴上进行。若溶液很稀，物质对热的稳定性又比较好时，可先放在石棉网上用煤气灯（或酒精灯）直接加热使其蒸发。蒸发时应用小火，以防溶液暴沸、迸溅，然后再放在水浴上加热蒸发。常用的蒸发容器是蒸发皿，蒸发皿内所盛放液体的体积不应超过其容积的 2/3。在石棉网上或直接用火加热前应把蒸发皿外壁水擦干，水分不断蒸发，溶液逐渐浓缩，蒸发到一定程度后冷却，就可以析出晶体。蒸发浓缩的程度与溶质溶解度的大小和对晶粒大小的要求以及有无结晶水有关。溶质的溶解度越大，要求的晶粒越小，晶体又不含结晶水，蒸发、浓缩的时间要长些，蒸得要干一些。反之则时间要短些，蒸得要稀一些。

在定量分析中，常通过蒸发来减少溶液的体积，而又保持不挥发组分不致损失。蒸发时容器上要加盖表面皿，容器与表面皿之间应垫以玻璃钩，以便水蒸气逸出。应当小心控制加热温度，以免因暴沸而溅出样品。

用蒸发的方法还可以除去溶液中的某些组分。如驱氧、驱赶 H_2O_2，加入硫酸并加热至产生大量 SO_3 白烟时，可除去 Cl^-、NO_3^- 等。

4. 结晶与重结晶

晶体从溶液中析出的过程称为结晶。

结晶是提纯固态物质的重要方法之一。结晶时要求溶质的浓度达到饱和。要使溶质的浓度达到饱和程度，通常有两种方法，一种是蒸发法，即通过蒸发、浓缩或汽化，减少一部分溶剂使溶液达到饱和而析出晶体。此法主要用于溶解度随温度改变而变化不大的物质（如氯化钠）。另一种是冷却法，即通过降低温度使溶液冷却达到饱和而析出晶体。此法主要用于溶解度随温度降低而明显减小的物质（如硝酸钾）。有时需将两种方法结合使用。

晶体颗粒的大小与结晶条件有关，如果溶质的溶解度小，或溶液的浓度高，或溶剂的蒸发速度快，或溶液冷却快，析出的晶体颗粒就细小，反之，就可得到较大的晶体颗粒。实际操作中，常根据需要，控制适宜的结晶条件，以得到大小合适的晶体颗粒。

当溶液发生过饱和现象时，可以振荡容器、用玻璃棒搅动或轻轻地摩擦器壁，或投入几粒晶种，来促使晶体析出。

当第一次得到的晶体纯度不符合要求时，可将所得的晶体溶于少量溶剂中，再进行蒸发（或冷却）、结晶和分离。如此反复操作称为重结晶。重结晶是提纯固体物质常用的重要方法之一。它适用于溶解度随温度改变而有明显变化物质的提纯。有些物质的纯化需要经过几次重结晶才能完成。

5.4 试剂的取用

1. 化学试剂的分类

化学试剂是用以研究其他物质的组成、性状及其质量优劣的纯度较高的化学物质。化学试剂的纯度级别及其类别和性质，一般在标签的左上方用符号注明，规格则在标签的右端，并用不同颜色的标签加以区别。

世界各国对化学试剂的分类和级别的标准不尽相同,各国都有自己的国家标准或其他标准(如部颁标准和行业标准等)。国际纯粹与应用化学联合会(IUPAC)对化学标准物质的分类也有规定,见表5-3。

表5-3 IUPAC对化学标准物质的分类

A级	相对原子质量标准
B级	基准物质
C级	质量分数为100%±0.02%的标准试剂
D级	质量分数为100%±0.05%的标准试剂
E级	以C级和D级试剂为标准进行对比测定所得的纯度或相当于这种纯度的试剂,比D级的纯度低

表5-3中C级与D级为滴定分析标准试剂,E级为一般试剂。

我国化学试剂的纯度标准有国家标准(GB)、化工行业标准(HG)及企业标准(QB)。目前化工行业标准已归纳为专业标准(ZB)。按照药品中杂质的含量,我国生产的化学试剂分为五个等级,见表5-4。

表5-4 化学试剂的级别与适用范围

级别	一级品	二级品	三级品	四级品	生物试剂
中文名称	优级纯试剂	分析纯试剂	化学纯试剂	实验试剂	生物试剂
英文名称	guaranteed reagent	analytical reagent	chemically pure	laboratory reagent	biological reagent
英文缩写	GR	AR	CP	LR	BR
瓶签颜色	绿	红	蓝	棕或黄	咖啡或玫红

实验中应根据实验的不同要求选用不同级别的试剂。在一般的无机化学实验中,化学纯试剂就基本能符合要求,但在有些实验中则要用分析纯试剂。

随着科学技术的发展,对化学试剂的纯度要求也愈加严格,愈加专门化,因而出现了具有特殊用途的专门试剂。如以符号CGS表示的高纯试剂,以GC,GLC表示的色谱纯试剂,以BR,CR,EBP表示的生化试剂等。

在分装化学试剂时,一般把固体试剂装在广口瓶中,把液体试剂或配制的溶液盛放在细口瓶或带有滴管的滴瓶中,而把见光易分解的试剂或溶液(如硝酸银等)盛放在棕色瓶中。每一试剂瓶上都贴有标签,上面写有试剂的名称、规格或浓度(溶液)及日期。在标签外面涂上一层蜡或覆上一层透明胶纸来保护它。

2. 化学试剂的取用规则

(1) 固体试剂的取用规则

① 要用干燥、洁净的药匙取试剂。药匙的两端有大小不同的两个匙,分别用于取用大量固

试剂的取用

体和少量固体。应专匙专用。用过的药匙必须洗净擦干后方可继续使用。

② 取用药品前要看清标签。取用时先打开瓶盖和瓶塞，将瓶塞反放在实验台面上。不能用手接触化学试剂。应本着节约的原则，用多少取多少，多取的药品不能倒回原瓶。药品取完后，一定要把瓶塞塞紧、盖严，绝不允许将瓶塞互换使用。

③ 称量固体试剂时应放在干净的纸或表面皿上。具有腐蚀性、强氧化性或易潮解的固体试剂应放在玻璃容器内称量。

④ 往试管（特别是湿的试管）中加入固体试剂时，可用药匙或将取出的药品放在对折的纸片上，伸进试管的2/3处。如固体颗粒较大，应放在干燥洁净的研钵中研碎。研钵中的固体量不应超过研钵容量的1/3。

⑤ 取用有毒药品应在教师指导下进行。

（2）液体试剂的取用规则

① 从细口瓶中取用液体试剂时一般用倾注法。先将瓶塞取下，反放在实验台面上，握住试剂瓶上贴标签的一面，逐渐倾斜试剂瓶，让液体试剂沿着器壁或沿着洁净的玻璃棒流入接收器中。倾出所需量后，将试剂瓶口在容器上靠一下，再逐渐竖起试剂瓶，以防遗留在瓶口的液体试剂流到瓶的外壁。

② 从滴瓶中取用液体试剂时要用滴瓶中的滴管，绝不能将滴管伸入所用的容器中，以免触及器壁面沾污药品。从试剂瓶中取少量液体试剂时，需用附于该试剂瓶的专用滴管取用。装有药品的滴管不得横置或管口向上斜放，以免液体流入滴管的橡胶帽中。

③ 定量取用液体时要用量筒或移液管（或吸量管），根据用量选用一定规格的量筒或移液管（或吸量管）。

5.5 量筒、移液管、容量瓶和滴定管的使用

1. 量筒和量杯

量筒和量杯都是外壁有容积刻度的准确度不高的玻璃容器。量筒分为量出式和量入式两种（图5-25）。量出式量筒在基础化学实验中普遍使用。量入式量筒有磨口塞子，其用途和用法与容量瓶相似，其精度介于容量瓶和量出式量筒之间，在实验中用得不多。量杯为圆锥形（图5-26），其精度不及筒形量筒。量筒和量杯都不能用于精密测量，只能用来测量液体的大致体积，也可用来配制大量溶液。

市售量筒（杯）有5 mL、10 mL、25 mL、50 mL、100 mL、500 mL、1 000 mL、2 000 mL等规格，可根据需要来选用。

读取液体或溶液体积时，眼睛要与量筒内液面取平，即眼睛应在液面最凹处（弯月面底部）同一水平面进行观察，读取弯月面底部的刻度（图5-27）。

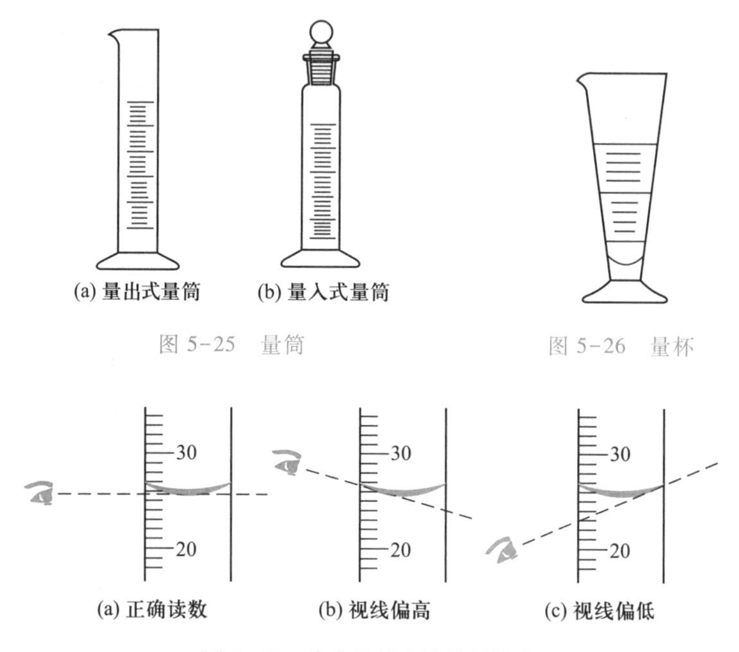

图 5-25　量筒

图 5-26　量杯

图 5-27　读取量筒内液体的体积

量筒(杯)不能放入高温液体,也不能用来稀释浓硫酸或溶解氢氧化钠(钾)。

用量筒量取不润湿玻璃的液体(如水银)时,应读取液面最高部位刻度。

量筒易倾倒而损坏,用时应放在桌面当中,用后应放在平稳处。

2. 移液管和吸量管

移液管是用来准确移取一定量液体的量器。它是一细长而中部膨大的玻璃管,上端刻有环形标线,膨大部分标有它的容积和标定时的温度(图 5-28)。常用的移液管容积有 5 mL、10 mL、25 mL 和 50 mL 等。

吸量管是具有分刻度的玻璃管(图 5-29),用以吸取所需不同体积的液体。常用的吸量管有 1 mL、2 mL、5 mL 和 10 mL 等规格。

(1) 洗涤和润冲　移液管和吸量管在使用前要洗至内壁不挂水珠。洗涤时,在烧杯中加入自来水,将移液管(或吸量管)下部伸入水中,右手拿住管颈上部,用洗耳球轻轻将水吸入至管内容积的一半左右,用右手食指按住管口,取出后把管横放,左右两手的拇指和食指分别拿住管的两端,转动管子使水润遍全管,然后将管直立,将水放出。如水洗不净,则用洗耳球吸取铬酸洗液洗涤。也可将移液管(或吸量管)放入盛有洗液的大量筒或高形玻璃筒内浸泡数分钟至数小时,取出后用自来水洗净,再用纯水润冲,方法同前。

吸取溶液前,要用滤纸拭去管外水,并用少量溶液润冲 2～3 次。方法同上述水洗操作。

(2) 溶液的移取　用移液管移取溶液时,右手大拇指和食指拿住管颈标线上方,将管下部插入溶液中,左手拿洗耳球把溶液吸入,待液面上升到比标线稍高时,迅速用右手微湿的食指压紧管口,大拇指和中指垂直拿住移液管,管尖离开液面,但仍靠在盛装溶液器皿的内壁上。稍微放松食指使液面缓缓下降,至溶液弯月面与标线相切时(眼睛与标线处于同一水平面上观察),立即用食指压紧管口。然后将移液管下部移入预先准备好的器皿(如锥形瓶)中。移液管应垂直,锥形瓶稍倾斜,管尖靠在瓶内壁上,松开食指让溶液自然地沿器壁流出(图 5-30)。待溶液流毕,等待 15 s 后,取出移液管。残留在管尖的溶液切勿吹出,因校准移液管时已将此考虑在内。

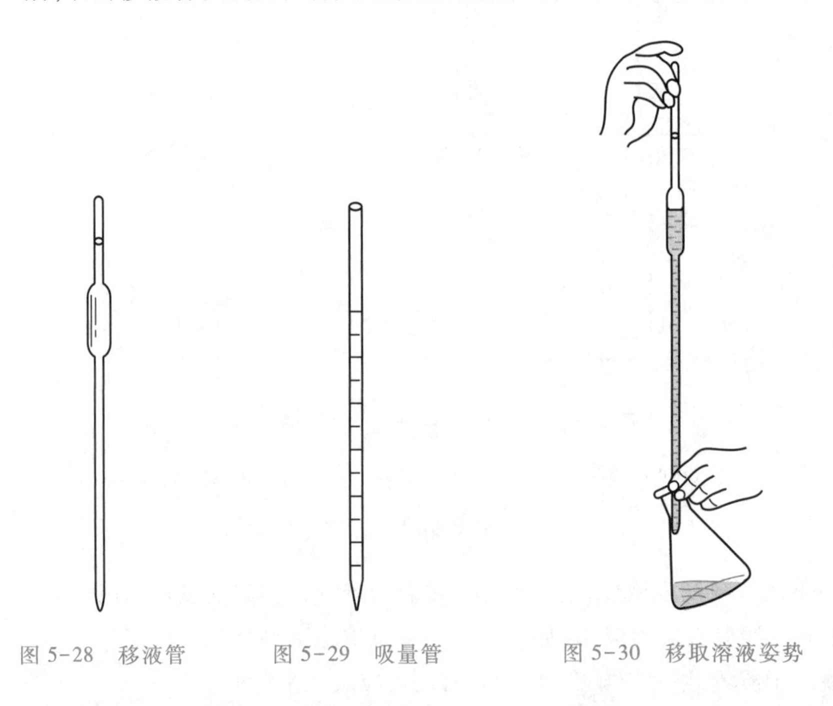

图 5-28 移液管　　图 5-29 吸量管　　图 5-30 移取溶液姿势

吸量管的用法与移液管的用法基本相同。使用吸量管时,通常是使液面从它的最高刻度降至另一刻度,使两刻度间的体积恰为所需的体积。在同一实验中应尽可能使用同一吸量管的同一部位,且尽可能用上面部分。如果吸量管的分刻度一直刻到管尖,而且又要用到末端收缩部分时,则要把残留在管尖的溶液吹出。若用非吹入式的吸量管,则不能吹出管尖的残留液。

移液管和吸量管用毕,应立即用水洗净,放在管架上。

3. 容量瓶

容量瓶主要用来把精确称量的物质准确地配成一定体积的溶液,或将浓溶液准确地稀释成一定体积的稀溶液。容量瓶如图 5-31 所示,瓶颈上刻有环形标线,瓶上标有它的容积和标定时的温度,通常有 1 mL、2 mL、5 mL、10 mL、25 mL、50 mL、100 mL、200 mL、250 mL、500 mL、1 000 mL 等规格。

容量瓶使用前应清洗到不挂水珠。使用时,瓶塞与瓶口对应,不要弄错。为防止弄错瓶塞引起的漏水,可用橡皮筋或细绳将瓶塞系在瓶颈上。

当用固体配制一定体积的准确浓度的溶液时,通常将准确称量的固体放入小烧杯中,先用少量纯水溶解,然后定量地转移到容量瓶内。转移时,烧杯嘴紧靠玻璃棒,玻璃棒下端靠着瓶颈内壁,慢慢倾斜烧杯,使溶液沿玻璃棒顺瓶壁流下(图 5-32)。溶液流完后,将烧杯沿玻璃棒轻轻上提,同时将烧杯直立,使附在玻璃棒与烧杯嘴之间的液滴回到烧杯中。用纯水冲洗烧杯壁几次,每次洗涤液如上法转入容量瓶内。然后用纯水稀释,并注意将瓶颈附着的溶液冲下。当水加至容量瓶容积的一半时，摇荡容量瓶使溶液均匀混合，但注意不要让溶液接触瓶塞及瓶颈磨口部分。继续加水至接近标线。稍停，待瓶颈上附着的液体流下后，用滴管仔细加纯水至溶液弯月面下沿与环形标线相切。盖上瓶塞，用一只手的食指压住瓶塞，另一只手的拇指、中指和食指三个指头顶住瓶底边缘（图 5-33），倒转容量瓶，使瓶内气泡上升到顶部，激烈振摇 5～10 s，再倒转过来。如此重复十次以上，使溶液充分混匀。

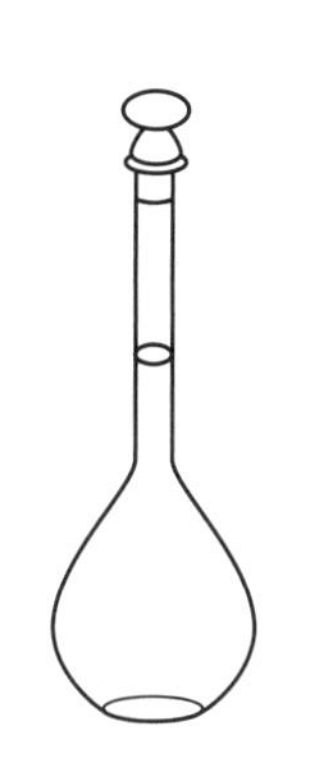
图 5-31　容量瓶

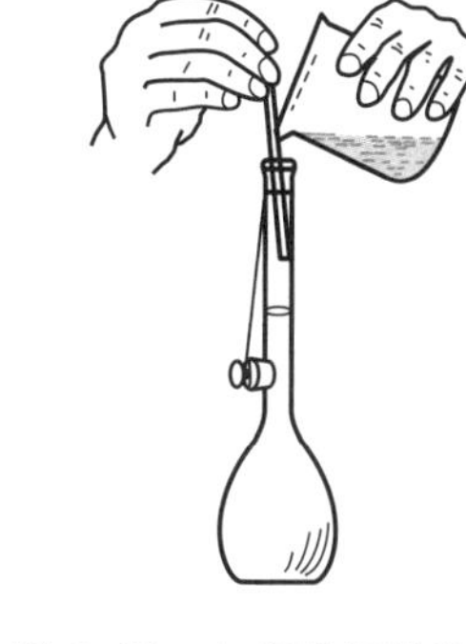
图 5-32　向容量瓶转移溶液

图 5-33　溶液的混匀

当用浓溶液配制稀溶液时，则用移液管或吸量管取准确体积浓溶液放入容量瓶中，按上述方法冲稀至标线，摇匀。

容量瓶不可在烘箱中烘烤，也不能用任何加热的办法来加速瓶中物料的溶解。长期使用的溶液不要放置于容量瓶内，而应转移到洁净干燥或经该溶液润洗过的贮藏瓶中保存。

注：

（1）容量器皿上常标有符号 E 或 A。E 表示“量入”容器，即溶液充满至标线后，量器内溶液的体积与量器上所标明的体积相等；A 表示“量出”容器，即溶液充满至刻度线后，将溶液自量器中倾出，体积正好与量器上标明的体积相等。有些容量瓶用符号“In”表示“量入”，“Ex”表示“量出”。

（2）量器按其容积的准确度分为 A，A_2，B 三个等级。A 级的准确度比 B 级的高一倍，A_2 级介于 A 级和 B 级之间。过去量器的等级用“一等”“二等”，“Ⅰ”“Ⅱ”或“〈1〉”“〈2〉”等表示，分别相当于“A 级”“B 级”。

4. 滴定管

滴定管是滴定分析时用以准确量度流出的操作溶液体积的量出式玻璃量器。常用的滴定管容积为 50 mL 和 25 mL，其最小刻度是 0.1 mL，在最小刻度之间可估计读出 0.01 mL，一般读数误差为±0.02 mL。此外，还有容积为 10 mL、5 mL、2 mL 和 1 mL 的半微量和微量滴定管，最小分度值有 0.05 mL、0.01 mL 或 0.005 mL，它们的形状各异。

根据控制溶液流速的装置不同，滴定管可分为酸式滴定管和碱式滴定管两种。

酸式滴定管（图 5-34）下端有一玻璃旋塞。开启旋塞时，溶液即从管内流出。酸式滴定管用于盛装酸性或氧化性溶液。但不宜盛装碱液，因玻璃易被碱液腐蚀而黏住，以致无法转动。

碱式滴定管(图 5-35)下端用乳胶管连接一个带尖嘴的小玻璃管,乳胶管内有一玻璃珠用以控制溶液的流出。碱式滴定管用来盛装碱性溶液和无氧化性溶液,不能用来盛装对乳胶有侵蚀作用的酸性溶液和氧化性溶液。

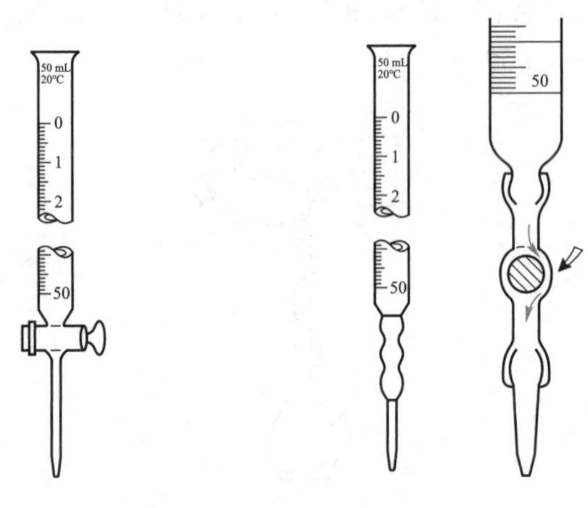

图 5-34 酸式滴定管　　图 5-35 碱式滴定管

滴定管有无色和棕色两种。棕色滴定管主要用来盛装见光易分解的溶液(如$KMnO_4$、$AgNO_3$等溶液)。

滴定管的使用包括洗涤、涂脂(碱式滴定管不需要)、检漏、润冲、装液、气泡的排除、读数、滴定操作等步骤。

(1) 洗涤　先用自来水冲洗,再用滴定管刷蘸肥皂水或合成洗涤剂刷洗。滴定管刷的刷毛要相当的软,刷头的铁丝不能露出,也不能向旁边弯曲,以防划伤滴定管内壁。洗净的滴定管内壁应完全被水润湿而不挂水珠。若管壁挂有水珠,则表示其仍附有油污,需用洗液装满滴定管浸泡 10～20 min。回收洗液,再用自来水洗净。

(2) 涂脂与检漏　酸式滴定管的旋塞必须涂脂,以防漏水并保证转动灵活。其方法是:将酸式滴定管平放于实验台上,取下旋塞,用清洁的布或滤纸将洗净的旋塞栓和栓管擦干。在旋塞栓粗端和栓管细端均匀地涂上一层凡士林。然后将旋塞小心地插入栓管中(注意不要转着插,以免将凡士林弄到栓孔使滴定管堵塞)。向同一方向转动旋塞(图 5-36),直到全部透明。为了防止旋塞栓从栓管中脱出,可用橡皮筋把旋塞栓系牢,或用橡皮筋套住旋塞末端。凡士林不可涂得太多,否则易使滴定管的细孔堵塞;涂得太少则润滑不够,旋塞栓转动不灵活,甚至会漏水。涂得好的旋塞应当透明,无纹络,旋转灵活。

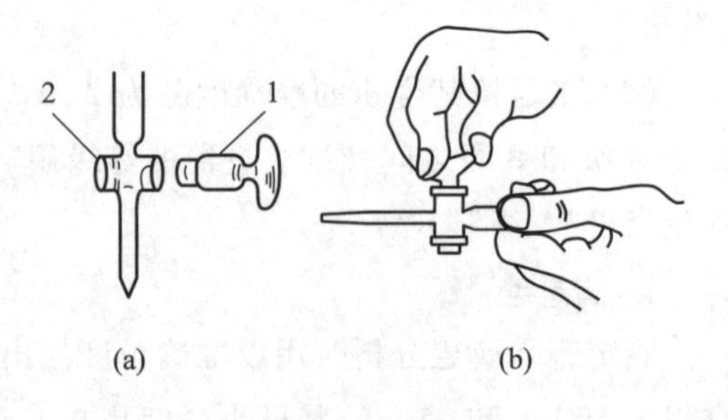

1—旋塞栓;2—旋塞栓管

图 5-36 旋塞的涂脂

涂脂完后，在酸式滴定管中加少许水，检查是否堵塞或漏水。若酸式滴定管漏水或旋塞转动不灵，则应重新涂凡士林，直到满意为止。若碱式滴定管漏水，可更换乳胶管或玻璃珠。

（3）润冲　用自来水洗净的滴定管，首先要用纯水润冲 2～3 次，以避免管内残存的自来水影响测定结果。若为酸式滴定管，每次润冲加入 5～10 mL 纯水，并打开旋塞使部分水由此流出，以冲洗出口管。然后关闭旋塞，两手平端滴定管慢慢转动，使水流遍全管。若为碱式滴定管，用类似的操作润冲。最后边转动边向管口倾斜，将其余的水从管口倒出。

用纯水润冲后，再按上述操作方法，用待装标准溶液润冲滴定管 2～3 次，以确保待装标准溶液不被残存的纯水稀释。每次取标准溶液前，要将瓶中的溶液摇匀，然后倒出使用。

（4）装液　关好旋塞（若为酸式滴定管），左手拿滴定管，略微倾斜，右手拿住瓶子或烧杯等容器向滴定管中注入标准溶液。不要注入太快，以免产生气泡，待液面到“0”刻度附近为止。用布擦净外壁。

（5）气泡的排除　对于装入操作液的滴定管，应检查出口下端是否有气泡，如有应及时排除。其方法是：取下滴定管倾斜成约 30°角。若为酸式滴定管，可用手迅速打开旋塞（反复多次），使溶液冲出带走气泡；若为碱式滴定管，则将橡胶管向上弯曲，用两指挤压稍高于玻璃珠所在处，使溶液从管口喷出，气泡亦随之而排去（图 5-37）。

排除气泡后，再把操作液加至“0”刻度处或稍下。滴定管下端若悬挂液滴也应当除去。

（6）读数　读数前，滴定管应垂直静置 1 min。读数时，管内壁应无液珠，管出口的尖嘴内应无气泡，尖嘴外应不悬挂液滴，否则读数不准。读数方法是：取下滴定管，用右手大拇指和食指捏住滴定管上部无刻度处，使滴定管保持垂直，并使自己的视线与所读的液面处于同一水平面上（图 5-38），也可以把滴定管垂直地夹在滴定管架上进行读数。对无色或浅色溶液，读取弯月面下层最低点；对有色或深色溶液，则读取液面最上缘。读数要准确至小数点后第二位。为了帮助读数，可用带色纸条围在滴定管外弧形液面下的一格处，当眼睛恰好看到纸条前后边缘相重合时，在此位置上可较准确地读出弯月面所对应的液体体积刻度；也可以采用黑白纸板作辅助（图 5-39），这样能更清晰地读出黑色弯月面所对应的滴定管读数。若滴定管带有白底蓝条，则调整眼睛和液面在同一水平后，读取两尖端相交处的读数（图 5-40）。

（7）滴定操作　滴定过程的关键在于掌握滴定管的操作方法及溶液的混匀方法。

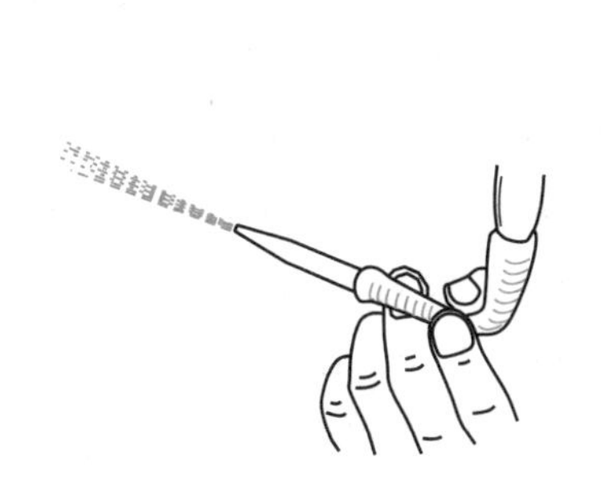

图 5-37　碱式滴定管排气泡法

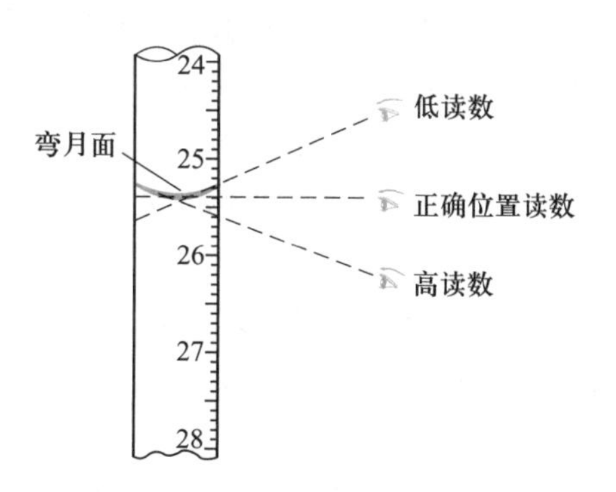

图 5-38　滴定管的正确读数法

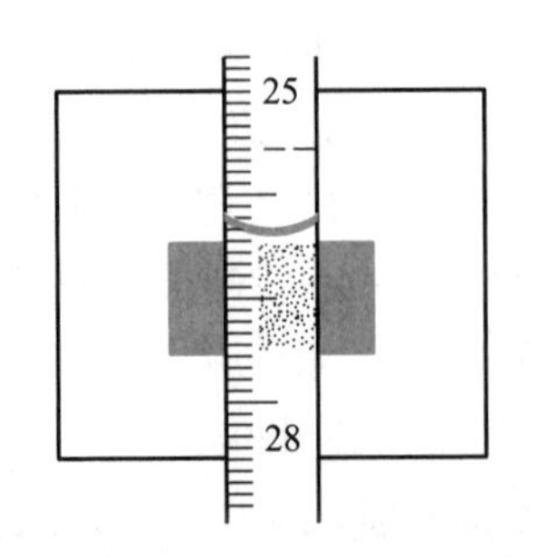

图 5-39 使用黑白纸板读数

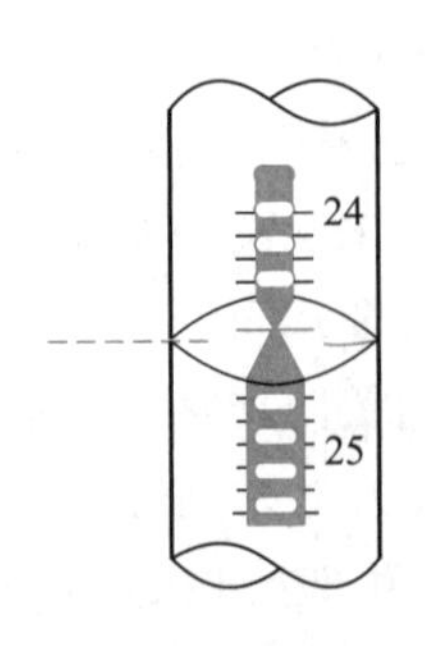

图 5-40 带有白底蓝条滴定管的读数

使用酸式滴定管滴定时，身体直立，以左手的拇指、食指和中指轻轻地拿住旋塞柄，无名指及小指抵住旋塞下部并手心弯曲，食指和中指由下向上各顶住旋塞柄一端，拇指在上面配合转动（图 5-41）。转动旋塞时应注意不要让手掌顶出旋塞而造成漏液。右手持锥形瓶使滴定管管尖伸入瓶内，边滴定边摇动锥形瓶（图 5-42）。瓶底应向同一方向（顺时针）做圆周运动，不可前后振荡，以免溅出溶液。滴定和摇动溶液要同时进行，不能脱节。在整个滴定过程中，左手一直不能离开旋塞而任溶液自流。锥形瓶下面的桌面上可衬白纸，使滴定终点易于观察。

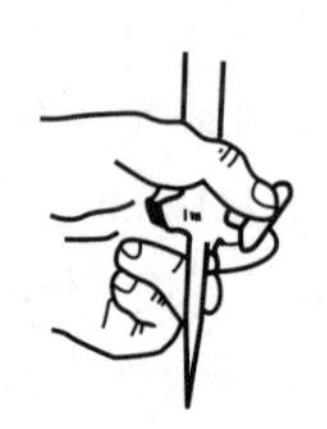

图 5-41 旋塞转动的姿势

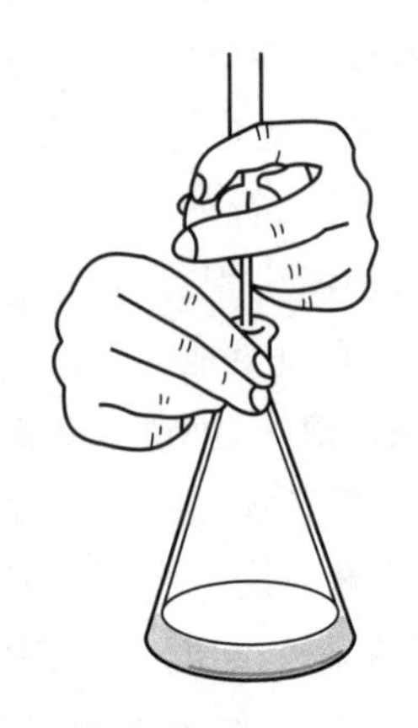

图 5-42 滴定姿势

使用碱式滴定管时，左手拇指在前，食指在后，捏挤玻璃珠外面的乳胶管，溶液即可流出，但不可捏挤玻璃珠下方的乳胶管，否则会在管嘴出现气泡。滴定速度不可过快，要使溶液逐滴流出而不连成线。滴定速度一般为 10 $mL\cdot min^{-1}$，即每秒 3～4 滴。

滴定过程中，要注意观察标准溶液的滴落点。开始滴定时，离滴定终点很远，滴入标准溶液时一般不会引起可见的变化。但滴到后来，滴落点周围会出现暂时性的颜色变化而当即消失。随着离滴定终点越来越近，颜色消失渐慢。在接近滴定终点时，新出现的颜色暂时地扩散到较大范围，但转动锥形瓶 1～2 圈后仍完全消失。此时应不再边滴边摇，而应滴一滴摇几下。通常最后滴入半滴，溶液颜色突然变化而 30 s 内不褪，则表示终点已到达。滴加半滴溶液时，可慢慢控制旋塞，使液滴悬挂管尖而不滴落，用锥形瓶内壁将液滴擦下，再用洗瓶以少量纯水将之冲入锥形瓶中。

滴定过程中，尤其临近终点时，应用洗瓶将溅在瓶壁上的溶液洗下去，以免引起误差。

滴定也可在烧杯中进行。滴定时边滴边用玻璃棒搅拌烧杯中的溶液（也可使用电动搅拌器）。

滴定完毕，应将剩余的溶液从滴定管中倒出，用水洗净。对于酸式滴定管，若较长时间放置不用，还应将旋塞拔出，洗去润滑脂，在旋塞栓与栓管之间夹一小纸片，再系上橡皮筋。

5.6 试纸的使用

在无机化学实验中常用试纸来定性检验一些溶液的酸碱性或某些物质（气体）是否存在，操作简单，使用方便。

试纸的种类很多，无机化学实验中常用的有：石蕊试纸、pH 试纸、醋酸铅试纸和淀粉-KI 试纸等。

1. 石蕊试纸

用于检验溶液酸碱性的有红色石蕊试纸和蓝色石蕊试纸两种。红色石蕊试纸用于检验碱性溶液（或气体）（遇碱时变蓝），蓝色石蕊试纸用于检验酸性溶液（或气体）（遇酸时变红）。

（1）制备方法　用热的酒精处理市售石蕊以除去夹杂的红色素。倾去浸液，1 份残渣与 6 份水浸煮并不断摇荡，滤去不溶物。将滤液分成两份，一份加稀 H_3PO_4 溶液或稀 H_2SO_4 溶液至变红，另一份加稀 NaOH 溶液至变蓝，然后将滤纸分别浸入这两种溶液中，取出后在避光且没有酸、碱蒸气的房中晾干，剪成纸条即可。

（2）使用方法　用镊子取一小块试纸放在干燥清洁的点滴板或表面皿上，用蘸有待测溶液的玻璃棒点试纸的中部，观察被润湿试纸颜色的变化。如果检验的是气体，则先将试纸用去离子水润湿，再用镊子夹持横放在试管口上方，观察试纸颜色的变化。

2. pH 试纸

用以检验溶液的 pH。pH 试纸分两类，一类是广泛 pH 试纸，变色范围为 pH＝1～14，用来粗略检验溶液的 pH；另一类是精密 pH 试纸，这种试纸在溶液 pH 变化较小时就有颜色变化，因而可较精确地估计溶液的 pH。根据其颜色变化范围 pH 试纸可分为多种，如变色范围为 pH＝2.7～4.7、3.8～5.4、5.4～7.0、6.9～8.4、8.2～10.0、9.5～13.0 等。可根据待测溶液的酸碱性，选用某一变色范围的试纸。

（1）制备方法　广泛 pH 试纸是将滤纸浸泡于通用酸碱指示剂溶液中，然后取出，晾干，裁成小条而制成。通用酸碱指示剂是几种酸碱指示剂的混合溶液，它在不同 pH 的溶液中可显示不同的颜色。通用酸碱指示剂有多种配方。如通用酸碱指示剂 B 的配方为：1 g 酚酞、0.2 g 甲基红、0.3 g 甲基黄、0.4 g 溴百里酚蓝，溶于 500 mL 无水乙醇中，滴加少量 NaOH 溶液调至黄色。这种指示剂在不同 pH 溶液中的颜色如下：

pH：	2	4	6	8	10
颜色：	红	橙	黄	绿	蓝

通用酸碱指示剂 C 的配方是：0.05 g 甲基橙、0.15 g 甲基红、0.3 g 溴百里酚蓝和 0.35 g 酚酞，溶于 66%的乙醇溶液中，它在不同 pH 溶液中的颜色如下：

pH：	<3	4	5	6	7	8	9	10	11
颜色：	红	橙红	橙	黄	黄绿	绿蓝	蓝	紫	红紫

(2) 使用方法　与石蕊试纸使用基本方法相同。不同之处在于 pH 试纸变色后要和标准色板进行比较，方能得出 pH 或 pH 范围。

3. 醋酸铅试纸

醋酸铅试纸用于定性检验反应中是否有 H_2S 气体产生(即溶液中是否有 S^{2-} 存在)。

(1) 制备方法　将滤纸浸入 3% $Pb(Ac)_2$ 溶液中，取出后在无 H_2S 的环境中晾干，裁剪成条。

(2) 使用方法　将试纸用去离子水润湿，加酸于待测液中，将试纸横置于试管口上方，如有 H_2S 气体逸出，遇润湿醋酸铅试纸后，即有黑色(亮灰色)PbS 沉淀生成，使试纸呈黑褐色并有金属光泽：

$$Pb(Ac)_2 + H_2S \longrightarrow PbS(\text{黑色})\downarrow + 2HAc$$

4. 淀粉-KI 试纸

淀粉-KI 试纸用于定性检验氧化性气体(如 Cl_2，Br_2 等)。其原理是

$$2I^- + Cl_2(Br_2) \longrightarrow I_2 + 2Cl^-(2Br^-)$$

I_2 和淀粉作用呈蓝色。如气体氧化性很强，且浓度较大，还可进一步将 I_2 氧化成 IO_3^-(无色)，使蓝色褪去：

$$I_2 + 5Cl_2 + 6H_2O \longrightarrow 2HIO_3 + 10HCl$$

(1) 制备方法　将 3 g 淀粉与 25 mL 水搅匀，倾入 225 mL 沸水中，加 1 g KI 及1 g $Na_2CO_3 \cdot 10H_2O$，用水稀释至 500 mL，将滤纸浸入，取出晾干，裁成纸条。

(2) 使用方法　先将试纸用去离子水润湿，将其横置于试管口的上方，若有氧化性气体逸出(如 Cl_2，Br_2)，则试纸变蓝。

使用试纸时，要注意节约，除把试纸剪成小条外，用时不要多取，用多少取多少。取用后，马上盖好瓶盖，以免试纸被污染变质。用后的试纸要放在废液缸(桶)内，不要丢在水槽内，以免堵塞下水道。

第六章　物理化学量及常数的测定

实验一　摩尔气体常数的测定

实验目的

1. 学习测定摩尔气体常数的一种方法。
2. 掌握理想气体状态方程和分压定律。

实验原理

在一定温度 T 和压力 p 下,通过测量一定质量 m 的金属铝与过量盐酸反应所生成氢气的体积 V,用理想气体状态方程即可算出摩尔气体常数 R。

金属铝与盐酸反应的方程式为

$$2Al(s)+6HCl(aq) \longrightarrow 2AlCl_3(aq)+3H_2(g)$$

反应所生成的氢气的体积可以通过实验测得。氢气的物质的量 $n(H_2)$ 可以根据反应的计量关系由铝的质量及物质的量求得。实验时的温度和压力可以分别由温度计和压力计测得。由于氢气是采用排水集气法收集的,氢气中还混有水蒸气。在实验温度下水的饱和蒸气压 $p(H_2O)$ 可从数据表中查出。根据分压定律,氢气的分压:

$$p(H_2)=p-p(H_2O)$$

将以上各项数据代入理想气体状态方程:

$$pV=nRT$$

即可算出 R。

仪器及药品

仪器:铁架台,蝶形夹,铁圈,十字头,夹子,碱式滴定管,试管,玻璃漏斗。

药品:盐酸($6\ mol\cdot L^{-1}$),铝片。

实验步骤

1. 准确称量铝片的质量(在 0.022 0～0.030 0 g 范围内)。
2. 按图 6-1 所示装好仪器。取下小试管,移动漏斗和铁圈,使量气管中的水面略低于刻度零，然后把铁圈固定。

3. 在小试管中用滴管加入 3 mL 6 mol·L^{-1}盐酸，注意不要使盐酸沾湿液面以上管壁。将已称量的铝片蘸少许水，贴在小试管内壁上，但切勿与盐酸接触。将小试管固定，塞紧橡胶塞。

4. 检验仪器是否漏气。方法如下：将水平管（漏斗）向下（或向上）移动一段距离，使水平管中水面略低（或略高）于量气管中的水面。固定水平管后，量气管中的水面如果不断下降（或上升），表示装置漏气。应检查各连接处是否接好（经常是由于橡胶塞没有塞紧）。按此法检验直到不漏气为止。

5. 调整水平管的位置，使量气管内水面与水平管内水面在同一水平面上（为什么？），然后准确读出量气管内水的弯月面最低点的读数 V_1。

6. 轻轻摇动小试管，使铝片落入盐酸中，铝片即与盐酸反应放出氢气。此时量气管内水面即开始下降。为了不使量气管内气压增大而造成漏气，在量气管内水平面下降的同时，慢慢下移水平管，使水平管内的水面和量气管内的水面基本保持相同高度。反应停止后，待小试管冷却到室温（10 min 左右），移动水平管，使水平管内的水面和量气管内的水面相平，读出反应后量气管内水面的精确读数 V_2。

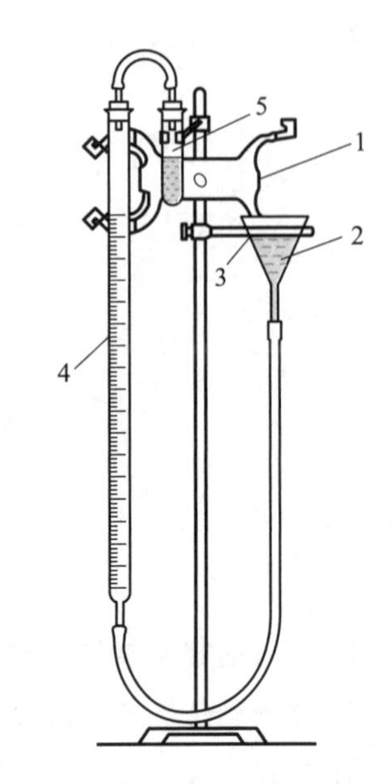

1—滴定管夹；2—漏斗；3—铁圈；4—量气管；5—小试管

图 6-1 测定摩尔气体常数的装置

7. 记录实验时的室温 t 和大气压力 p。

8. 从表 6-1 中查出室温时水的饱和蒸气压 $p(H_2O)$。

表 6-1 不同温度下水的饱和蒸气压

温度/℃	饱和蒸气压/Pa	温度/℃	饱和蒸气压/Pa	温度/℃	饱和蒸气压/Pa	温度/℃	饱和蒸气压/Pa
10	1 228	16	1 817	22	2 643	28	3 779
11	1 312	17	1 937	23	2 809	29	4 005
12	1 402	18	2 063	24	2 984	30	4 242
13	1 497	19	2 197	25	3 167	31	4 492
14	1 598	20	2 338	26	3 361	32	4 754
15	1 705	21	2 486	27	3 565	33	5 030

数据记录与处理

铝片的质量 $m(Al)$ = ________ g，铝片的物质的量 $n(Al)$ = ________ mol

反应前量气管中的水面读数 V_1 = ________ mL

反应后量气管中的水面读数 V_2 = ________ mL

氢气的体积 $V(H_2)=V_2-V_1=$________ mL

室温 $t=$________℃，$T=$________ K

大气压力 $p=$________ Pa

室温时水的饱和蒸气压 $p(H_2O)=$ ________ Pa

氢气的分压 $p(H_2)=p-p(H_2O)=$ ________ Pa

氢气的物质的量 $n(H_2)=$ ________ mol

摩尔气体常数 $R=\dfrac{p(H_2)V(H_2)}{n(H_2)T}=$________ $J\cdot mol^{-1}\cdot K^{-1}$

相对误差 $E_r=\dfrac{|R_{通用}-R_{实验}|}{R_{通用}}\times 100\%=$________%

根据所得到的实验值，与一般通用的数值 $R=8.314\ J\cdot mol^{-1}\cdot K^{-1}$进行比较，讨论误差产生的主要原因。

思考题

1. 实验中需要测量哪些数据？
2. 为什么必须检查仪器装置是否漏气？如果装置漏气，将造成怎样的误差？
3. 在读取量气管中水面的读数时，为什么要使水平管中的水面与量气管中的水面相平？

实验二 氯化铵生成焓的测定

实验目的

1. 学习用热量计测定物质生成焓的简单方法。
2. 加深对有关热化学基本知识的理解。

实验原理

在温度 T 下,由参考状态的单质生成物质 B($\nu_B=+1$)反应的标准摩尔焓变称为物质 B 的标准摩尔生成焓。标准摩尔生成焓可以通过测定有关反应的焓变并应用 Hess 定律间接求得。

本实验用热量计分别测定 $NH_4Cl(s)$ 的溶解热和 $NH_3(aq)$ 与 $HCl(aq)$ 反应的中和热,再利用 $NH_3(aq)$ 和 $HCl(aq)$ 的标准摩尔生成焓数据,通过 Hess 定律计算 $NH_4Cl(s)$ 的标准摩尔生成焓。

热量计是用来测定反应热的装置。本实验采用保温杯式简易热量计(图6-2)测定反应热。化学反应在热量计中进行时,放出(或吸收)的热量会引起热量计和反应物质的温度升高(或降低)。对于放热反应:

$$\Delta_r H=-(mc\Delta T+C_p\Delta T)$$

式中:$\Delta_r H$——反应热,单位为 J;

m——物质的质量,单位为 g;

c——物质的比热容,单位为 $J\cdot g^{-1}\cdot K^{-1}$;

ΔT——反应终了温度与起始温度之差,单位为 K;

C_p——热量计的定压热容,单位为 $J\cdot K^{-1}$。

由于反应后的温度需要一段时间才能升到最高值,而实验所用简易热量计不是严格的绝热系统,在这段时间,热量计不可避免地会与周围环境发生热交换。为了校正由此带来的温度偏差,需用图解法确定系统温度变化的最大值,即以测得的温度 T 为纵坐标,时间 t 为横坐标绘图(图 6-3),按虚线外推到开始混合的时间($t=0$),求出温度变化最大值(ΔT)。这个外推的 ΔT 值能较客观地反映出由反应热所引起的真实温度变化。

热量计的热容是使热量计温度升高 1 K 所需要的热量。确定热量计热容的方法是:在热量计中加入一定质量(如 $m=50$ g)、温度为 T_1 的冷水,再加入相同质量温度为 T_2 的热水,测定混合后水的最高温度 T_3。已知水的比热容为4.184 $J\cdot g^{-1}\cdot K^{-1}$,设热量计的定压热容为 C_p,则

热水失热 $Q_1=4.184\ J\cdot g^{-1}\cdot K^{-1}m(T_2-T_3)$

冷水得热 $Q_2=4.184\ J\cdot g^{-1}\cdot K^{-1}m(T_3-T_1)$

热量计得热 $Q_3=C_p(T_3-T_1)$

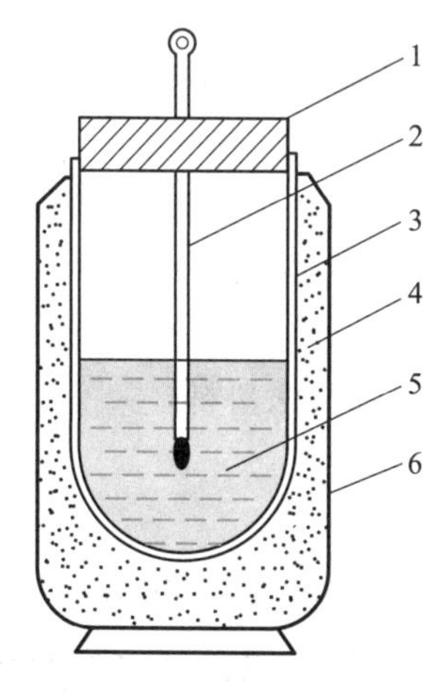

1—保温杯盖;2—1/10 K 温度计;3—真空隔热层;
4—隔热材料;5—水或反应物;6—保温杯外壳

图 6-2　保温杯式简易热量计

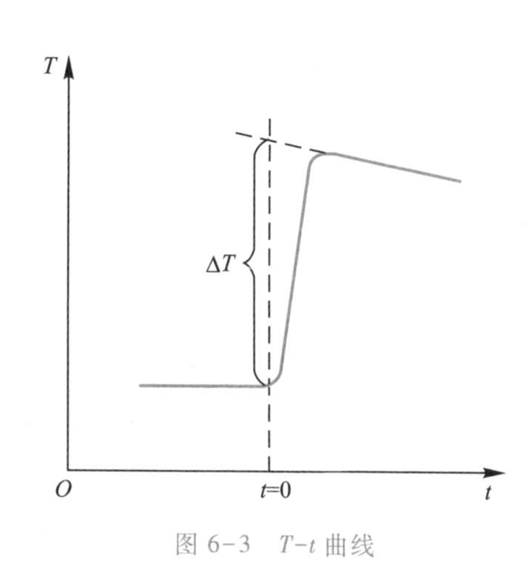

图 6-3　$T-t$ 曲线

因为热水失热与冷水得热之差等于热量计得热,即 $Q_2-Q_1=Q_3$,所以,热量计的定压热容为

$$C_p=\frac{4.184\ \mathrm{J\cdot g^{-1}\cdot K^{-1}}m[(T_2-T_3)-(T_3-T_1)]}{T_3-T_1}$$

仪器及药品

仪器:保温杯,1/10 K 温度计,托盘天平,秒表,烧杯(100 mL),量筒(100 mL)。

药品:HCl 溶液($1.5\ \mathrm{mol\cdot L^{-1}}$),$NH_3\cdot H_2O$($1.5\ \mathrm{mol\cdot L^{-1}}$),$NH_4Cl(s)$。

实验步骤

1. 热量计热容的测定

(1) 用量筒量取 50.0 mL 去离子水,倒入热量计中,盖好后适当摇动,待系统达到热平衡后(5～10 min),记录温度 T_1(精确到 0.1 K)。

(2) 在 100 mL 烧杯中加入 50.0 mL 去离子水,加热到 T_1+30 K 左右,静置 1～2 min,待热水系统温度均匀时,迅速测量温度 T_2(精确到 0.1 K),尽快将热水倒入热量计中,盖好后不断地摇荡保温杯,并立即计时和记录水温。每隔 30 s 记录一次温度,直至温度上升到最高点,再继续测定 3 min。

将上述实验重复一次,取两次实验所得结果的平均值,作温度-时间($T-t$)图,用外推法求最高温度 T_3,并计算热量计定压热容 C_p。

2. 盐酸与氨水的中和热及氯化铵溶解热的测定

(1) 用量筒量取 50.0 mL $1.5\ \mathrm{mol\cdot L^{-1}}$ HCl 溶液,倒入烧杯中备用。洗净量筒,再量取 50.0 mL $1.5\ \mathrm{mol\cdot L^{-1}}$ $NH_3\cdot H_2O$,倒入热量计中。在酸碱混合前,先记录氨水的温度 5 min(间隔

30 s,温度精确到 0.1 K,以下相同)。将烧杯中的盐酸加入热量计,立刻盖上保温杯顶盖,测量并记录温度-时间数据,并不断地摇荡保温杯,直至温度上升到最高点,再继续测量 3 min。依据温度-时间数据作图,用外推法求 ΔT。

(2) 称取 4.0 g NH_4Cl(s)备用。量取 100 mL 去离子水,倒入热量计中,测量并记录水温 5 min。然后加入 NH_4Cl(s)并立刻盖上保温杯盖,测量温度-时间数据,不断地摇荡保温杯,促使固体溶解,直至温度下降到最低点,再继续测量 3 min。最后作图,用外推法求 ΔT。

注:保温杯盖和隔热材料可采用聚氨酯泡沫塑料或聚苯乙烯泡沫塑料。

数据记录与处理

实验中的 NH_4Cl 溶液浓度很小,作为近似处理可以假定:① 溶液的体积为 100 mL;② 中和反应热只能使水和热量计的温度升高;③ NH_4Cl(s)溶解时吸热,只能使水和热量计的温度下降。

由相应的温差(ΔT)和水的质量(m)、比热容(c)及热量计的定压热容(C_p),即可分别计算出中和反应热和溶解热。

已知 NH_3(aq)和 HCl(aq)的标准摩尔生成焓分别为 $-80.29\ kJ\cdot mol^{-1}$ 和 $-167.159\ kJ\cdot mol^{-1}$,根据 Hess 定律计算 NH_4Cl(s)的标准摩尔生成焓,并对照查得的数据计算实验误差(如操作与计算正确,所得结果的误差可小于 3%)。

思考题

1. 为什么放热反应的 T-t 曲线的后半段逐渐下降,而吸热反应则相反?
2. NH_3(aq)与 HCl(aq)反应的中和热和 NH_4Cl(s)的溶解热之差,是哪一个反应的热效应?
3. 实验产生误差的可能原因是什么?

实验三　化学反应速率与活化能的测定

实验目的

1. 了解浓度、温度及催化剂对化学反应速率的影响。
2. 测定$(NH_4)_2S_2O_8$与 KI 反应的反应速率、反应级数、反应速率系数和反应的活化能。

实验原理

$(NH_4)_2S_2O_8$和 KI 在水溶液中发生如下反应：

$$S_2O_8^{2-}(aq)+3I^-(aq) \longrightarrow 2SO_4^{2-}(aq)+I_3^-(aq) \quad (1)$$

这个反应的平均反应速率为

$$\bar{r}=-\frac{\Delta c(S_2O_8^{2-})}{\Delta t}=kc^{\alpha}(S_2O_8^{2-})\cdot c^{\beta}(I^-)$$

式中：$\bar{r}$——反应的平均反应速率；

$\Delta c(S_2O_8^{2-})$——Δt时间内$S_2O_8^{2-}$的浓度变化；

$c(S_2O_8^{2-})$，$c(I^-)$——分别为$S_2O_8^{2-}$，I^-的起始浓度；

k——该反应的速率系数；

α，β——分别为反应物$S_2O_8^{2-}$，I^-的反应级数，$(\alpha+\beta)$为该反应的总反应级数。

为了测出在一定时间(Δt)内$S_2O_8^{2-}$的浓度变化，在混合$(NH_4)_2S_2O_8$溶液和 KI 溶液的同时，加入一定体积的已知浓度的$Na_2S_2O_3$溶液和淀粉，这样在反应(1)进行的同时，还有以下反应发生：

$$2S_2O_3^{2-}(aq)+I_3^-(aq) \longrightarrow S_4O_6^{2-}(aq)+3I^-(aq) \quad (2)$$

由于反应(2)的速率比反应(1)的大得多，由反应(1)生成的I_3^-会立即与$S_2O_3^{2-}$反应生成无色的$S_4O_6^{2-}$和I^-。这就是说，在反应开始的一段时间内，溶液呈无色，但$Na_2S_2O_3$一旦耗尽，由反应(1)生成的微量I_3^-就会立即与淀粉作用，使溶液呈蓝色。

由反应(1)和反应(2)的关系可以看出，每消耗 1 mol $S_2O_8^{2-}$就要消耗 2 mol 的$S_2O_3^{2-}$，即

$$\Delta c(S_2O_8^{2-})=\frac{1}{2}\Delta c(S_2O_3^{2-})$$

由于在Δt时间内，$S_2O_3^{2-}$已全部耗尽，所以$\Delta c(S_2O_3^{2-})$实际上就是反应开始时$Na_2S_2O_3$的浓度，即

$$-\Delta c(S_2O_3^{2-})=c_0(S_2O_3^{2-})$$

这里的$c_0(S_2O_3^{2-})$为$Na_2S_2O_3$的起始浓度。在本实验中，由于每份混合液中$Na_2S_2O_3$的起始浓度都相同，因而$\Delta c(S_2O_3^{2-})$也是相同的，这样，只要记下从反应开始到出现蓝色所需要的时间(Δt)，

就可以算出一定温度下该反应的平均反应速率：

$$\bar{r}=-\frac{\Delta c(S_2O_8^{2-})}{\Delta t}=-\frac{\Delta c(S_2O_3^{2-})}{2\Delta t}=\frac{c_0(S_2O_3^{2-})}{2\Delta t}$$

按照初始速率法，从不同浓度下测得反应速率，即可求出反应物 $S_2O_8^{2-}$ 和 I^- 的反应级数 α 和 β，进而求得反应的总反应级数（$\alpha+\beta$），再由 $k=\frac{r}{c^{\alpha}(S_2O_8^{2-})\cdot c^{\beta}(I^-)}$ 求出反应的速率系数 k。

由 Arrhenius 方程得

$$\lg\{k\}=A-\frac{E_a}{2.303RT}$$

式中：E_a——反应的活化能；

R——摩尔气体常数，$R=8.314\ J\cdot mol^{-1}\cdot K^{-1}$；

T——热力学温度。

求出不同温度时的 k 值后，以 $\lg\{k\}$ 对 $\frac{1}{T}$ 作图，可得一直线，由直线的斜率$\left(-\frac{E_a}{2.303R}\right)$可求得反应的活化能 E_a。

Cu^{2+} 可以加快 $(NH_4)_2S_2O_8$ 与 KI 反应的速率。Cu^{2+} 的加入量不同，反应速率的增大值也不同。

仪器、药品及材料

仪器：恒温水浴（1 台），烧杯（50 mL，5 个，分别标注编号 1、2、3、4、5），量筒［10 mL，4 个，分别贴上 0.2 $mol\cdot L^{-1}$ $(NH_4)_2S_2O_8$、0.2 $mol\cdot L^{-1}$ KI、0.2 $mol\cdot L^{-1}$ KNO_3、0.2 $mol\cdot L^{-1}$ $(NH_4)_2SO_4$ 的标签；5 mL，2 个，分别贴上 0.05 $mol\cdot L^{-1}$ $Na_2S_2O_3$、0.2%淀粉的标签］，秒表，玻璃棒或电磁搅拌器。

药品：$(NH_4)_2S_2O_8$ 溶液（0.2 $mol\cdot L^{-1}$），KI 溶液（0.2 $mol\cdot L^{-1}$），$Na_2S_2O_3$ 溶液（0.05 $mol\cdot L^{-1}$），KNO_3 溶液（0.2 $mol\cdot L^{-1}$），$(NH_4)_2SO_4$ 溶液（0.2 $mol\cdot L^{-1}$），淀粉试液（0.2%），$Cu(NO_3)_2$ 溶液（0.02 $mol\cdot L^{-1}$）。

材料：坐标纸。

实验步骤

1. 浓度对反应速率的影响，求反应级数、反应速率系数

在室温下，按表 6-2 所列出的各反应物用量，用量筒准确量取各试剂。除 0.2 $mol\cdot L^{-1}$ $(NH_4)_2S_2O_8$ 溶液外，其余各试剂均可按用量混合在各编号烧杯中，当加入 0.2 $mol\cdot L^{-1}$ $(NH_4)_2S_2O_8$ 溶液时，立即计时，并把溶液混合均匀（用玻璃棒搅拌或把烧杯放在电磁搅拌器上搅拌），等溶液变蓝时停止计时，记下时间 Δt 和室温。

计算每次实验的反应速率 r，并填入表 6-2 中。

表 6-2　浓度对反应速率的影响　　室温：　℃

实验编号	1	2	3	4	5
$V[(NH_4)_2S_2O_8]$/mL	10	5	2.5	10	10
$V(KI)$/mL	10	10	10	5	2.5
$V(Na_2S_2O_3)$/mL	3	3	3	3	3
$V(KNO_3)$/mL				5	7.5
$V[(NH_4)_2SO_4]$/mL		5	7.5		
V(淀粉试液)/mL	1	1	1	1	1
$c_0(S_2O_8^{2-})/(mol\cdot L^{-1})$					
$c_0(I^-)/(mol\cdot L^{-1})$					
$c_0(S_2O_3^{2-})/(mol\cdot L^{-1})$					
Δt/s					
$\Delta c(S_2O_3^{2-})/(mol\cdot L^{-1})$					
$r/(mol\cdot L^{-1}\cdot s^{-1})$					
$k/[(mol\cdot L^{-1})^{1-\alpha-\beta}\cdot s^{-1}]$					

用表 6-2 中实验编号 1、2、3 的数据，依据初始速率法求 α；用实验编号 1、4、5 的数据，求出 β，再求出 $(\alpha+\beta)$。再由公式 $k=\dfrac{r}{c^{\alpha}(S_2O_8^{2-})\cdot c^{\beta}(I^-)}$ 求出各实验的 k，并把计算结果填入表 6-2 中。

2. 温度对反应速率的影响，求活化能

按表 6-2 中实验编号 1 的试剂用量分别在高于室温 5 ℃、10 ℃和 15 ℃的温度下进行实验。这样就可测得这三个温度下的反应时间，并计算出三个温度下的反应速率及速率系数，把数据和实验结果填入表 6-3 中。

表 6-3　温度对反应速率的影响

实验编号	T/K	Δt/s	$r/(mol\cdot L^{-1}\cdot s^{-1})$	$k/[(mol\cdot L^{-1})^{1-\alpha-\beta}\cdot s^{-1}]$	$\lg\{k\}$	$\frac{1}{T}/K^{-1}$
1						
6						
7						
8						

利用表 6-3 中各次实验的 k 和 T，作 $\lg\{k\}-\dfrac{1}{T}$ 图，求出直线的斜率，进而求出反应(1)的活化能 E_a。

3. 催化剂对反应速率的影响

在室温下，按表 6-2 中实验编号 1 的试剂用量，再分别加入 1 滴、5 滴、10 滴 0.02 $mol\cdot L^{-1}$

$Cu(NO_3)_2$溶液[为使总体积和离子强度一致，$Cu(NO_3)_2$溶液不足10滴的用0.2 mol·L^{-1} $(NH_4)_2SO_4$溶液补充至10滴]。

表6-4 催化剂对反应速率的影响

实验编号	加入0.02 mol·L^{-1} $Cu(NO_3)_2$溶液的滴数	反应时间 Δt/s	反应速率 r/(mol·L^{-1}·s^{-1})
9	1		
10	5		
11	10		

将表6-4中的反应速率与表6-2中实验编号1的结果进行比较，你能得出什么结论？

思考题

1. 若用I^-(或I_3^-)的浓度变化来表示该反应的速率，则r和k是否和用$S_2O_8^{2-}$的浓度变化所表示时的数值一样？

2. 实验中当蓝色出现后，反应是否就终止了？

实验四　醋酸解离常数的测定

（一）pH 法

实验目的

1. 学习溶液的配制方法及有关仪器的使用。
2. 学习醋酸解离常数的测定方法。
3. 学习酸度计的使用方法。

实验原理

醋酸（CH_3COOH，简写为 HAc）是一元弱酸，在水溶液中存在如下解离平衡：

$$HAc(aq)+H_2O(l) \rightleftharpoons H_3O^+(aq)+Ac^-(aq)$$

其解离常数的表达式为

$$K_a^\ominus(HAc)=\frac{[c(H_3O^+)/c^\ominus][c(Ac^-)/c^\ominus]}{c(HAc)/c^\ominus}$$

若弱酸 HAc 的初始浓度为 c_0，并且忽略水的解离，则平衡时：

$$c(HAc)=c_0-x$$

$$c(H_3O^+)=c(Ac^-)=x$$

$$K_a^\ominus(HAc)=\frac{x^2}{c_0-x} \tag{1}$$

在一定温度下，用酸度计可测定一系列已知浓度的 HAc 溶液的 pH。根据 $pH=-lg[c(H_3O^+)/c^\ominus]$，求出 $c(H_3O^+)/c^\ominus$，即 x，代入式(1)，可求出一系列的$K_a^\ominus(HAc)$，取其平均值，即为该温度下醋酸的解离常数。

仪器、药品及材料

仪器：pHS－3C 型（或其他型号）酸度计，容量瓶（50 mL，3 个，分别编为 1、2、3 号），烧杯（50 mL，4 个，分别编为 1、2、3、4 号），移液管（25 mL，1 支），吸量管（5 mL，1 支），洗耳球（1 个）。

药品：HAc 标准溶液（0. 1 $mol \cdot L^{-1}$，实验室标定浓度）。

材料：碎滤纸。

容量瓶的使用

实验步骤

1. 不同浓度 HAc 溶液的配制

(1) 向干燥的 4 号烧杯中倒入已知浓度的 HAc 溶液约 50 mL。

移液管的使用

(2) 用移液管(或吸量管)自 4 号烧杯中分别吸取 2.5 mL、5.0 mL、25 mL 已知浓度的 HAc 溶液,再分别放入 1、2、3 号容量瓶中,加去离子水至刻度,摇匀。

2. 不同浓度 HAc 溶液 pH 的测定

(1) 将上述 1、2、3 号容量瓶中的 HAc 溶液分别对号倒入干燥的 1、2、3 号烧杯中。

(2) 用酸度计按 1～4 号烧杯(HAc 溶液浓度由小到大)的顺序,依次测定 HAc 溶液的 pH,并记录实验数据(保留两位有效数字)。

数据记录与处理

温度_____℃　酸度计编号_____　HAc 标准溶液的浓度_____ $mol\cdot L^{-1}$

烧杯编号	$c(HAc)/(mol\cdot L^{-1})$	pH	$c(H_3O^+)/(mol\cdot L^{-1})$	$K_a^{\ominus}(HAc)$
1				
2				
3				
4				

由于实验误差实验测得的 4 个 $K_a^{\ominus}(HAc)$ 可能不完全相同,可用下列方法求 $\bar{K}_a^{\ominus}(HAc)$ 和标准偏差 s:

$$\bar{K}_a^{\ominus}(HAc)=\frac{\sum_{i=1}^{n}K_{ai}^{\ominus}(HAc)}{n}$$

$$s=\sqrt{\frac{\sum_{i=1}^{n}\left[K_{ai}^{\ominus}(HAc)-\bar{K}_a^{\ominus}(HAc)\right]^2}{n-1}}$$

思考题

1. 实验所用烧杯、移液管(或吸量管)各用哪种 HAc 溶液润冲? 容量瓶是否要用 HAc 溶液润冲? 为什么?

2. 用酸度计测定溶液的 pH 时,各用什么标准溶液定位?

3. 测定 HAc 溶液的 pH 时,为什么要按 HAc 溶液浓度由小到大的顺序测定?

4. 实验所测的 4 种 HAc 溶液的解离度各为多少? 由此可以得出什么结论?

（二）缓冲溶液法

实验目的

1. 利用测缓冲溶液 pH 的方法测定弱酸的 pK_a。
2. 学习移液管、容量瓶的使用方法，并练习配制溶液。

实验原理

在 HAc 和 NaAc 组成的缓冲溶液中，由于同离子效应，当达到解离平衡时，$c(\mathrm{HAc}) \approx c_0(\mathrm{HAc})$，$c(\mathrm{Ac^-}) \approx c_0(\mathrm{NaAc})$。酸性缓冲溶液 pH 的计算公式为

$$\mathrm{pH} = \mathrm{p}K_a^{\ominus}(\mathrm{HAc}) - \lg\frac{c(\mathrm{HAc})}{c(\mathrm{Ac^-})}$$

$$= \mathrm{p}K_a^{\ominus}(\mathrm{HAc}) - \lg\frac{c_0(\mathrm{HAc})}{c_0(\mathrm{NaAc})}$$

对于由相同浓度 HAc 和 NaAc 组成的缓冲溶液，则

$$\mathrm{pH} = \mathrm{p}K_a^{\ominus}(\mathrm{HAc})$$

本实验中，量取两份相同体积、相同浓度的 HAc 溶液，在其中一份中滴加 NaOH 溶液至恰好中和（以酚酞为指示剂），然后加入另一份 HAc 溶液，即得到等浓度的 HAc-NaAc 缓冲溶液，测其 pH 即可得到 p$K_a^{\ominus}$(HAc) 及 $K_a^{\ominus}$(HAc)。

仪器、药品及材料

仪器：pHS-3C 型（或其他型号）酸度计，玻璃电极，甘汞电极，烧杯（50 mL，4 个；100 mL，2 个），容量瓶（50 mL，3 个），移液管（25 mL），吸量管（10 mL），量筒（10 mL，25 mL）。

药品：HAc 溶液（0.10 $\mathrm{mol \cdot L^{-1}}$），NaOH 溶液（0.10 $\mathrm{mol \cdot L^{-1}}$），酚酞（1%）。

材料：碎滤纸。

实验步骤

1. 用酸度计测定等浓度的 HAc 和 NaAc 混合溶液的 pH

（1）配制不同浓度的 HAc 溶液　实验室备有标以编号的小烧杯和容量瓶。用 4 号烧杯盛已知浓度的 HAc 溶液。用 10 mL 吸量管从烧杯中分别吸取 5.00 mL、10.00 mL 0.10 $\mathrm{mol \cdot L^{-1}}$ HAc 溶液，然后分别放入 1 号、2 号容量瓶中，用 25 mL 移液管从烧杯中吸取 25.00 mL 0.10 $\mathrm{mol \cdot L^{-1}}$ HAc 溶液放入 3 号容量瓶中，三个容量瓶均加入去离子水至刻度，摇匀。

（2）制备等浓度的 HAc 和 NaAc 混合溶液　从 1 号容量瓶中用 10 mL 量筒取出 10 mL 已知

浓度的 HAc 溶液,倒入 1 号烧杯中,加入 1 滴酚酞,用滴管滴加 0.10 $mol \cdot L^{-1}$ NaOH 溶液①至酚酞变色,30 s 内不褪色为止。再从 1 号容量瓶中取出 10 mL HAc 溶液加入 1 号烧杯中,混合均匀,测定混合溶液的 pH。这一数值就是 HAc 的 $pK_a^{\ominus}$(为什么?)。

(3) 用 2 号、3 号容量瓶中的已知浓度的 HAc 溶液和实验室中准备的0.10 $mol \cdot L^{-1}$ HAc 溶液(作为 4 号溶液)重复上述实验,分别测定它们的 pH。

2. 上述所测的 4 个 $pK_a^{\ominus}(HAc)$,由于实验误差可能不完全相同,可用下列方法处理,求 $pK_a^{\ominus}(HAc)_{平均}$、误差 Δ_i 和标准偏差 s:

$$pK_a^{\ominus}(HAc)_{平均} = \frac{\sum_{i=1}^{n} pK_{ai}^{\ominus}(HAc)_{实验}}{n}$$

误差 Δ_i:

$$\Delta_i = pK_{ai}^{\ominus}(HAc)_{实验} - pK_a^{\ominus}(HAc)_{平均}$$

标准偏差 s:

$$s = \sqrt{\frac{\sum_{i=1}^{n} \Delta_i^2}{n-1}}$$

思考题

1. 更换待测溶液或洗涤电极时,酸度计的读数开关应处于松开还是按下状态?
2. 由测定等浓度的 HAc 和 NaAc 混合溶液的 pH 来确定 HAc 的 $pK_a^{\ominus}$ 的基本原理是什么?

(三) 电导率法

实验目的

1. 利用电导率法测定弱酸的解离常数。
2. 了解电导率仪的使用方法。

实验原理

一元弱酸或弱碱的解离常数 $K_a^{\ominus}$ 或 $K_b^{\ominus}$ 和解离度 α 具有一定关系。例如醋酸溶液:

$$HAc(aq) \rightleftharpoons H^+(aq) + Ac^-(aq)$$

	HAc(aq)	$H^+(aq)$	$Ac^-(aq)$
起始浓度	c	0	0
平衡时浓度	$c-c\alpha$	$c\alpha$	$c\alpha$

$$K_a^{\ominus}(HAc) = \frac{(c\alpha)^2}{c-c\alpha} = \frac{c\alpha^2}{1-\alpha} \tag{1}$$

① 为了便于计算所用 NaOH 溶液的体积,可先用 10 mL(或 25 mL)量筒盛一定体积的 0.10 $mol \cdot L^{-1}$ NaOH 溶液,再用干净的滴管从量筒中吸取溶液。

解离度可通过测定溶液的电导来求得，从而求得解离常数。

导体导电能力的大小，通常以电阻(R)或电导(G)表示。电导为电阻的倒数：

$$G=\frac{1}{R}$$

电阻的单位为 Ω，电导的单位是 S，1 S = 1 Ω^{-1}。

和金属导体一样，电解质溶液的电阻也符合欧姆定律。温度一定时，两极间溶液的电阻与两极间的距离 l 成正比，与电极面积 A 成反比。

$$R\propto\frac{l}{A}\quad 或\quad R=\rho\frac{l}{A}$$

ρ 称为电阻率，它的倒数称为电导率，以 κ 表示，$\kappa=\frac{1}{\rho}$，单位为 $S\cdot m^{-1}$。

将 $R=\rho\frac{l}{A}$，$\kappa=\frac{1}{\rho}$代入 $G=\frac{1}{R}$中，则可得

$$G=\kappa\frac{A}{l}\tag{2}$$

式中：κ 为电导率，表示在相距 1 m，面积为 1 m^2 的两个电极之间溶液的电导；在电导池中，所用的电极距离和面积是一定的，所以对某一电极来说，$\frac{A}{l}$为常数。

在一定温度下，同一电解质不同浓度的溶液的电导率与两个变量——溶解的电解质总量和溶液的解离度有关。如果把含 1 mol 电解质的溶液放在相距 1 m 的两个平行电极间，这时溶液无论怎样稀释，溶液的电导率只与电解质的解离度有关。在此条件下测得的电导率称为该电解质的摩尔电导率。如以 Λ_m 表示摩尔电导率，V 表示 1 mol 电解质溶液的体积(单位为 L)，c 表示溶液的物质的量浓度，κ 表示溶液的电导率，则

$$\Lambda_m=\kappa V=\kappa\frac{10^{-3}}{c}\tag{3}$$

对于弱电解质来说，在无限稀释时，可看作完全解离，这时溶液的摩尔电导率称为极限摩尔电导率(Λ_∞)。在一定温度下，弱电解质的极限摩尔电导率是一定的。表 6-5 列出无限稀释时 HAc 溶液的极限摩尔电导率 Λ_∞。

表 6-5 无限稀释时 HAc 溶液的极限摩尔电导率

温度/℃	0	18	25	30
$\Lambda_\infty/(S\cdot m^2\cdot mol^{-1})$	0.024 5	0.034 9	0.039 07	0.042 18

对于弱电解质来说，某浓度时的解离度等于该浓度时的摩尔电导率与极限摩尔电导率之比，即

$$\alpha=\frac{\Lambda_m}{\Lambda_\infty}\tag{4}$$

将式(4)代入式(1)，得

$$K_a^{\ominus}(\mathrm{HAc})=\frac{c\alpha^2}{1-\alpha}=\frac{c\Lambda_m^2}{\Lambda_\infty(\Lambda_\infty-\Lambda_m)} \tag{5}$$

这样,可以从实验测定浓度为 c 的 HAc 溶液的电导率 κ 后,代入式(3),计算出 Λ_m,将 Λ_m 的值代入式(5),即可计算出 $K_a^{\ominus}(\mathrm{HAc})$。

仪器、药品及材料

仪器:DDS-11A 型电导率仪,酸式滴定管(2 支),烧杯(50 mL,5 个),铁架台,蝶形夹。

药品:HAc 标准溶液(0.1 $\mathrm{mol\cdot L^{-1}}$,由实验室标定)。

材料:滤纸片。

实验步骤

1. 配制不同浓度的 HAc 溶液

将 5 个烘干的 50 mL 烧杯依次编为 1～5 号。在 1 号烧杯中,用滴定管准确放入 24.00 mL 已标定的 0.1 $\mathrm{mol\cdot L^{-1}}$ HAc 溶液。在 2 号烧杯中,用滴定管准确放入 12.00 mL 已标定的 0.1 $\mathrm{mol\cdot L^{-1}}$ HAc 溶液,再从另一支滴定管准确放入 12.00 mL 去离子水。用同样的方法,按照表 6-6 中的烧杯编号配制不同浓度的 HAc 溶液。

表 6-6 不同浓度 HAc 溶液的电导率

烧杯编号	$V(\mathrm{HAc})/\mathrm{mL}$	$V(\mathrm{H_2O})/\mathrm{mL}$	$c(\mathrm{HAc})/(\mathrm{mol\cdot L^{-1}})$	$\kappa/(\mathrm{S\cdot m^{-1}})$
1	24.00	0		
2	12.00	12.00		
3	6.00	18.00		
4	3.00	21.00		
5	1.50	22.50		

2. 测定不同浓度 HAc 溶液的电导率

电导率仪的使用

按照电导率仪的操作步骤(见第四章),由稀到浓依次测定 5～1 号溶液的电导率,将数据记录在表 6-6 中。

数据记录与处理

电极常数____________;室温____________℃;

在此温度下,查表得 HAc 的极限摩尔电导率 Λ_∞ =________ $\mathrm{S\cdot m^2\cdot mol^{-1}}$。

编号	1	2	3	4	5
$c(\mathrm{HAc})/(\mathrm{mol\cdot L^{-1}})$					
$\kappa/(\mathrm{S\cdot m^{-1}})$					

续表

$\Lambda_m=\frac{\kappa\cdot10^{-3}}{c}\Big/(S\cdot m^2\cdot mol^{-1})$					
$\alpha=\frac{\Lambda_m}{\Lambda_\infty}$					
$c\alpha^2$					
$1-\alpha$					
$K_a^\ominus(HAc)=\frac{c\alpha^2}{1-\alpha}$					

注：

(1) 若室温不同于表中所列温度，极限摩尔电导率 Λ_∞ 可用内插法求得。

(2) 电导率的单位为 $S\cdot m^{-1}$，而在 DDS-11A 型电导率仪上读出的 κ 的单位为 $\mu S\cdot cm^{-1}$，在计算时应进行换算。

思考题

1. 通过测定弱电解质溶液的电导率来测定其解离常数的原理是什么？
2. 在测定 HAc 溶液的电导率时，为什么按由稀到浓的顺序进行？

实验五 碘化铅溶度积常数的测定

实验目的

1. 了解用分光光度计测定溶度积常数的原理和方法。
2. 学习 721 型(或 722 型等)分光光度计的使用方法。

实验原理

碘化铅是难溶电解质,在其饱和溶液中存在下列沉淀-溶解平衡:

$$PbI_2(s) \rightleftharpoons Pb^{2+}(aq)+2I^-(aq)$$

PbI_2 的溶度积常数表达式为

$$K_{sp}^{\ominus}(PbI_2)=[c(Pb^{2+})/c^{\ominus}]\cdot[c(I^-)/c^{\ominus}]^2$$

在一定温度下,如果测定出 PbI_2 饱和溶液中的 $c(I^-)$ 和 $c(Pb^{2+})$,则可以求得 $K_{sp}^{\ominus}(PbI_2)$。

若将已知浓度的 $Pb(NO_3)_2$ 溶液和 KI 溶液按不同体积比混合,生成的 PbI_2 沉淀与溶液达到平衡,通过测定溶液中的 $c(I^-)$,再根据系统的初始组成及沉淀反应中 Pb^{2+} 与 I^- 的化学计量关系,可以计算出溶液中的 $c(Pb^{2+})$。由此可求得 PbI_2 的溶度积。

本实验采用分光光度法测定溶液中的 $c(I^-)$。尽管 I^- 是无色的,但可在酸性条件下用 KNO_2 将 I^- 氧化为 I_2(保持 I_2 浓度在其饱和浓度以下),I_2 在水溶液中呈棕黄色。用分光光度计在 525 nm 波长下测定由各饱和溶液配制的 I_2 溶液的吸光度 A,然后由标准吸收曲线查出 $c(I^-)$,则可计算出饱和溶液中的 $c(I^-)$。

仪器、药品及材料

仪器:721 型(或 722 型等)分光光度计,比色皿(2 cm,4 个),烧杯(50 mL,6 个),试管(12 mm×150 mm,6 支),吸量管(1 mL,3 支;5 mL,3 支;10 mL,1 支),漏斗(3 个)。

药品:HCl 溶液(6 $mol\cdot L^{-1}$),$Pb(NO_3)_2$ 溶液(0.015 $mol\cdot L^{-1}$),KI 溶液(0.035 $mol\cdot L^{-1}$,0.003 5 $mol\cdot L^{-1}$);KNO_2 溶液(0.020 $mol\cdot L^{-1}$)。

材料:滤纸,镜头纸,橡胶塞。

实验步骤

1. 绘制 $A-c(I^-)$ 标准曲线

在 5 支干燥的小试管中分别加入 1.00 mL、1.50 mL、2.00 mL、2.50 mL、3.00 mL 0.003 5 $mol\cdot L^{-1}$ KI 溶液,并加入去离子水使总体积为 4.0 mL,再向每支小试管中分别加入 2.00 mL 0.020 $mol\cdot L^{-1}$ KNO_2 溶液及 1 滴 6 $mol\cdot L^{-1}$ HCl 溶液。摇匀后,分别倒入比色皿中。以水

做参比溶液，在 525 nm 波长下测定吸光度 A。以吸光度 A 为纵坐标，以相应 I^- 浓度为横坐标，绘制出 $A-c(I^-)$ 标准曲线图。

注意，氧化后得到的 I_2 浓度应小于室温下 I_2 的溶解度。不同温度下 I_2 的溶解度见表 6-7。

表 6-7　不同温度下 I_2 的溶解度

温度/℃	20	30	40
溶解度/[g·(100 g H_2O)$^{-1}$]	0.029	0.056	0.078

2. 制备 PbI_2 饱和溶液

（1）取 3 支干净、干燥的大试管，分别按表 6-8 中的试剂用量，用吸量管依次加入 0.015 mol·L^{-1} $Pb(NO_3)_2$ 溶液、0.035 mol·L^{-1} KI 溶液、去离子水，使每个试管中溶液的总体积为 10.00 mL。

表 6-8　试剂用量

试管编号	$V[Pb(NO_3)_2]$/mL	$V(KI)$/mL	$V(H_2O)$/mL
1	5.00	3.00	2.00
2	5.00	4.00	1.00
3	5.00	5.00	0.00

（2）用橡胶塞塞紧试管，充分振摇试管，大约振摇 20 min 后，将试管静置 3～5 min。

（3）在装有干燥滤纸的干燥漏斗上，将制得的含有 PbI_2 固体的饱和溶液过滤，同时用干燥的试管接取滤液。弃去沉淀，保留滤液。

（4）在 3 支干燥小试管中，用吸量管分别注入 1 号、2 号、3 号 PbI_2 的饱和溶液 2.00 mL，再分别注入 2.00 mL 0.020 mol·L^{-1} KNO_2 溶液、2.00 mL 去离子水和 1 滴 6 mol·L^{-1} HCl 溶液。摇匀后，分别倒入 2 cm 比色皿中，以水为参比溶液，在 525 nm 波长下测定溶液的吸光度。

数据记录与处理

试管编号	1	2	3
$V[Pb(NO_3)_2]$/mL			
$V(KI)$/mL			
$V(H_2O)$/mL			
$V_{总}$/mL			
稀释后溶液的吸光度 A			
由标准曲线查得 $c(I^-)$/(mol·L^{-1})			
平衡时 $c(I^-)$/(mol·L^{-1})			
平衡时溶液中 $n(I^-)$/mol			
初始 $n(Pb^{2+})$/mol			

续表

初始 $n(I^-)$/mol			
沉淀中 $n(I^-)$/mol			
沉淀中 $n(Pb^{2+})$/mol			
平衡时溶液中 $n(Pb^{2+})$/mol			
平衡时 $c(Pb^{2+})/(mol\cdot L^{-1})$			
$K_{sp}^{\ominus}(PbI_2)$			

注：由于饱和溶液中 K^+、NO_3^- 浓度不同，影响 PbI_2 的溶解度，所以实验中为保证溶液中离子强度一致，各种溶液都应以 0.020 $mol\cdot L^{-1}$ KNO_3 溶液为介质配制，但测得的 $K_{sp}^{\ominus}(PbI_2)$ 比在水中的大。本实验未考虑离子强度的影响。

思考题

1. 配制 PbI_2 饱和溶液时为什么要充分振摇？
2. 如果使用湿的小试管配制比色溶液，对实验结果将产生什么影响？

实验六　银氨配离子配位数及稳定常数的测定

实验目的

应用配位平衡和溶度积规则测定$[Ag(NH_3)_n]^+$的配位数 n 及其稳定常数 $K_f^{\ominus}$。

实验原理

在硝酸银溶液中加入过量氨水,生成稳定的$[Ag(NH_3)_n]^+$:

$$Ag^+(aq)+nNH_3(aq) \rightleftharpoons [Ag(NH_3)_n]^+(aq) \tag{a}$$

$$K_f^{\ominus}([Ag(NH_3)_n]^+)=\frac{c([Ag(NH_3)_n]^+)/c^{\ominus}}{[c(Ag^+)/c^{\ominus}][c(NH_3)/c^{\ominus}]^n} \tag{1}$$

再往溶液中逐滴加入溴化钾溶液,直到开始有淡黄色的 AgBr 沉淀出现为止:

$$Ag^+(aq)+Br^-(aq) \rightleftharpoons AgBr(s) \tag{b}$$

$$K_{sp}^{\ominus}(AgBr)=[c(Ag^+)/c^{\ominus}][c(Br^-)/c^{\ominus}] \tag{2}$$

反应(b)-反应(a)得

$$[Ag(NH_3)_n]^+(aq)+Br^-(aq) \rightleftharpoons AgBr(s)+nNH_3(aq) \tag{c}$$

$$K^{\ominus}=\frac{[c(NH_3)/c^{\ominus}]^n}{[c([Ag(NH_3)_n]^+)/c^{\ominus}][c(Br^-)/c^{\ominus}]}$$

$$=\frac{1}{K_f^{\ominus}([Ag(NH_3)_n]^+)K_{sp}^{\ominus}(AgBr)} \tag{3}$$

式(3)中的$c([Ag(NH_3)_n]^+)$,$c(Br^-)$和$c(NH_3)$均为平衡浓度,它们可以通过下述近似计算求得:

设在氨水大为过量的条件下,系统中只生成单核配离子$[Ag(NH_3)_n]^+$和 AgBr 沉淀,没有其他副反应发生。每份混合溶液中最初取的 $AgNO_3$ 溶液的体积 $V(Ag^+)$均相同,浓度为 $c_0(Ag^+)$;每份加入的氨水(大大过量)和 KBr 溶液的体积分别为 $V(NH_3)$和 $V(Br^-)$,其浓度分别为 $c_0(NH_3)$和 $c_0(Br^-)$;混合溶液的总体积为 $V_{总}$。混合后达到平衡时:

$$c([Ag(NH_3)_n]^+)=\frac{c_0(Ag^+)\cdot V(Ag^+)}{V_{总}} \tag{4}$$

$$c(Br^-)=\frac{c_0(Br^-)\cdot V(Br^-)}{V_{总}} \tag{5}$$

$$c(NH_3)=\frac{c_0(NH_3)\cdot V(NH_3)}{V_{总}} \tag{6}$$

将式(4)、式(5)、式(6)代入式(3),经整理后得

$$V(Br^-)=\frac{K_{sp}^{\ominus}(AgBr)K_f^{\ominus}([Ag(NH_3)_n]^+)\left[\frac{c_0(NH_3)}{c^{\ominus}V_{总}}\right]^n[V(NH_3)]^n}{\frac{c_0(Ag^+)V(Ag^+)}{c^{\ominus}V_{总}}\cdot\frac{c_0(Br^-)}{c^{\ominus}V_{总}}} \tag{7}$$

式(7)等号右边除$[V(NH_3)]^n$外,其余皆为常数或已知量,故式(7)可改写为

$$V(Br^-)=K'\cdot[V(NH_3)]^n \tag{8}$$

将式(8)两边取对数得直线方程:

$$\lg\{V(Br^-)\}=n\lg\{V(NH_3)\}+\lg\{K'\} \tag{9}$$

以$\lg\{V(Br^-)\}$为纵坐标,$\lg\{V(NH_3)\}$为横坐标作图,求出该直线的斜率n,即得$[Ag(NH_3)_n]^+$的配位数n。由直线在$\lg\{V(Br^-)\}$轴上的截距$\lg\{K'\}$,求出K',并利用式(7)求得$K_f^{\ominus}([Ag(NH_3)_n]^+)$。

仪器及药品

仪器:锥形瓶(125 mL,7个),量筒(10 mL,2个;25 mL,1个),酸式滴定管(25 mL,1支),铁架台(1个),万用夹(1个)。

药品:$NH_3\cdot H_2O$(2 $mol\cdot L^{-1}$),$AgNO_3$溶液(0.010 $mol\cdot L^{-1}$),KBr溶液(0.010 $mol\cdot L^{-1}$)。

实验步骤

按表6-9中各实验编号所列体积,分别依次加入0.010 $mol\cdot L^{-1}$ $AgNO_3$溶液,2 $mol\cdot L^{-1}$ $NH_3\cdot H_2O$及去离子水于各锥形瓶中,然后在不断振荡下从滴定管中逐滴加入0.010 $mol\cdot L^{-1}$ KBr溶液,直到溶液中刚开始出现浑浊并不再消失为止。记下所消耗的KBr溶液的体积$V(Br^-)$和溶液的总体积$V_{总}$。从第2号实验开始,当滴定接近终点时,还要加适量去离子水,继续滴定至终点,使溶液的总体积都与编号1的总体积基本相同。

滴定管的使用

以$\lg\{V(Br^-)\}$为纵坐标,$\lg\{V(NH_3)\}$为横坐标作图求直线的斜率n;由直线在纵坐标轴上的截距$\lg\{K'\}$求K',并利用式(7)求出$K_f^{\ominus}([Ag(NH_3)_n]^+)$[已知25 ℃时,$K_{sp}^{\ominus}(AgBr)=5.3\times10^{-13}$]。

表6-9 记录和结果

实验编号	$V(Ag^+)$/mL	$V(NH_3)$/mL	$V(Br^-)$/mL	$V(H_2O)$/mL	$V_{总}$/mL	$\lg\{V(NH_3)\}$	$\lg\{V(Br^-)\}$
1	4	8		8			
2	4	7		9+			
3	4	6		10+			
4	4	5		11+			
5	4	4		12+			

续表

实验编号	$V(Ag^+)$/mL	$V(NH_3)$/mL	$V(Br^-)$/mL	$V(H_2O)$/mL	$V_{总}$/mL	$\lg\{V(NH_3)\}$	$\lg\{V(Br^-)\}$
6	4	3		13+			
7	4	2		14+			

思考题

1. 由 $K_f^{\ominus}$ 和初始浓度求出 $c(Ag^+)$,$c(NH_3)$,$c([Ag(NH_3)_n]^+)$,并进而求 $K^{\ominus}$。
2. $AgNO_3$ 溶液为什么要放在棕色瓶中?还有哪些试剂应放在棕色瓶中?

实验七 分光光度法测定$[Ti(H_2O)_6]^{3+}$的分裂能

实验目的

1. 了解配位化合物(简称配合物)的吸收光谱。
2. 了解用分光光度法测定配合物分裂能的原理和方法。
3. 学习 721 型(或 V5000 型)分光光度计的使用方法。

实验原理

配离子$[Ti(H_2O)_6]^{3+}$的中心离子$Ti^{3+}(3d^1)$仅有一个 3d 电子,在基态时,这个电子处于能量较低的 t_{2g}轨道,当它吸收一定波长的可见光的能量时,就会在分裂的 d 轨道之间跃迁(称为 d-d 跃迁),即由 t_{2g}轨道跃迁到 e_g 轨道。

3d 电子所吸收光子的能量应等于 e_g 轨道和 t_{2g}轨道之间的能量差($E_{e_g}-E_{t_{2g}}$),亦即和$[Ti(H_2O)_6]^{3+}$的分裂能 Δ_o 相等:

$$E_{光}=h\nu=E_{e_g}-E_{t_{2g}}=\Delta_o$$

因为

$$h\nu=\frac{hc}{\lambda}=hc\sigma$$

(式中,σ 称为波数。)

所以

$$\sigma=\frac{\Delta_o}{hc}$$

而

$$\begin{aligned}hc&=6.626\times10^{-34}\ J\cdot s\times2.998\times10^{10}\ cm\cdot s^{-1}\\&=(6.626\times10^{-34}\times2.998\times10^{10})\ J\cdot cm\\&=6.626\times10^{-34}\times2.998\times10^{10}\times5.034\times10^{22}\\&=1\qquad\qquad(1\ J=5.034\times10^{22}\ cm^{-1})\end{aligned}$$

所以

$$\sigma=\Delta_o$$

$$\Delta_o=\sigma=\left(\frac{1}{\lambda/nm}\times10^7\right)\ cm^{-1}\quad(\lambda\ 的单位为\ nm)$$

λ 可以通过吸收光谱求得:选取一定浓度的$[Ti(H_2O)_6]^{3+}$溶液,用分光光度计测出在不同波长 λ 下的吸光度 A,以 A 为纵坐标,λ 为横坐标作图可得吸收曲线。曲线最高峰所对应的 λ_{max}为$[Ti(H_2O)_6]^{3+}$的最大吸收波长,所以

$$\Delta_o=\sigma=\left(\frac{1}{\lambda_{max}/nm}\times10^7\right)\ cm^{-1}\quad(\lambda_{max}的单位为\ nm)$$

仪器及药品

仪器:721 型(或 V5000 型)分光光度计(1 台),烧杯(50 mL,1 个),移液管(5 mL,1 支),洗耳球(1 个),容量瓶(50 mL,1 个)。

药品:$TiCl_3$ 溶液(15%～20%,AR)。

移液管的使用

实验步骤

1. 溶液配制　用吸量管取 5 mL 15%～20% $TiCl_3$ 溶液于 50 mL 容量瓶中,加去离子水稀释至刻度。

2. 吸光度 A 的测定　以去离子水为参比液,用分光光度计在波长 460～550 nm 内,每隔 10 nm 测一次$[Ti(H_2O)_6]^{3+}$的吸光度 A,在接近峰值附近,每隔 5 nm 测一次数据。

容量瓶的使用

数据记录与处理

1. 测定记录

λ/nm	A	λ/nm	A
460		505	
470		510	
480		520	
490		530	
495		540	
500		550	

2. 作图

以 A 为纵坐标,λ 为横坐标作$[Ti(H_2O)_6]^{3+}$的吸收曲线。

3. 计算 Δ_o

在吸收曲线上找出最高峰所对应的波长 λ_{max},计算$[Ti(H_2O)_6]^{3+}$的分裂能 Δ_o = ________ cm^{-1}。

注:

(1) 所有盛过钛盐溶液的容器,实验后应洗净。

(2) 由于 Cl^- 有一定的配位作用,会影响$[Ti(H_2O)_6]^{3+}$的实验结果,如以 $Ti(NO_3)_3$ 代替 $TiCl_3$,由于 NO_3^- 的配位作用极弱,会得到较好的实验结果。

思考题

1. 使用分光光度计有哪些注意事项?

2. Δ_o 的单位通常是什么?

第七章　化学反应原理与物质结构基础

实验八　酸碱反应与缓冲溶液

实验目的

1. 进一步理解和巩固酸碱反应的有关概念和原理（如同离子效应、盐类的水解及其影响因素）。

2. 学习试管实验的一些基本操作。

3. 学习缓冲溶液的配制及其 pH 的测定，了解缓冲溶液的缓冲性能。

4. 进一步熟悉酸度计的使用方法。

实验原理

1. 同离子效应

强电解质在水中全部解离。弱电解质在水中部分解离。在一定温度下，弱酸、弱碱的解离平衡如下：

$$HA(aq)+H_2O(l) \rightleftharpoons H_3O^+(aq)+A^-(aq)$$

$$B(aq)+H_2O(l) \rightleftharpoons BH^+(aq)+OH^-(aq)$$

在弱电解质溶液中，加入与弱电解质含有相同离子的强电解质，解离平衡向生成弱电解质的方向移动，使弱电解质的解离度下降。这种现象称为同离子效应。

2. 盐的水解

强酸强碱盐在水中不水解。强酸弱碱盐（如 NH_4Cl）水解，溶液显酸性；强碱弱酸盐（如 NaAc）水解，溶液显碱性；弱酸弱碱盐（如 NH_4Ac）水解，溶液的酸碱性取决于相应弱酸弱碱的相对强弱。例如：

$$Ac^-(aq)+H_2O(l) \rightleftharpoons HAc(aq)+OH^-(aq)$$

$$NH_4^+(aq)+H_2O(l) \rightleftharpoons NH_3 \cdot H_2O(aq)+H^+(aq)$$

$$NH_4^+(aq)+Ac^-(aq)+H_2O(l) \rightleftharpoons NH_3 \cdot H_2O(aq)+HAc(aq)$$

水解反应是酸碱中和反应的逆反应。中和反应是放热反应，水解反应是吸热反应，因此，升高温度有利于盐类的水解。

3. 缓冲溶液

由弱酸（或弱碱）与弱酸（或弱碱）盐（如 HAc-NaAc，$NH_3 \cdot H_2O-NH_4Cl$，$H_3PO_4-NaH_2PO_4$，$NaH_2PO_4-Na_2HPO_4$，$Na_2HPO_4-Na_3PO_4$ 等）组成的溶液，具有保持溶液 pH 相对稳定的性质，这类溶液称为缓冲溶液。

由弱酸-弱酸盐组成的缓冲溶液的 pH 可由式(1)来计算：

$$\mathrm{pH} = \mathrm{p}K_a^{\ominus}(\mathrm{HA}) - \lg \frac{c(\mathrm{HA})}{c(\mathrm{A}^-)} \tag{1}$$

由弱碱-弱碱盐组成的缓冲溶液的 pH 可由式(2)来计算：

$$\mathrm{pH} = 14 - \mathrm{p}K_b^{\ominus}(\mathrm{B}) + \lg \frac{c(\mathrm{B})}{c(\mathrm{BH}^+)} \tag{2}$$

缓冲溶液的 pH 可以用 pH 试纸或酸度计来测定。

缓冲溶液的缓冲能力与组成缓冲溶液的弱酸（或弱碱）及其共轭碱（或酸）的浓度有关，当弱酸（或弱碱）与它的共轭碱（或酸）浓度较大时，其缓冲能力较强。此外，缓冲能力还与 $c(\mathrm{HA})/c(\mathrm{A}^-)$ 或 $c(\mathrm{B})/c(\mathrm{BH}^+)$ 有关，当比值接近 1 时，其缓冲能力最强。此比值通常选在 0.1～10 之间。

仪器、药品及材料

仪器：pHS-3C 型（或其他型号）酸度计，量筒（10 mL，5 个），烧杯（50 mL，4 个），点滴板，试管，试管架，石棉网，煤气灯。

药品：HCl 溶液（0.1 $mol \cdot L^{-1}$，2 $mol \cdot L^{-1}$），HAc 溶液（0.1 $mol \cdot L^{-1}$，1 $mol \cdot L^{-1}$），NaOH 溶液（0.1 $mol \cdot L^{-1}$），$NH_3 \cdot H_2O$（0.1 $mol \cdot L^{-1}$，1 $mol \cdot L^{-1}$），NaCl 溶液（0.1 $mol \cdot L^{-1}$），Na_2CO_3 溶液（0.1 $mol \cdot L^{-1}$），NH_4Cl 溶液（0.1 $mol \cdot L^{-1}$，1 $mol \cdot L^{-1}$），NaAc 溶液（1 $mol \cdot L^{-1}$），$NH_4Ac(s)$，$BiCl_3$ 溶液（0.1 $mol \cdot L^{-1}$），$CrCl_3$ 溶液（0.1 $mol \cdot L^{-1}$），$Fe(NO_3)_3$ 溶液（0.5 $mol \cdot L^{-1}$），酚酞，甲基橙，未知液 A，B，C，D。

材料：pH 试纸。

实验步骤

1. 同离子效应

试管操作

（1）分别用 pH 试纸、酚酞测定和检查 0.1 $mol \cdot L^{-1}$ $NH_3 \cdot H_2O$ 的 pH 及其酸碱性；再加入少量 $NH_4Ac(s)$，观察现象，写出反应方程式，并简要解释之。

（2）用 0.1 $mol \cdot L^{-1}$ HAc 溶液代替 0.1 $mol \cdot L^{-1}$ $NH_3 \cdot H_2O$，用甲基橙代替酚酞，重复实验(1)。

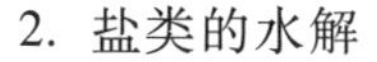
2. 盐类的水解

酸度计的使用

（1）A，B，C，D 是四种失去标签的盐溶液，只知它们分别是 0.1 $mol \cdot L^{-1}$的 NaCl，NaAc，NH_4Cl，Na_2CO_3 溶液中的一种，试通过测定其 pH 并结合理论计算确定 A，B，C，D 各为何物。

（2）在常温和加热情况下试验 0.5 $mol \cdot L^{-1}$ $Fe(NO_3)_3$ 溶液的水解情况，观察现象。

（3）在 3 mL H_2O 中加入 1 滴 0.1 mol·L^{-1} $BiCl_3$ 溶液，观察现象。再滴加2 mol·L^{-1} HCl 溶液，观察有何变化，写出离子方程式。

（4）在试管中加入 2 滴 0.1 mol·L^{-1} $CrCl_3$ 溶液和 3 滴 0.1 mol·L^{-1} Na_2CO_3 溶液，观察现象，写出反应方程式。

3. 缓冲溶液

（1）按表 7-1 中列出的试剂用量配制 4 种缓冲溶液，并用酸度计分别测定其 pH，与计算值进行比较。

表 7-1 几种缓冲溶液的 pH

编号	配制缓冲溶液（用不同编号量筒量取）	pH 计算值	pH 测定值
1	10.0 mL 1 mol·L^{-1} HAc 溶液-10.0 mL 1 mol·L^{-1} NaAc 溶液		
2	10.0 mL 0.1 mol·L^{-1} HAc 溶液-10.0 mL 1 mol·L^{-1} NaAc 溶液		
3	10.0 mL 0.1 mol·L^{-1} HAc 溶液中加入 2 滴酚酞，滴加 0.1 mol·L^{-1} NaOH 溶液至酚酞变红，30 s 不消失，再加入 10.0 mL 0.1 mol·L^{-1} HAc 溶液		
4	10.0 mL 1 mol·L^{-1} $NH_3·H_2O$-10.0 mL 1 mol·L^{-1} NH_4Cl 溶液		

（2）在 1 号缓冲溶液中加入 0.5 mL（约 10 滴）0.1 mol·L^{-1} HCl 溶液，摇匀，用酸度计测其 pH；再加入 1 mL（约 20 滴）0.1 mol·L^{-1} NaOH 溶液，摇匀，测定其 pH，并与计算值比较。

思考题

1. 如何配制 $SnCl_2$ 溶液、$SbCl_3$ 溶液和 $Bi(NO_3)_3$ 溶液？写出它们水解反应的离子方程式。
2. 影响盐类水解的因素有哪些？
3. 缓冲溶液的 pH 由哪些因素决定？其中主要的决定因素是什么？

实验九 配合物与沉淀-溶解平衡

实验目的

1. 加深理解配合物的组成和稳定性，了解配合物形成时的特征。
2. 加深理解沉淀-溶解平衡和溶度积的概念，掌握溶度积规则及其应用。
3. 初步学习利用沉淀反应和配位溶解的方法分离常见混合阳离子。
4. 学习电动离心机的使用和固-液分离操作。

实验原理

1. 配合物与配位平衡

配合物是由形成体（又称为中心离子或中心原子）与一定数目的配体（负离子或中性分子）以配位键结合而形成的一类复杂化合物，是路易斯（Lewis）酸和路易斯（Lewis）碱的加合物。配合物的内层与外层之间以离子键结合，在水溶液中完全解离。配位个体在水溶液中分步解离，其行为类似于弱电解质。在一定条件下，中心离子、配体和配位个体间达到配位平衡，例如：

$$Cu^{2+}+4NH_3 \rightleftharpoons [Cu(NH_3)_4]^{2+}$$

相应反应的标准平衡常数 $K_f^\ominus$ 称为配合物的稳定常数。对于相同类型的配合物，$K_f^\ominus$ 数值越大，配合物就越稳定。

在水溶液中，配合物的生成反应主要有配体的取代反应和加合反应，例如：

$$[Fe(NCS)_n]^{3-n}+6F^- \rightleftharpoons [FeF_6]^{3-}+nSCN^-$$

$$HgI_2(s)+2I^- \rightleftharpoons [HgI_4]^{2-}$$

配合物形成时往往伴随溶液颜色、酸碱性（即 pH）、难溶电解质溶解度、中心离子氧化还原性的改变等特征。

2. 沉淀-溶解平衡

在含有难溶强电解质晶体的饱和溶液中，难溶强电解质与溶液中相应离子间的多相离子平衡，称为沉淀-溶解平衡。用通式表示如下：

$$A_mB_n(s) \rightleftharpoons mA^{n+}(aq)+nB^{m-}(aq)$$

其溶度积常数为

$$K_{sp}^\ominus(A_mB_n)=[c(A^{n+})/c^\ominus]^m[c(B^{m-})/c^\ominus]^n$$

沉淀的生成和溶解可以根据溶度积规则来判断：

$J>K_{sp}^\ominus$，有沉淀析出，平衡向左移动；

$J=K_{sp}^\ominus$，处于平衡状态，溶液为饱和溶液；

$J<K_{sp}^\ominus$，无沉淀析出，或平衡向右移动，原来的沉淀溶解。

溶液 pH 的改变、配合物的形成或氧化还原反应的发生，往往会引起难溶电解质溶解度的改变。

对于相同类型的难溶电解质，可以根据其 $K_{sp}^{\ominus}$ 的相对大小判断沉淀的先后顺序。对于不同类型的难溶电解质，则要根据计算所需沉淀试剂浓度的大小来判断沉淀的先后顺序。

两种沉淀间相互转化的难易程度要根据沉淀转化反应的标准平衡常数确定。

利用沉淀反应和配位溶解可以分离溶液中的某些离子。

仪器、药品及材料

仪器：点滴板，试管，试管架，石棉网，煤气灯，电动离心机。

药品：HCl 溶液（2 $mol\cdot L^{-1}$，6 $mol\cdot L^{-1}$），H_2SO_4 溶液（2 $mol\cdot L^{-1}$），HNO_3 溶液（6 $mol\cdot L^{-1}$），H_2O_2 溶液（3%），NaOH 溶液（2 $mol\cdot L^{-1}$），$NH_3\cdot H_2O$（2 $mol\cdot L^{-1}$，6 $mol\cdot L^{-1}$），KBr 溶液（0.1 $mol\cdot L^{-1}$），KI 溶液（0.02 $mol\cdot L^{-1}$，0.1 $mol\cdot L^{-1}$，2 $mol\cdot L^{-1}$），K_2CrO_4 溶液（0.1 $mol\cdot L^{-1}$），KSCN 溶液（0.1 $mol\cdot L^{-1}$），NaF 溶液（0.1 $mol\cdot L^{-1}$），NaCl 溶液（0.1 $mol\cdot L^{-1}$），Na_2S 溶液（0.1 $mol\cdot L^{-1}$），$NaNO_3$(s)，Na_2H_2Y 溶液（0.1 $mol\cdot L^{-1}$），$Na_2S_2O_3$溶液（0.1 $mol\cdot L^{-1}$），NH_4Cl 溶液（1 $mol\cdot L^{-1}$），$MgCl_2$溶液（0.1 $mol\cdot L^{-1}$），$CaCl_2$ 溶液（0.1 $mol\cdot L^{-1}$），$Ba(NO_3)_2$ 溶液（0.1 $mol\cdot L^{-1}$），$Al(NO_3)_3$溶液（0.1 $mol\cdot L^{-1}$），$Pb(NO_3)_2$ 溶液（0.1 $mol\cdot L^{-1}$），$Pb(Ac)_2$ 溶液（0.01 $mol\cdot L^{-1}$），$CoCl_2$ 溶液（0.1 $mol\cdot L^{-1}$），$FeCl_3$ 溶液（0.1 $mol\cdot L^{-1}$），$Fe(NO_3)_3$溶液（0.1 $mol\cdot L^{-1}$），$AgNO_3$ 溶液（0.1 $mol\cdot L^{-1}$），$Zn(NO_3)_2$ 溶液（0.1 $mol\cdot L^{-1}$），$NiSO_4$ 溶液（0.1 $mol\cdot L^{-1}$），$NH_4Fe(SO_4)_2$ 溶液（0.1 $mol\cdot L^{-1}$），$K_3[Fe(CN)_6]$溶液（0.1 $mol\cdot L^{-1}$），$BaCl_2$ 溶液（0.1 $mol\cdot L^{-1}$），$CuSO_4$ 溶液（0.1 $mol\cdot L^{-1}$），丁二酮肟试剂。

材料：pH 试纸。

实验步骤

试管操作

1. 配合物的形成与颜色变化

（1）在 2 滴 0.1 $mol\cdot L^{-1}$ $FeCl_3$ 溶液中，加 1 滴 0.1 $mol\cdot L^{-1}$ KSCN 溶液，观察现象。再加入几滴 0.1 $mol\cdot L^{-1}$ NaF 溶液，观察有什么变化。写出反应方程式。

（2）在 0.1 $mol\cdot L^{-1}$ $K_3[Fe(CN)_6]$溶液和 0.1 $mol\cdot L^{-1}$ $NH_4Fe(SO_4)_2$ 溶液中分别滴加 0.1 $mol\cdot L^{-1}$ KSCN 溶液，观察现象。

（3）在 0.1 $mol\cdot L^{-1}$ $CuSO_4$ 溶液中滴加 6 $mol\cdot L^{-1}$ $NH_3\cdot H_2O$ 至过量，然后将溶液分为两份，分别加入 2 $mol\cdot L^{-1}$ NaOH 溶液和 0.1 $mol\cdot L^{-1}$ $BaCl_2$ 溶液，观察现象，写出有关的反应方程式。

（4）在 2 滴 0.1 $mol\cdot L^{-1}$ $NiSO_4$ 溶液中，逐滴加入 6 $mol\cdot L^{-1}$ $NH_3\cdot H_2O$，观察现象。然后再加入 2 滴丁二酮肟试剂，观察生成物的颜色和状态。

2. 配合物形成时难溶物溶解度的改变

在 3 支试管中分别加入 3 滴 0.1 $mol\cdot L^{-1}$ NaCl 溶液，3 滴 0.1 $mol\cdot L^{-1}$ KBr 溶液，3 滴 0.1 $mol\cdot L^{-1}$ KI 溶液，再各加入 3 滴 0.1 $mol\cdot L^{-1}$ $AgNO_3$ 溶液，观察沉淀的颜色。离心分离，弃去清液。在沉淀中再依次分别加入 2 $mol\cdot L^{-1}$ $NH_3\cdot H_2O$，0.1 $mol\cdot L^{-1}$ $Na_2S_2O_3$ 溶液，2 $mol\cdot L^{-1}$ KI 溶液，振荡试管，观察沉淀的溶解。写出反应方程式。

3. 配合物形成时溶液 pH 的改变

离心机的使用

取一条完整的 pH 试纸，在它的一端滴上半滴 0.1 $mol \cdot L^{-1}$ $CaCl_2$ 溶液，记下被 $CaCl_2$ 溶液浸润处的 pH，待 $CaCl_2$ 溶液不再扩散时，在距离 $CaCl_2$ 溶液扩散边缘 0.5～1.0 cm 的干试纸处，滴上半滴 0.1 $mol \cdot L^{-1}$ Na_2H_2Y 溶液，待 Na_2H_2Y 溶液扩散到 $CaCl_2$ 溶液区形成重叠时，记下重叠与未重叠处的 pH。说明 pH 变化的原因，写出反应方程式。

4. 配合物形成时中心离子氧化还原性的改变

（1）在 0.1 $mol \cdot L^{-1}$ $CoCl_2$ 溶液中滴加 3% H_2O_2 溶液，观察现象。

（2）在 0.1 $mol \cdot L^{-1}$ $CoCl_2$ 溶液中加入几滴 1 $mol \cdot L^{-1}$ NH_4Cl 溶液，再滴加6 $mol \cdot L^{-1}$ $NH_3 \cdot H_2O$，观察现象。然后滴加 3% H_2O_2 溶液，观察溶液颜色的变化。写出有关的反应方程式。

由上述(1)和(2)两个实验可以得出什么结论？

5. 沉淀的生成与溶解

（1）在 3 支试管中各加入 2 滴 0.01 $mol \cdot L^{-1}$ $Pb(Ac)_2$ 溶液和 2 滴 0.02 $mol \cdot L^{-1}$ KI 溶液，振荡试管，观察现象。在第 1 支试管中加入 5 mL 去离子水，振荡试管，观察现象；在第 2 支试管中加入少量 $NaNO_3(s)$，振荡试管，观察现象；第 3 支试管中加入过量的 2 $mol \cdot L^{-1}$ KI 溶液，观察现象，分别解释之。

（2）在 2 支试管中各加入 1 滴 0.1 $mol \cdot L^{-1}$ Na_2S 溶液和 1 滴 0.1 $mol \cdot L^{-1}$ $Pb(NO_3)_2$ 溶液，观察现象。在其中 1 支试管中加入 6 $mol \cdot L^{-1}$ HCl 溶液，另 1 支试管中加入6 $mol \cdot L^{-1}$ HNO_3 溶液，振荡试管，观察现象。写出反应方程式。

（3）在 2 支试管中各加入 5 滴 0.1 $mol \cdot L^{-1}$ $MgCl_2$ 溶液和数滴 2 $mol \cdot L^{-1}$ $NH_3 \cdot H_2O$ 至沉淀生成。在其中 1 支试管中加入几滴 2 $mol \cdot L^{-1}$ HCl 溶液，观察沉淀是否溶解；在另 1 支试管中加入数滴 1 $mol \cdot L^{-1}$ NH_4Cl 溶液，观察沉淀是否溶解。写出有关反应方程式，并解释每步实验现象。

6. 分步沉淀

（1）在试管中加入 1 滴 0.1 $mol \cdot L^{-1}$ Na_2S 溶液和 1 滴 0.1 $mol \cdot L^{-1}$ K_2CrO_4 溶液，用去离子水稀释至 5 mL，摇匀。先加入 1 滴 0.1 $mol \cdot L^{-1}$ $Pb(NO_3)_2$ 溶液，摇匀，观察沉淀的颜色，离心分离；然后再向清液中继续滴加 $Pb(NO_3)_2$ 溶液，观察此时生成沉淀的颜色。写出反应方程式，并说明判断两种沉淀先后析出的理由。

（2）在试管中加入 2 滴 0.1 $mol \cdot L^{-1}$ $AgNO_3$ 溶液和 1 滴 0.1 $mol \cdot L^{-1}$ $Pb(NO_3)_2$ 溶液，用去离子水稀释至 5 mL，摇匀。逐滴加入 0.1 $mol \cdot L^{-1}$ K_2CrO_4 溶液（注意，每加 1 滴，都要充分振荡试管），观察现象。写出反应方程式，并解释之。

7. 沉淀的转化

在 6 滴 0.1 $mol \cdot L^{-1}$ $AgNO_3$ 溶液中加 3 滴 0.1 $mol \cdot L^{-1}$ K_2CrO_4 溶液，观察现象。再逐滴加入 0.1 $mol \cdot L^{-1}$ NaCl 溶液，充分振荡，观察有何变化。写出反应方程式，并计算沉淀转化反应的标准平衡常数 $K^{\ominus}$。

8. 沉淀-配位溶解法分离混合阳离子

(1) 某溶液中含有 Ba^{2+}, Al^{3+}, Fe^{3+}, Ag^{+} 等离子,试设计方法分离之。写出有关的反应方程式。

$$\left\{\begin{array}{l} Ba^{2+} \\ Al^{3+} \\ Fe^{3+} \\ Ag^{+} \end{array}\right. \xrightarrow{\text{HCl(稀)}} \left[\begin{array}{l} \left.\begin{array}{l} Ba^{2+} \\ Al^{3+} \\ Fe^{3+} \end{array}\right\}(aq) \\ AgCl(s) \end{array}\right. \xrightarrow{H_2SO_4\text{(稀)}} \left[\begin{array}{l} \_\_\_\_\_\_(aq) \longrightarrow \left[\begin{array}{l} \_\_\_\_\_\_(aq) \\ \_\_\_\_\_\_(s) \end{array}\right. \\ \_\_\_\_\_\_(s) \end{array}\right.$$

(2) 某溶液中含有 Ba^{2+}, Pb^{2+}, Fe^{3+}, Zn^{2+} 等离子,自己设计方法分离之。图示分离步骤,写出有关的反应方程式。

思考题

1. 比较 $[FeCl_4]^-$, $[Fe(NCS)_6]^{3-}$ 和 $[FeF_6]^{3-}$ 的稳定性。
2. 比较 $[Ag(NH_3)_2]^+$, $[Ag(S_2O_3)_2]^{3-}$ 和 $[AgI_2]^-$ 的稳定性。
3. 试计算 0.1 $mol \cdot L^{-1}$ Na_2H_2Y 溶液的 pH。
4. 如何正确地使用电动离心机?

实验十　氧化还原反应

实验目的

1. 加深理解电极电势与氧化还原反应的关系。
2. 了解介质的酸碱性对氧化还原反应方向和产物的影响。
3. 了解反应物浓度和温度对氧化还原反应速率的影响。
4. 掌握浓度对电极电势的影响。
5. 学习用酸度计测定原电池电动势的方法。

实验原理

参加反应的物质间有电子转移或偏移的化学反应称为氧化还原反应。在氧化还原反应中，还原剂失去电子被氧化，元素的氧化数增大；氧化剂得到电子被还原，元素的氧化数减小。物质的氧化还原能力的大小可以根据相应电对电极电势的大小来判断。电极电势越大，电对中的氧化型的氧化能力越强；电极电势越小，电对中的还原型的还原能力越强。

根据电极电势的大小可以判断氧化还原反应的方向。当氧化剂电对的电极电势大于还原剂电对的电极电势时，即 $E_{MF}=E$（氧化剂）$-E$（还原剂）>0 时，反应能正向自发进行。当氧化剂电对和还原剂电对的标准电极电势相差较大时（如 $|E_{MF}^{\ominus}|>0.2\ V$），通常可以用标准电池电动势判断反应的方向。

由电极反应的能斯特（Nernst）方程可以看出浓度对电极电势的影响，298.15 K 时：

$$E=E^{\ominus}+\frac{0.059\ 2\ V}{z}\lg\frac{c(\text{氧化型})}{c(\text{还原型})}$$

溶液的 pH 会影响某些电对的电极电势或氧化还原反应的方向。介质的酸碱性也会影响某些氧化还原反应的产物。例如，在酸性、中性和强碱性溶液中，MnO_4^- 的还原产物分别为 Mn^{2+}，MnO_2 和 MnO_4^{2-}。

原电池是利用氧化还原反应将化学能转变为电能的装置。以饱和甘汞电极为参比电极，与待测电极组成原电池，用电位差计（或酸度计）可以测定原电池的电动势，然后计算出待测电极的电极电势。同样，也可以用酸度计测定铜-锌原电池的电池电动势。当有沉淀或配合物生成时，会引起电极电势和电池电动势的改变。

仪器、药品及材料

仪器：pHS-3C 型（或其他型号）酸度计，煤气灯，石棉网，水浴锅，饱和甘汞电极，锌电极，铜电极，饱和 KCl 盐桥，试管，试管架。

药品：H_2SO_4 溶液（2 mol·L^{-1}），HAc 溶液（1 mol·L^{-1}），$H_2C_2O_4$ 溶液（0.1 mol·L^{-1}），H_2O_2 溶液（3%），NaOH 溶液（2 mol·L^{-1}），$NH_3 \cdot H_2O$（2 mol·L^{-1}），KI 溶液（0.02 mol·L^{-1}，0.1 mol·L^{-1}），KIO_3 溶液（0.1 mol·L^{-1}），KBr 溶液（0.1 mol·L^{-1}），$K_2Cr_2O_7$ 溶液（0.1 mol·L^{-1}），$KMnO_4$ 溶液（0.01 mol·L^{-1}），$KClO_3$ 溶液（饱和），Na_2SiO_3 溶液（0.5 mol·L^{-1}），Na_2SO_3 溶液（0.1 mol·L^{-1}），$Pb(NO_3)_2$ 溶液（0.5 mol·L^{-1}，1 mol·L^{-1}），$FeSO_4$ 溶液（0.1 mol·L^{-1}），$FeCl_3$ 溶液（0.1 mol·L^{-1}），$CuSO_4$ 溶液（0.005 mol·L^{-1}），$ZnSO_4$ 溶液（1 mol·L^{-1}），淀粉试液。

材料：蓝色石蕊试纸，砂纸，锌片。

实验步骤

1. 比较电对 $E^{\ominus}$ 值的相对大小

按照下列简单的实验步骤进行实验，观察现象。查出有关的标准电极电势，写出反应方程式。

（1）0.02 mol·L^{-1} KI 溶液与 0.1 mol·L^{-1} $FeCl_3$ 溶液的反应，再加入淀粉试液。

（2）0.1 mol·L^{-1} KBr 溶液与 0.1 mol·L^{-1} $FeCl_3$ 溶液的反应。

由实验（1）和实验（2）比较 $E^{\ominus}(I_2/I^-)$，$E^{\ominus}(Fe^{3+}/Fe^{2+})$，$E^{\ominus}(Br_2/Br^-)$的相对大小；并找出其中最强的氧化剂和最强的还原剂。

（3）在酸性介质中，0.02 mol·L^{-1} KI 溶液与 3% H_2O_2 的反应，再加入淀粉试液。

（4）在酸性介质中，0.01 mol·L^{-1} $KMnO_4$ 溶液与 3% H_2O_2 的反应。

指出 H_2O_2 在实验（3）和实验（4）中的作用。

（5）在酸性介质中，0.1 mol·L^{-1} $K_2Cr_2O_7$ 溶液与 0.1 mol·L^{-1} Na_2SO_3 溶液的反应。写出反应方程式。

（6）在酸性介质中，0.1 mol·L^{-1} $K_2Cr_2O_7$ 溶液与 0.1 mol·L^{-1} $FeSO_4$ 溶液的反应。写出反应方程式。

2. 介质的酸碱性对氧化还原反应产物及反应方向的影响

（1）介质的酸碱性对氧化还原反应产物的影响　在点滴板的三个孔穴中各滴入 1 滴 0.01 mol·L^{-1} $KMnO_4$ 溶液，然后再分别加入 1 滴 2 mol·L^{-1} H_2SO_4 溶液，1 滴 H_2O 和 1 滴 2 mol·L^{-1} NaOH 溶液，最后再分别滴入 0.1 mol·L^{-1} Na_2SO_3 溶液。观察现象，写出反应方程式。

（2）溶液的 pH 对氧化还原反应方向的影响　将 0.1 mol·L^{-1} KIO_3 溶液与 0.1 mol·L^{-1} KI 溶液混合，观察有无变化。再滴入几滴 2 mol·L^{-1} H_2SO_4 溶液，观察有何变化。再加入 2 mol·L^{-1} NaOH 溶液使溶液呈碱性，观察又有何变化。写出反应方程式并解释之。

3. 浓度、温度对氧化还原反应速率的影响

（1）浓度对氧化还原反应速率的影响　在两支试管中分别加入 3 滴 0.5 mol·L^{-1} $Pb(NO_3)_2$ 溶液和 3 滴 1 mol·L^{-1} $Pb(NO_3)_2$ 溶液，再各加入 30 滴 1 mol·L^{-1} HAc 溶液，混匀后，逐滴加入 0.5 mol·L^{-1} Na_2SiO_3 溶液 26～28 滴，摇匀，用蓝色石蕊试纸检查溶液仍呈弱酸性。在 90 ℃ 水浴中加热至试管中出现乳白色透明凝胶，取出试管，冷却至室温，在两支试管中同时插入表面积相

同的锌片，观察两支试管中“铅树”生长速率的快慢，并解释之。

(2) 温度对氧化还原反应速率的影响　在 A，B 两支试管中各加入 1 mL 0.01 $mol \cdot L^{-1}$ $KMnO_4$ 溶液和 3 滴 2 $mol \cdot L^{-1}$ H_2SO_4 溶液；在 C，D 两支试管中各加入 1 mL 0.1 $mol \cdot L^{-1}$ $H_2C_2O_4$ 溶液。将 A，C 两试管放在水浴中加热几分钟后取出，同时将试管 A 中溶液倒入试管 C 中，将试管 B 中溶液倒入试管 D 中，观察 C，D 两试管中的溶液哪一个先褪色，并解释之。

4. 浓度对电极电势的影响

(1) 在一个 50 mL 烧杯中加入 25 mL 1 $mol \cdot L^{-1}$ $ZnSO_4$ 溶液，插入饱和甘汞电极和用砂纸打磨过的锌电极，组成原电池。将饱和甘汞电极与酸度计的“+”极相连，锌电极与“-”极相连。用酸度计“mV”挡测原电池的电动势 $E_{MF}(1)$。已知饱和甘汞电极的 $E=0.241\ 5$ V，计算 $E(Zn^{2+}/Zn)$（虽然本实验所用的 $ZnSO_4$ 溶液浓度为 1 $mol \cdot L^{-1}$，但由于温度、活度因子等因素的影响，所测数值并非 -0.763 V）。

(2) 在另一个 50 mL 烧杯中加入 25 mL 0.005 $mol \cdot L^{-1}$ $CuSO_4$ 溶液，插入铜电极，与上述实验(1)中的锌电极组成原电池，两烧杯间用饱和 KCl 盐桥连接，将铜电极接“+”极，锌电极接“-”极，用酸度计测原电池的电动势 $E_{MF}(2)$，计算 $E(Cu^{2+}/Cu)$ 和 $E^{\ominus}(Cu^{2+}/Cu)$。

(3) 向 0.005 $mol \cdot L^{-1}$ $CuSO_4$ 溶液中滴入过量 2 $mol \cdot L^{-1}$ $NH_3 \cdot H_2O$ 至生成深蓝色透明溶液，再测原电池的电动势 $E_{MF}(3)$，并计算 $E([Cu(NH_3)_4]^{2+}/Cu)$。

比较两次测得的铜-锌原电池的电动势和铜电极电极电势的大小，你能得出什么结论？

思考题

1. 为什么 $K_2Cr_2O_7$ 能氧化浓盐酸中的氯离子，而不能氧化浓 NaCl 溶液中的氯离子？

2. 在碱性溶液中，$E^{\ominus}(IO_3^-/I_2)$ 和 $E^{\ominus}(SO_4^{2-}/SO_3^{2-})$ 分别为多少？

3. 温度和浓度对氧化还原反应的速率有何影响？E_{MF} 大的氧化还原反应的反应速率也一定大吗？

4. 饱和甘汞电极与标准甘汞电极的电极电势是否相等？

5. 计算原电池 (-) Ag | AgCl(s) | KCl(0.01 $mol \cdot L^{-1}$) ⁞⁞ $AgNO_3$(0.01 $mol \cdot L^{-1}$) | Ag(+)（盐桥为饱和 NH_4NO_3 溶液）的电动势。

实验十一 简单分子结构与晶体结构模型的制作

实验目的

1. 组装一些简单无机分子或离子的结构模型,加深对原子结构和分子结构理论的理解。

2. 组装常见三种典型离子晶体结构模型和金属晶体三种密堆积模型,加深对晶体结构理论的理解。

实验原理

1. 简单无机分子或离子的空间构型可以根据价层电子对互斥理论进行推测。对于 AX_m 型共价分子,其空间构型由中心原子的价层电子对数和配位原子的个数所决定,联系中心原子的价层电子对数,可以用杂化轨道理论对分子的空间构型加以说明。

2. 三种典型的 AB 型离子晶体是 NaCl 型,CsCl 型和立方 ZnS 型。在 NaCl 晶体中,Cl^- 形成面心立方晶格,Na^+ 位于 Cl^- 形成的八面体空隙中。在 CsCl 晶体中,Cl^- 采取简单立方堆积,Cs^+ 位于 Cl^- 形成的立方体空隙中。在 ZnS(闪锌矿)晶体中,S^{2-} 采取面心立方密堆积,Zn^{2+} 位于 S^{2-} 形成的四面体空隙中。

3. 在金属晶体中,金属原子采取密堆积的方式排列。金属原子常见的三种密堆积方式为:面心立方密堆积、六方密堆积和体心立方堆积。金属原子以 ABCABC…方式排列,得到面心立方密堆积;金属原子以 ABAB…方式排列,得到六方密堆积。两者的空间利用率均大于体心立方堆积。

实验材料

球棒模型(多孔塑料模型球,金属棍)(3 套),乒乓球(30 个),双面胶带(1 卷),剪刀(1 把)。

实验步骤

1. 分子结构模型的组装

应用价层电子对互斥理论推测表 7-2 中各分子的空间构型,用模型球和金属棍组装出各分子的结构模型,指出各中心原子分别以何种杂化方式成键。

表 7-2 一些分子的空间构型

分子	中心原子的价层电子对数	分子的空间构型	中心原子轨道杂化的方式
$BeCl_2$			
BF_3			

续表

分子	中心原子的价层电子对数	分子的空间构型	中心原子轨道杂化的方式
$SnCl_2$			
CH_4			
NH_3			
H_2O			
$SbCl_5$			
SF_4			
BrF_3			
XeF_2			
SF_6			
BrF_5			
XeF_4			

2. 三种典型 AB 型离子晶体结构模型的组装

用模型球和金属棍组装出 NaCl 型，CsCl 型和立方 ZnS 型离子晶体的晶胞各一个。填充表 7-3 中的各项内容。

表 7-3　三种典型的 AB 型离子晶体

离子晶体结构	负离子的堆积类型	正离子所占空隙	正、负离子的配位比	晶胞中正、负离子的个数
NaCl 型				
CsCl 型				
立方 ZnS 型				

3. 金属晶体密堆积模型的组装

用乒乓球代表金属原子，相邻两个乒乓球之间用双面胶带黏结，组装出金属晶体的三种密堆积结构形式。填充表 7-4 中的各项内容。

表 7-4　金属晶体的密堆积

金属晶体密堆积的类型	金属原子的配位数	晶胞中的原子数	空间利用率
面心立方密堆积			
六方密堆积			
体心立方堆积			

思考题

1. 试推测下列多原子离子的空间构型：NO_2^+，CO_3^{2-}，NO_2^-，SO_4^{2-}，ClO_3^-，SiF_5^-，TlI_4^{3-}，I_3^-，PCl_6^-，TeF_5^-，ICl_4^-。

2. 在 NaCl 型，CsCl 型，立方 ZnS 型离子晶体中，正离子在空间分别构成何种晶格？

3. ⅠA 族金属结构为体心立方堆积，而ⅡA 族金属结构为面心立方密堆积或六方密堆积，这种结构上的差异对它们的密度和硬度有何影响？

第八章　元素化合物的性质

实验十二　碱金属和碱土金属

实验目的

1. 学习钠、钾、镁、钙单质的主要性质。
2. 比较镁、钙、钡的碳酸盐、铬酸盐和硫酸盐的溶解性。
3. 比较锂和镁的某些盐类的难溶性。
4. 观察焰色反应并掌握其实验方法。

实验原理

参看大连理工大学无机化学教研室编《无机化学》(第六版)第十二章。

碱金属和碱土金属密度较小,由于它们易与空气或水反应,保存时需浸在煤油或液状石蜡中以隔绝空气和水。钠、钾在空气中燃烧分别生成过氧化钠和超氧化钾。碱土金属(M)在空气中燃烧时,生成正常氧化物 MO,同时生成相应的氮化物 M_3N_2,这些氮化物遇水时能生成氢氧化物,并放出氨气。

碱金属和碱土金属(除铍以外)都能与水反应,生成氢氧化物同时放出氢气,反应的激烈程度随其金属性增强而加剧。实验时必须时刻注意安全,应防止钠、钾与皮肤接触,因为钠、钾与皮肤上的湿气作用所放出的热可能引燃金属、烧伤皮肤。

碱金属的绝大多数盐类均易溶于水。碱土金属的碳酸盐均难溶于水,其部分硫酸盐、铬酸盐也难溶于水。锂、镁的碳酸盐、氟化物和磷酸盐都难溶于水。

碱金属和碱土金属盐类的焰色反应特征颜色如表 8-1 所示。

表 8-1　碱金属和碱土金属盐类的焰色反应特征颜色

盐类	锂	钠	钾	钙	锶	钡
特征颜色	红	黄	紫	橙红	洋红	绿

仪器、药品及材料

仪器:镊子,瓷坩埚,烧杯(100 mL,2 个),表面皿。

药品：H_2SO_4 溶液（0.2 mol·L^{-1}），HCl 溶液（2 mol·L^{-1}），HAc 溶液（2 mol·L^{-1}），$KMnO_4$ 溶液（0.01 mol·L^{-1}），NaCl 溶液（0.01 mol·L^{-1}，1 mol·L^{-1}），$MgCl_2$ 溶液（0.1 mol·L^{-1}），$NaHCO_3$ 溶液（饱和），Na_2CO_3 溶液（饱和），$CaCl_2$ 溶液（0.1 mol·L^{-1}，0.5 mol·L^{-1}），$BaCl_2$ 溶液（0.1 mol·L^{-1}，0.5 mol·L^{-1}），K_2CrO_4 溶液（0.5 mol·L^{-1}），Na_2SO_4 溶液（0.5 mol·L^{-1}），LiCl 溶液（2 mol·L^{-1}），NaF 溶液（1 mol·L^{-1}），Na_3PO_4 溶液（1 mol·L^{-1}），KCl 溶液（1 mol·L^{-1}），$SrCl_2$ 溶液（0.5 mol·L^{-1}），钠（s），钾（s），镁（s），钙（s），酚酞试剂。

材料：滤纸，红色石蕊试纸，小刀，镍铬丝，砂纸。

实验步骤

1. 钠、钾、镁、钙在空气中的燃烧反应

（1）用镊子取黄豆粒大小的金属钠，用滤纸吸干其表面上的煤油，立即放入坩埚中，加热到钠开始燃烧时停止加热，观察焰色；冷却到室温，观察产物的颜色；加 2 mL 去离子水使产物溶解，再加 2 滴酚酞试剂，观察溶液的颜色；加 0.2 mol·L^{-1} H_2SO_4 溶液酸化后，再加 1 滴 0.01 mol·L^{-1} $KMnO_4$ 溶液，观察反应现象。写出有关反应方程式。

*（2）用镊子取绿豆粒大小的金属钾，用滤纸吸干其表面上的煤油，立即放入坩埚中，加热到钾开始燃烧时停止加热，观察焰色；冷却到接近室温，观察产物的颜色；加去离子水 2 mL 溶解产物，再加 2 滴酚酞试剂，观察溶液的颜色。写出有关反应方程式。

（3）取 0.3 g 左右镁粉，放入坩埚中加热使镁粉燃烧，反应完全后，冷却到接近室温，观察产物的颜色；将产物转移到试管中，加 2 mL 去离子水，立即用湿润的红色石蕊试纸检查逸出的气体，然后用酚酞试剂检查溶液酸碱性。写出有关反应方程式。

*（4）用镊子取一小块金属钙，用滤纸吸干其表面上的煤油后，直接在氧化焰中加热，反应完全后，重复上述实验（3）。写出有关反应方程式。

2. 钠、钾、镁、钙与水的反应

（1）在烧杯中加去离子水约 30 mL，取黄豆粒大小的金属钠，用滤纸吸干其表面上的煤油，放入水中观察反应情况，加入酚酞试剂，检验溶液的酸碱性。写出有关反应方程式。

*（2）取绿豆粒大小的金属钾，重复上述实验（1），比较两者反应的激烈程度。为了安全，应事先准备好表面皿，当钾放入水中时，立即盖在烧杯上。写出有关反应方程式。

（3）在两支试管中各加 2 mL 水，一支不加热，另一支加热至沸腾；取两根镁条，用砂纸擦去氧化膜，将镁条分别放入冷、热水中，比较反应的激烈程度，检验溶液的酸碱性。写出有关反应方程式。

*（4）取一小块金属钙，用滤纸吸干其表面上的煤油，使其与冷水反应，比较镁、钙与水反应的激烈程度。写出有关反应方程式。

3. 盐类的溶解性

（1）在一支试管中加入 1 mL 0.1 mol·L^{-1} $MgCl_2$ 溶液，再加入饱和 $NaHCO_3$ 溶液。在另两支试管中分别加入 0.1 mol·L^{-1} $CaCl_2$ 溶液和 0.1 mol·L^{-1} $BaCl_2$ 溶液，再各加入 5 滴饱和 Na_2CO_3 溶

液，静置沉降，弃去清液，试验各沉淀物是否溶于 2 mol·L^{-1} HAc 溶液。写出有关反应方程式。

（2）在三支试管中分别加入 1 mL 0.1 mol·L^{-1} $MgCl_2$ 溶液、1 mL 0.1 mol·L^{-1} $CaCl_2$ 溶液和 1 mL 0.1 mol·L^{-1} $BaCl_2$ 溶液，再各加 5 滴 0.5 mol·L^{-1} K_2CrO_4 溶液，观察有无沉淀产生。若有沉淀产生，则分别试验沉淀是否溶于 2 mol·L^{-1} HAc 溶液和 2 mol·L^{-1} HCl 溶液。写出有关反应方程式。

（3）以 0.5 mol·L^{-1} Na_2SO_4 溶液代替 K_2CrO_4 溶液，重复上述实验（2）。

（4）在两支试管中分别加入 0.5 mL 2 mol·L^{-1} LiCl 溶液和 0.5 mL 0.1 mol·L^{-1} $MgCl_2$ 溶液，再分别加入 0.5 mL 1 mol·L^{-1} NaF 溶液，观察有无沉淀产生。用饱和 Na_2CO_3 溶液代替 NaF 溶液，重复这一实验内容，观察有无沉淀产生，若无沉淀，可加热观察是否产生沉淀。以 1 mol·L^{-1} Na_3PO_4 溶液代替饱和 Na_2CO_3 溶液重复上述实验，现象如何？写出有关反应方程式。

4. 焰色反应

将镍铬丝顶端小圆环蘸上浓 HCl 溶液，在氧化焰中烧至接近无色，再蘸 2 mol·L^{-1} LiCl 溶液，在氧化焰中灼烧，观察火焰的颜色。以同样的方法试验 1 mol·L^{-1} NaCl 溶液、1 mol·L^{-1} KCl 溶液、0.5 mol·L^{-1} $CaCl_2$ 溶液、0.5 mol·L^{-1} $SrCl_2$ 溶液和 0.5 mol·L^{-1} $BaCl_2$ 溶液。比较 0.01 mol·L^{-1}、1 mol·L^{-1} NaCl 溶液和 0.5 mol·L^{-1} Na_2SO_4 溶液焰色反应持续时间的长短。

注：

（1）镍铬丝最好不要混用，用前一定要蘸浓 HCl 溶液并烧至近无色。

（2）试验钾盐溶液时，用蓝色钴玻璃滤掉钠的焰色进行观察。

思考题

1. 为什么碱金属和碱土金属单质一般都放在煤油中保存？它们的化学活泼性如何递变？
2. 为什么 $BaCO_3$，$BaCrO_4$ 和 $BaSO_4$ 在 HAc 溶液或 HCl 溶液中有不同的溶解情况？
3. 为什么说焰色是由金属离子而不是由非金属离子引起的？

实验十三 硼、碳、硅、氮、磷

实验目的

1. 掌握硼酸和硼砂的重要性质，学习硼砂珠试验的方法。
2. 了解可溶性硅酸盐的水解性和难溶硅酸盐的生成与颜色。
3. 掌握硝酸、亚硝酸及其盐的重要性质。
4. 了解磷酸盐的主要性质。
5. 掌握 CO_3^{2-}，NH_4^+，NO_2^-，NO_3^-，PO_4^{3-} 的鉴定方法。

实验原理

硼酸是一元弱酸，它在水溶液中的解离不同于一般的一元弱酸：

$$H_3BO_3+H_2O \longrightarrow [B(OH)_4]^-+H^+$$

硼酸是 Lewis 酸，能与多羟基醇发生加合反应，使溶液的酸性增强。

硼砂的水溶液因水解而呈碱性：

$$[B_4O_5(OH)_4]^{2-}+5H_2O \longrightarrow 4H_3BO_3+2OH^-$$

硼砂溶液与酸反应后冷却可析出硼酸：

$$[B_4O_5(OH)_4]^{2-}+2H^++3H_2O \longrightarrow 4H_3BO_3$$

硼砂受强热脱水熔化为玻璃体，与不同金属的氧化物或盐类熔融生成具有不同特征颜色的偏硼酸复盐，即硼砂珠试验。

将碳酸盐溶液与盐酸反应生成的 CO_2 通入 $Ba(OH)_2$ 溶液中，能使 $Ba(OH)_2$ 溶液变浑浊，这一方法可用于鉴定 CO_3^{2-}。

硅酸钠水解作用明显。大多数硅酸盐难溶于水，过渡金属的硅酸盐呈现不同的颜色。

鉴定 NH_4^+ 的常用方法有两种，一是 NH_4^+ 与 OH^- 反应，生成的 $NH_3(g)$ 使湿润的红色石蕊试纸变蓝；二是 NH_4^+ 与 Nessler（奈斯勒）试剂（$K_2[HgI_4]$ 的碱性溶液）反应，生成红棕色沉淀：

$$NH_4^++2[HgI_4]^{2-}+4OH^- \longrightarrow \left[\begin{matrix} & Hg & \\ O & & NH_2 \\ & Hg & \end{matrix}\right]I(s)+7I^-+3H_2O$$

亚硝酸极不稳定。亚硝酸盐溶液与强酸反应生成的亚硝酸分解为 N_2O_3 和 H_2O。N_2O_3 又能分解为 NO 和 NO_2。

亚硝酸盐中氮的氧化数为+3，它在酸性溶液中作氧化剂，一般被还原为 NO；与强氧化剂作用时则生成硝酸盐。

硝酸具有强氧化性，它与许多非金属反应，主要还原产物是 NO。浓硝酸与金属反应主要生成 NO_2，稀硝酸与金属反应通常生成 NO，活泼金属能将稀硝酸还原为 NH_4^+。

NO_2^- 与 $FeSO_4$ 在醋酸介质中反应生成棕色的$[Fe(NO)(H_2O)_5]^{2+}$(简写为$[Fe(NO)]^{2+}$)：

$$Fe^{2+}+NO_2^-+2HAc \longrightarrow Fe^{3+}+NO\uparrow+H_2O+2Ac^-$$

$$Fe^{2+}+NO \longrightarrow [Fe(NO)]^{2+}$$

NO_3^- 与 $FeSO_4$ 在浓硫酸介质中反应生成棕色的$[Fe(NO)]^{2+}$：

$$3Fe^{2+}+NO_3^-+4H^+ \longrightarrow 3Fe^{3+}+NO\uparrow+2H_2O$$

$$Fe^{2+}+NO \longrightarrow [Fe(NO)]^{2+}$$

在试液与浓硫酸液层界面处生成的$[Fe(NO)]^{2+}$呈棕色环状。此方法用于鉴定 NO_3^-，称为“棕色环”法。NO_2^- 的存在会干扰 NO_3^- 的鉴定，在试液中加入尿素并微热，可除去 NO_2^-：

$$2NO_2^-+CO(NH_2)_2+2H^+ \longrightarrow 2N_2\uparrow+CO_2\uparrow+3H_2O$$

碱金属(锂除外)和铵的磷酸盐、磷酸一氢盐易溶于水，其他磷酸盐难溶于水。大多数磷酸二氢盐易溶于水。焦磷酸盐和三聚磷酸盐都具有配位作用。

PO_4^{3-} 与$(NH_4)_2MoO_4$ 溶液在硝酸介质中反应，生成黄色的磷钼酸铵沉淀。此反应可用于鉴定 PO_4^{3-}：

$$PO_4^{3-}+12MoO_4^{2-}+24H^++3NH_4^+ \longrightarrow (NH_4)_3PO_4\cdot 12MoO_3\cdot 6H_2O(s)+6H_2O$$

仪器、药品及材料

仪器：点滴板，水浴锅。

药品：HCl 溶液(2 $mol\cdot L^{-1}$，6 $mol\cdot L^{-1}$，浓)，H_2SO_4 溶液(1 $mol\cdot L^{-1}$，6 $mol\cdot L^{-1}$，浓)，HNO_3 溶液(2 $mol\cdot L^{-1}$，浓)，HAc 溶液(2 $mol\cdot L^{-1}$)，NaOH 溶液(2 $mol\cdot L^{-1}$，6 $mol\cdot L^{-1}$)，$Ba(OH)_2$ 溶液(饱和)，Na_2CO_3 溶液(0.1 $mol\cdot L^{-1}$)，$NaHCO_3$ 溶液(0.1 $mol\cdot L^{-1}$)，Na_2SiO_3 溶液(0.5 $mol\cdot L^{-1}$，20%)，NH_4Cl 溶液(0.1 $mol\cdot L^{-1}$)，$BaCl_2$ 溶液(0.5 $mol\cdot L^{-1}$)，$NaNO_2$ 溶液(0.1 $mol\cdot L^{-1}$，1 $mol\cdot L^{-1}$)，KI 溶液(0.02 $mol\cdot L^{-1}$)，$KMnO_4$ 溶液(0.01 $mol\cdot L^{-1}$)，KNO_3 溶液(0.1 $mol\cdot L^{-1}$)，Na_3PO_4 溶液(0.1 $mol\cdot L^{-1}$)，Na_2HPO_4 溶液(0.1 $mol\cdot L^{-1}$)，NaH_2PO_4 溶液(0.1 $mol\cdot L^{-1}$)，$CaCl_2$ 溶液(0.1 $mol\cdot L^{-1}$)，$CuSO_4$ 溶液(0.1 $mol\cdot L^{-1}$)，$Na_4P_2O_7$ 溶液(0.5 $mol\cdot L^{-1}$)，$Na_5P_3O_{10}$溶液(0.1 $mol\cdot L^{-1}$)，$Na_2B_4O_7\cdot 10H_2O(s)$，$H_3BO_3(s)$，$Co(NO_3)_2\cdot 6H_2O(s)$，$CaCl_2(s)$，$CuSO_4\cdot 5H_2O(s)$，$ZnSO_4\cdot 7H_2O(s)$，$Fe_2(SO_4)_3\cdot 9H_2O(s)$，$NiSO_4\cdot 7H_2O(s)$，锌粉，铜屑，$FeSO_4\cdot 7H_2O(s)$，$Co(NH_2)_2\cdot 6H_2O(s)$，$NH_4NO_3(s)$，$Na_3PO_4\cdot 12H_2O(s)$，$NaHCO_3(s)$，$Na_2CO_3(s)$，甘油，甲基橙指示剂，Nessler 试剂，淀粉试液，钼酸铵试剂。

材料：pH 试纸，红色石蕊试纸，镍铬丝(一端做成环状)。

实验步骤

1. 硼酸和硼砂的性质

(1) 在试管中加入约 0.5 g 硼酸晶体和 3 mL 去离子水，观察溶解情况。微热后使其全部溶解，冷至室温，用 pH 试纸测定溶液的 pH。然后在溶液中加入 1 滴甲基橙指示剂，并将溶液分成两份，在一份中加入 10 滴甘油，混合均匀，比较两份溶液的颜色。写出有关反应的离子反应方

试剂的取用

程式。

(2) 在试管中加入约 1 g 硼砂和 2 mL 去离子水，微热使其溶解，用 pH 试纸测定溶液的 pH。然后加入 1 mL 6 $mol \cdot L^{-1}$ H_2SO_4 溶液，将试管放在冷水中冷却，并用玻璃棒不断搅拌，片刻后观察硼酸晶体的析出。写出有关反应的离子反应方程式。

试管操作

(3) 硼砂珠试验 用环形镍铬丝蘸取浓盐酸（盛在试管中），在氧化焰中灼烧，然后迅速蘸取少量硼砂，在氧化焰中灼烧至玻璃状。用烧红的硼砂珠蘸取少量 $Co(NO_3)_2 \cdot 6H_2O$，在氧化焰中烧至熔融，冷却后对着亮光观察硼砂珠的颜色。写出有关反应方程式。

2. CO_3^{2-} 的鉴定

在试管中加入 1 mL 0.1 $mol \cdot L^{-1}$ Na_2CO_3 溶液，再加入半滴管 2 $mol \cdot L^{-1}$ HCl 溶液，立即用带导管的塞子盖紧试管口，将产生的气体通入 $Ba(OH)_2$ 饱和溶液中，观察现象。写出有关反应方程式。

3. 硅酸盐的性质

(1) 在试管中加入 1 mL 0.5 $mol \cdot L^{-1}$ Na_2SiO_3 溶液，用 pH 试纸测其 pH。然后逐滴加入 6 $mol \cdot L^{-1}$ HCl 溶液，使溶液的 pH 在 6～9，观察硅酸凝胶的生成（若无凝胶生成可微热）。写出有关反应方程式。

水中花园

*(2)“水中花园”实验 在 50 mL 烧杯中加入约 30 mL 20% Na_2SiO_3 溶液，然后分散加入 $CaCl_2$，$CuSO_4 \cdot 5H_2O$，$ZnSO_4 \cdot 7H_2O$，$Fe_2(SO_4)_3 \cdot 9H_2O$，$Co(NO_3)_2 \cdot 6H_2O$，$NiSO_4 \cdot 7H_2O$ 晶体各一小粒，静置 1～2 h 后观察“石笋”的生成和颜色。

4. NH_4^+ 的鉴定

(1) 在试管中加入少量 0.1 $mol \cdot L^{-1}$ NH_4Cl 溶液和 2 $mol \cdot L^{-1}$ NaOH 溶液，微热，用湿润的红色石蕊试纸在试管口检验逸出的气体。写出有关反应方程式。

Cu 与浓 HNO_3 溶液的反应

(2) 在滤纸条上滴 1 滴 Nessler 试剂，代替红色石蕊试纸重复实验(1)，观察现象。写出有关反应方程式。

5. 硝酸的氧化性

*(1) [演示]在试管内放入 1 小块铜屑，加入几滴浓 HNO_3 溶液，观察现象。然后迅速加水稀释，倒掉溶液，回收铜屑。写出有关反应方程式。

(2) 在试管中放入少量锌粉，加入 1 mL 2 $mol \cdot L^{-1}$ HNO_3 溶液，观察现象（如不反应可微热）。取清液检验是否有 NH_4^+ 生成。写出有关反应方程式。

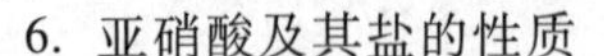

亚硝酸的生成

6. 亚硝酸及其盐的性质

(1) 在试管中加入 10 滴 1 $mol \cdot L^{-1}$ $NaNO_2$ 溶液，然后滴加 6 $mol \cdot L^{-1}$ H_2SO_4 溶液，观察溶液和液面上气体的颜色（若室温较高，应将试管放在冷水中冷却）。写出有关反应方程式。

(2) 用 0.1 $mol \cdot L^{-1}$ $NaNO_2$ 溶液和 0.02 $mol \cdot L^{-1}$ KI 溶液及 1 $mol \cdot L^{-1}$ H_2SO_4 溶液测试 $NaNO_2$

的氧化性。然后加入淀粉试液，又有何变化？写出离子反应方程式。

（3）用 0.1 $mol\cdot L^{-1}$ $NaNO_2$ 溶液和 0.01$mol\cdot L^{-1}$ $KMnO_4$ 溶液及 1 $mol\cdot L^{-1}$ H_2SO_4 溶液测试 $NaNO_2$ 的还原性。写出离子反应方程式。

7. NO_3^- 和 NO_2^- 的鉴定

硝酸根的鉴定

（1）取 1 mL 0.1 $mol\cdot L^{-1}$ KNO_3 溶液，加入少量 $FeSO_4\cdot 7H_2O$ 晶体，摇荡试管使其溶解。然后斜持试管，沿管壁小心滴加 1 mL 浓硫酸，静置片刻，观察两种液体界面处的棕色环。写出有关反应方程式。

（2）取 1 滴 0.1 $mol\cdot L^{-1}$ $NaNO_2$ 溶液稀释至 1 mL，加入少量 $FeSO_4\cdot 7H_2O$ 晶体，摇荡试管使其溶解，加入 2 $mol\cdot L^{-1}$ HAc 溶液，观察现象。写出有关反应方程式。

*（3）取 0.1 $mol\cdot L^{-1}$ KNO_3 溶液和 0.1 $mol\cdot L^{-1}$ $NaNO_2$ 溶液各 2 滴，稀释至 1mL，再加入少量尿素及 2 滴 1 $mol\cdot L^{-1}$ H_2SO_4 溶液以消除 NO_2^- 对鉴定 NO_3^- 的干扰，然后进行棕色环试验。写出有关反应方程式。

8. 磷酸盐的性质

（1）用 pH 试纸分别测定 0.1 $mol\cdot L^{-1}$ Na_3PO_4 溶液、0.1 $mol\cdot L^{-1}$ Na_2HPO_4 溶液和 0.1 $mol\cdot L^{-1}$ NaH_2PO_4 溶液的 pH。写出有关反应方程式并加以说明。

（2）在 3 支试管中各加入几滴 0.1 $mol\cdot L^{-1}$ $CaCl_2$ 溶液，然后分别滴加0.1 $mol\cdot L^{-1}$ Na_3PO_4 溶液、0.1 $mol\cdot L^{-1}$ Na_2HPO_4 溶液和 0.1 $mol\cdot L^{-1}$ NaH_2PO_4 溶液，观察现象。写出有关反应的离子反应方程式。

（3）在试管中加入几滴 0.1 $mol\cdot L^{-1}$ $CuSO_4$ 溶液，然后逐滴加入 0.5 $mol\cdot L^{-1}$ $Na_4P_2O_7$ 溶液至过量，观察现象。写出有关反应的离子反应方程式。

（4）取 1 滴 0.1 $mol\cdot L^{-1}$ $CaCl_2$ 溶液，滴加 0.1 $mol\cdot L^{-1}$ Na_2CO_3 溶液，再滴加 0.1 $mol\cdot L^{-1}$ $Na_5P_3O_{10}$溶液，观察观象。写出有关反应的离子反应方程式。

9. PO_4^{3-} 的鉴定

取几滴 0.1 $mol\cdot L^{-1}$ Na_3PO_4 溶液，加入 0.5 mL 浓 HNO_3 溶液，再加入 1 mL 钼酸铵试剂，在水浴上微热到 40～45 ℃，观察现象。写出有关反应方程式。

10. 三种白色晶体的鉴别

有 A，B，C 三种白色晶体，可能是 $NaHCO_3$，Na_2CO_3 和 NH_4NO_3。分别取少量晶体加水溶解，并设计简单的方法加以鉴别。写出实验现象及有关的反应方程式。

思考题

1. 为什么硼砂的水溶液具有缓冲作用？怎样计算其 pH？

2. 为什么在 Na_2SiO_3 溶液中加入 HAc 溶液、NH_4Cl 溶液或通入 CO_2，都能生成硅酸凝胶？

3. 如何用简单的方法区别硼砂、Na_2CO_3 和 Na_2SiO_3 这三种盐的溶液？

4. 鉴定 NH_4^+ 时，为什么要将 Nessler 试剂滴在滤纸上检验逸出的 NH_3，而不是将 Nessler 试剂直接加到含 NH_4^+ 的溶液中？

5. 硝酸与金属反应的主要还原产物与哪些因素有关？
6. 检验稀硝酸与锌粉反应产物中的 NH_4^+ 时，加入 NaOH 溶液会发生哪些反应？
7. NO_3^- 的存在是否干扰 NO_2^- 的鉴定？
8. 用钼酸铵试剂鉴定 PO_4^{3-} 为什么要在硝酸介质中进行？

实验十四　锡、铅、锑、铋

实验目的

1. 掌握锡、铅、锑、铋氢氧化物的酸碱性。
2. 掌握锡(Ⅱ)、锑(Ⅲ)、铋(Ⅲ)盐的水解性。
3. 掌握锡(Ⅱ)的还原性和铅(Ⅳ)、铋(Ⅴ)的氧化性。
4. 掌握锡、铅、锑、铋硫化物的溶解性。
5. 掌握 Sn^{2+},Pb^{2+},Sb^{3+},Bi^{3+}的鉴定方法。

实验原理

锡、铅是元素周期系第ⅣA 族元素,其原子的价层电子构型为 ns^2np^2,它们能形成氧化数为+2 和+4 的化合物。

锑、铋是元素周期系第ⅤA 族元素,其原子的价层电子构型为 ns^2np^3,它们能形成氧化数为+3 和+5 的化合物。

$Sn(OH)_2$,$Pb(OH)_2$,$Sb(OH)_3$ 都是两性氢氧化物,$Bi(OH)_3$ 呈碱性,$\alpha-H_2SnO_3$ 既能溶于酸,也能溶于碱,而 $\beta-H_2SnO_3$ 既不溶于酸,也不溶于碱。

Sn^{2+},Sb^{3+},Bi^{3+}在水溶液中发生显著的水解反应,加入相应的酸可以抑制它们的水解。

Sn(Ⅱ)的化合物具有较强的还原性。Sn^{2+}与 $HgCl_2$ 反应可用于鉴定 Sn^{2+}或 Hg^{2+};碱性溶液中$[Sn(OH)_4]^{2-}$(或 SnO_2^{2-})与 Bi^{3+}反应可用于鉴定 Bi^{3+}。Pb(Ⅳ)和 Bi(Ⅴ)的化合物都具有强氧化性。PbO_2 和 $NaBiO_3$ 都是强氧化剂,在酸性溶液中它们都能将 Mn^{2+}氧化为 MnO_4^-。Sb^{3+}可以被 Sn 还原为单质 Sb,这一反应可用于鉴定 Sb^{3+}。

SnS,SnS_2,PbS,Sb_2S_3,Bi_2S_3 都难溶于水和稀盐酸,但能溶于较浓的盐酸。SnS_2 和 Sb_2S_3 还能溶于 NaOH 溶液或 Na_2S 溶液。Sn(Ⅳ)和 Sb(Ⅲ)的硫代硫酸盐遇酸分解为 H_2S 和相应的硫化物沉淀。

铅的许多盐难溶于水。$PbCl_2$ 在冷水中溶解度小,但能溶于热水中。$PbSO_4$ 能溶于醋酸铵溶液生成 $Pb(Ac)_2$。利用 Pb^{2+}和 CrO_4^{2-} 生成 $PbCrO_4$ 的反应可以鉴定 Pb^{2+}。$PbCrO_4$ 能溶于过量的 NaOH 溶液,也能溶于浓 HNO_3 溶液:

$$2PbCrO_4+2H^+ \longrightarrow 2Pb^{2+}+Cr_2O_7^{2-}+H_2O$$

仪器、药品及材料

仪器:离心机,点滴板。

药品:HCl 溶液(2 mol·L^{-1},6 mol·L^{-1}),HNO_3 溶液(2 mol·L^{-1},6 mol·L^{-1},浓),H_2S 溶液(饱

和)，NaOH 溶液（2 mol·L^{-1}，6 mol·L^{-1}），$SnCl_2$ 溶液（0.1 mol·L^{-1}），$Pb(NO_3)_2$ 溶液（0.1 mol·L^{-1}），$SnCl_4$ 溶液（0.2 mol·L^{-1}），$SbCl_3$ 溶液（0.1 mol·L^{-1}，0.5 mol·L^{-1}），$BiCl_3$ 溶液（0.1 mol·L^{-1}），$Bi(NO_3)_3$ 溶液（0.1 mol·L^{-1}），$HgCl_2$ 溶液（0.1 mol·L^{-1}），$MnSO_4$ 溶液（0.1 mol·L^{-1}），Na_2S 溶液（0.1 mol·L^{-1}，0.5 mol·L^{-1}），Na_2S_x 溶液（0.1 mol·L^{-1}），KI 溶液（0.1 mol·L^{-1}），K_2CrO_4 溶液（0.1 mol·L^{-1}），$AgNO_3$ 溶液（0.1 mol·L^{-1}），NH_4Ac 溶液（饱和），锡粒，锡片，$SnCl_2·6H_2O(s)$，$PbO_2(s)$，$NaBiO_3(s)$，碘水，氯水。

材料：淀粉-KI 试纸。

实验步骤

1. 锡、铅、锑、铋氢氧化物的酸碱性

(1) 制取少量 $Sn(OH)_2$，α-H_2SnO_3，$Pb(OH)_2$，$Sb(OH)_3$，$Bi(OH)_3$ 沉淀，观察其颜色，并选择适当的试剂分别测试它们的酸碱性。写出具体的实验步骤及有关反应方程式。

β-锡酸的生成和性质

*(2)［演示］在两支试管中各加入一粒金属锡，再各加几滴浓 HNO_3 溶液，微热（在通风橱内进行），观察现象，写出有关反应方程式。将反应产物用去离子水洗涤两次，在沉淀中分别加入 2 mol·L^{-1} HCl 溶液和 2 mol·L^{-1} NaOH 溶液，观察沉淀是否溶解。写出有关反应方程式。

2. Sn(Ⅱ)，Sb(Ⅲ)和 Bi(Ⅲ)盐的水解性

(1) 取少量 $SnCl_2·6H_2O$ 晶体放入试管中，加入 1～2 mL 去离子水，观察现象。写出有关反应方程式。

Sn^{2+} 的鉴定

(2) 取几滴 0.1 mol·L^{-1} $SbCl_3$ 溶液和 0.1 mol·L^{-1} $BiCl_3$ 溶液，分别加水稀释，观察现象。再分别加入 6 mol·L^{-1} HCl 溶液，观察有何变化。写出有关反应方程式。

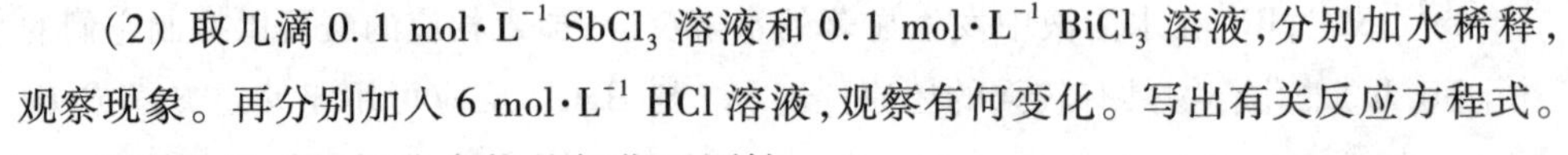

3. 锡、铅、锑、铋化合物的氧化还原性

(1) Sn(Ⅱ)的还原性

① 取少量(1～2 滴)0.1 mol·L^{-1} $HgCl_2$ 溶液，逐滴加入 0.1 mol·L^{-1} $SnCl_2$ 溶液，观察现象。写出有关反应方程式。

② 制取少量 $Na_2[Sn(OH)_4]$溶液，然后滴加 0.1 mol·L^{-1} $BiCl_3$ 溶液，观察现象。写出有关反应方程式。

(2) PbO_2 的氧化性　取少量 PbO_2 固体，加入 6 mol·L^{-1} HNO_3 溶液和 1 滴 0.1 mol·L^{-1} $MnSO_4$ 溶液，微热后静置片刻，观察现象。写出有关反应方程式。

(3) Sb(Ⅲ)的氧化还原性

① 在点滴板上放一小块光亮的锡片，然后滴加 1 滴 0.1 mol·L^{-1} $SbCl_3$ 溶液，观察锡片表面的变化。写出有关反应方程式。

*② 分别制取少量$[Ag(NH_3)_2]^+$溶液和$[Sb(OH)_4]^{2-}$溶液，然后将两种溶液混合，观察现象。写出有关反应的离子反应方程式。

(4) $NaBiO_3$ 的氧化性　取 2 滴 0.1 mol·L^{-1} $MnSO_4$ 溶液，加入 1 mL 6 mol·L^{-1} HNO_3 溶液，再

加入少量固体 $NaBiO_3$，微热，观察现象。写出离子反应方程式。

SnS 的生成和性质

4. 锡、铅、锑、铋硫化物的生成与溶解

（1）在 2 支试管中各加入 1 滴 0.1 mol·L^{-1} $SnCl_2$ 溶液，并加入饱和 H_2S 溶液，观察现象。离心分离，弃去清液。再分别加入 6 mol·L^{-1} HCl 溶液、0.1 mol·L^{-1} Na_2S_x 溶液，观察现象。写出有关反应的离子反应方程式。

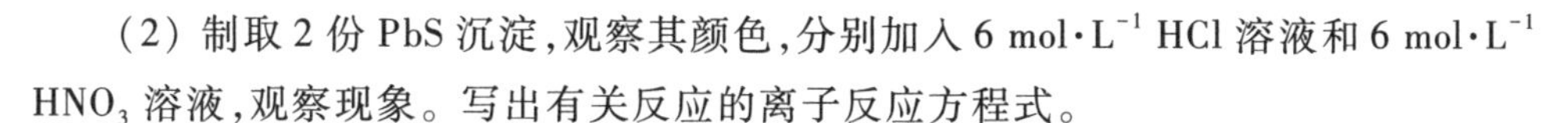

（2）制取 2 份 PbS 沉淀，观察其颜色，分别加入 6 mol·L^{-1} HCl 溶液和 6 mol·L^{-1} HNO_3 溶液，观察现象。写出有关反应的离子反应方程式。

PbS 的生成和性质

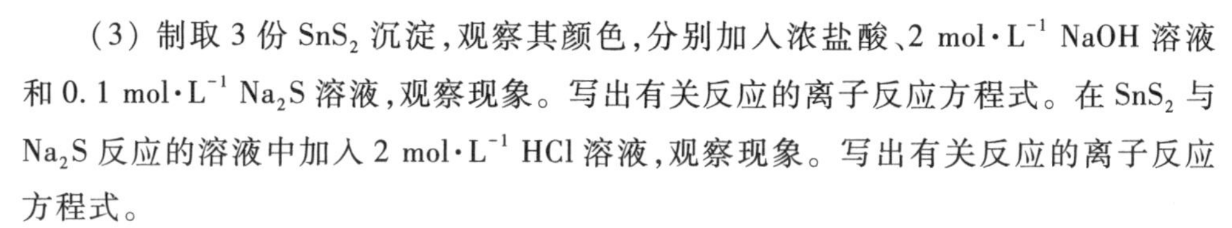

（3）制取 3 份 SnS_2 沉淀，观察其颜色，分别加入浓盐酸、2 mol·L^{-1} NaOH 溶液和 0.1 mol·L^{-1} Na_2S 溶液，观察现象。写出有关反应的离子反应方程式。在 SnS_2 与 Na_2S 反应的溶液中加入 2 mol·L^{-1} HCl 溶液，观察现象。写出有关反应的离子反应方程式。

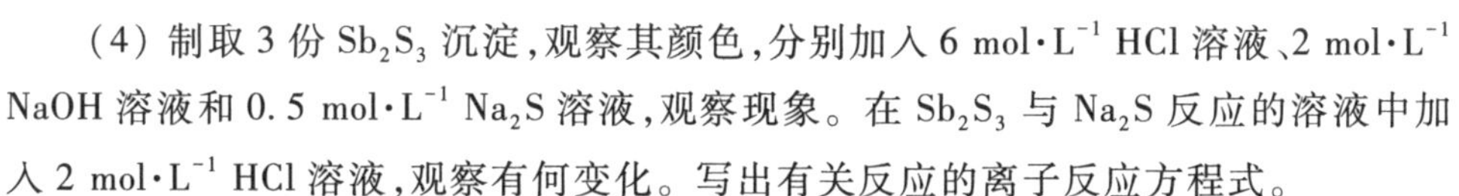

（4）制取 3 份 Sb_2S_3 沉淀，观察其颜色，分别加入 6 mol·L^{-1} HCl 溶液、2 mol·L^{-1} NaOH 溶液和 0.5 mol·L^{-1} Na_2S 溶液，观察现象。在 Sb_2S_3 与 Na_2S 反应的溶液中加入 2 mol·L^{-1} HCl 溶液，观察有何变化。写出有关反应的离子反应方程式。

SnS_2 的生成和性质

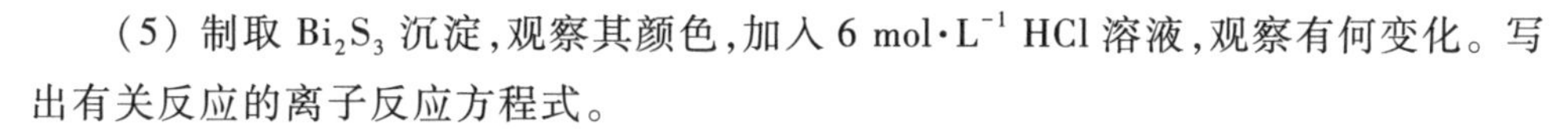

（5）制取 Bi_2S_3 沉淀，观察其颜色，加入 6 mol·L^{-1} HCl 溶液，观察有何变化。写出有关反应的离子反应方程式。

5. 铅（Ⅱ）难溶盐的生成与溶解

（1）制取少量 $PbCl_2$ 沉淀，观察其颜色，并分别试验其在热水和浓盐酸中的溶解情况。写出有关反应方程式。

Sb_2S_3 的生成和性质

（2）制取少量 $PbSO_4$ 沉淀，观察其颜色，试验其在饱和 NH_4Ac 溶液中的溶解情况。写出有关反应方程式。

（3）制取少量 $PbCrO_4$ 沉淀，观察其颜色，分别试验其在 6 mol·L^{-1} HNO_3 溶液和 6 mol·L^{-1} NaOH 溶液中的溶解情况。写出有关反应方程式。

6. Sn^{2+} 与 Pb^{2+} 的鉴别

有 A 和 B 两种溶液，一种含有 Sn^{2+}，另一种含有 Pb^{2+}。试根据它们的特征反应设计实验方法加以区分。写出结论及有关反应方程式。

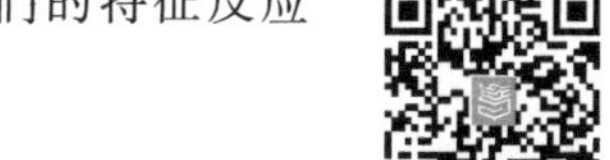

Bi_2S_3 的生成和性质

7. Sb^{3+} 与 Bi^{3+} 的分离与鉴定

取 0.1 mol·L^{-1} $SbCl_3$ 溶液和 0.1 mol·L^{-1} $BiCl_3$ 溶液各 3 滴，混合后设计方法加以分离和鉴定。图示分离、鉴定步骤，写出现象和有关反应的离子反应方程式。

思考题

1. 检验 $Pb(OH)_2$ 碱性时，应该用什么酸？为什么不能用稀盐酸或稀硫酸？
2. 怎样制取亚锡酸钠溶液？
3. PbO_2 和 $MnSO_4$ 溶液反应时为什么用硝酸酸化而不用盐酸酸化？
4. 配制 $SnCl_2$ 溶液时为什么要加入盐酸和锡粒？

5. 比较锡、铅氢氧化物的酸碱性;比较锑、铋氢氧化物的酸碱性。
6. 比较锡、铅化合物的氧化还原性;比较锑、铋化合物的氧化还原性。
7. 总结锡、铅、锑、铋硫化物的溶解性,说明它们与相应的氢氧化物的酸碱性有何联系。
8. 在含 Sn^{2+}的溶液中加入 CrO_4^{2-}会发生什么反应?

实验十五　氧、硫、氯、溴、碘

实验目的

1. 掌握过氧化氢的主要性质。

2. 掌握硫化氢的还原性、亚硫酸及其盐的性质、硫代硫酸及其盐的性质和过二硫酸盐的氧化性。

3. 掌握卤素单质氧化性和卤化氢还原性的递变规律；掌握卤素含氧酸盐的氧化性。

4. 学会 H_2O_2，S^{2-}，SO_3^{2-}，$S_2O_3^{2-}$，Cl^-，Br^-，I^-的鉴定方法。

实验原理

过氧化氢具有强氧化性。它也能被更强的氧化剂氧化为氧气。酸性溶液中，H_2O_2 与 $Cr_2O_7^{2-}$ 反应生成蓝色的 CrO_5，这一反应可用于鉴定 H_2O_2。

H_2S 具有强还原性。在含有 S^{2-}的溶液中加入稀盐酸，生成的 H_2S 气体能使湿润的醋酸铅试纸变黑。在碱性溶液中，S^{2-}与$[Fe(CN)_5NO]^{2-}$反应生成紫色配合物：

$$S^{2-}+[Fe(CN)_5NO]^{2-} \longrightarrow [Fe(CN)_5NOS]^{4-}$$

这两种方法可用于鉴定 S^{2-}。

为了减少 H_2S 气体对空气的污染，可用硫代乙酰胺（CH_3CSNH_2）溶液代替饱和 H_2S 溶液。硫代乙酰胺在酸性溶液中水解生成 H_2S：

$$CH_3CSNH_2+H_2O \rightleftharpoons CH_3CONH_2+H_2S$$

SO_2 溶于水生成不稳定的亚硫酸。亚硫酸及其盐常用作还原剂，但遇到强还原剂时也起氧化作用。H_2SO_3 可与某些有机物发生加成反应生成无色加成物，所以具有漂白性。而生成的无机加成物受热时往往容易分解。SO_3^{2-} 与$[Fe(CN)_5NO]^{2-}$反应生成红色配合物，加入饱和 $ZnSO_4$ 溶液和 $K_4[Fe(CN)_6]$溶液，会使红色明显加深。这种方法可用于鉴定 SO_3^{2-}。

硫代硫酸不稳定，因此硫代硫酸盐遇酸容易分解。$Na_2S_2O_3$ 常用作还原剂，还能与某些金属离子形成配合物。$S_2O_3^{2-}$ 与 Ag^+反应能生成白色的 $Ag_2S_2O_3$ 沉淀：

$$2Ag^++S_2O_3^{2-} \longrightarrow Ag_2S_2O_3(s)$$

$Ag_2S_2O_3(s)$能迅速分解为 Ag_2S 和 H_2SO_4：

$$Ag_2S_2O_3(s)+H_2O \longrightarrow Ag_2S(s)+H_2SO_4$$

这一过程伴随颜色由白色变为黄色、棕色，最后变为黑色。这一方法可用于鉴定 $S_2O_3^{2-}$。

过二硫酸盐是强氧化剂，在酸性条件下能将 Mn^{2+}氧化为 MnO_4^-，有 Ag^+（作催化剂）存在时，此反应速率增大。

氯、溴、碘氧化性的强弱次序为 $Cl_2>Br_2>I_2$。卤化氢还原性的强弱次序为 $HI>HBr>HCl$。

HBr 和 HI 能分别将浓硫酸还原为 SO_2 和 H_2S。Br^-能被 Cl_2 氧化为 Br_2，在 CCl_4 中呈棕黄色。I^-能被 Cl_2 氧化为 I_2，在 CCl_4 中呈紫色，当 Cl_2 过量时，I_2 被氧化为无色的 IO_3^-。

次氯酸及其盐具有强氧化性。在酸性条件下，卤酸盐都具有强氧化性，其强弱次序为 $BrO_3^->ClO_3^->IO_3^-$。

Cl^-，Br^-，I^-与 Ag^+反应分别生成 AgCl，AgBr，AgI 沉淀，它们的溶度积依次减小，都不溶于稀硝酸。AgCl 能溶于稀氨水或$(NH_4)_2CO_3$ 溶液，生成$[Ag(NH_3)_2]^+$，再加入稀硝酸时，AgCl 会重新沉淀出来，由此可以鉴定 Cl^-的存在。AgBr 和 AgI 不溶于稀氨水或$(NH_4)_2CO_3$ 溶液，它们在 HAc 介质中能被锌还原为 Ag，可使 Br^-和 I^-转入溶液中，再用氯水将其氧化，可以鉴定 Br^-和 I^-的存在。

仪器、药品及材料

仪器：离心机，水浴锅，点滴板。

药品：H_2SO_4 溶液[1 $mol\cdot L^{-1}$，2 $mol\cdot L^{-1}$，1+1（浓硫酸与水以体积比 1∶1 混合），浓]，HCl 溶液（2 $mol\cdot L^{-1}$，浓），HNO_3 溶液（2 $mol\cdot L^{-1}$，浓），HAc 溶液（6 $mol\cdot L^{-1}$），NaOH 溶液（2 $mol\cdot L^{-1}$），$NH_3\cdot H_2O$（2 $mol\cdot L^{-1}$），KI 溶液（0.1 $mol\cdot L^{-1}$），KBr 溶液（0.1 $mol\cdot L^{-1}$，0.5 $mol\cdot L^{-1}$），$K_2Cr_2O_7$ 溶液（0.1 $mol\cdot L^{-1}$），NaCl 溶液（0.1 $mol\cdot L^{-1}$），$KMnO_4$ 溶液（0.01 $mol\cdot L^{-1}$），$KClO_3$ 溶液（饱和），$KBrO_3$ 溶液（饱和），KIO_3 溶液（0.1 $mol\cdot L^{-1}$），$FeCl_3$ 溶液（0.1 $mol\cdot L^{-1}$），$ZnSO_4$ 溶液（饱和），$Na_2[Fe(CN)_5NO]$溶液（1%），$K_4[Fe(CN)_6]$溶液（0.1 $mol\cdot L^{-1}$），$Na_2S_2O_3$ 溶液（0.1 $mol\cdot L^{-1}$），Na_2SO_3 溶液（0.1 $mol\cdot L^{-1}$），Na_2S 溶液（0.1 $mol\cdot L^{-1}$），$(NH_4)_2CO_3$ 溶液（12%），$AgNO_3$ 溶液（0.1 $mol\cdot L^{-1}$），$(NH_4)_2S_2O_8$ 溶液（0.2 $mol\cdot L^{-1}$），$BaCl_2$ 溶液（1 $mol\cdot L^{-1}$），$MnSO_4$ 溶液（0.1 $mol\cdot L^{-1}$），$NaHSO_3$ 溶液（0.1 $mol\cdot L^{-1}$），MnO_2(s)，$(NH_4)_2S_2O_8$(s)，硫粉，NaCl(s)，KBr(s)，KI(s)，锌粒，CCl_4，戊醇，H_2S 溶液（饱和），SO_2 溶液（饱和），H_2O_2 溶液（3%），碘水（0.01 $mol\cdot L^{-1}$，饱和），淀粉试液，品红溶液，氯水（饱和），硫代乙酰胺溶液（$\omega=0.05$）。

材料：pH 试纸，淀粉-KI 试纸，醋酸铅试纸，蓝色石蕊试纸。

实验步骤

1. 过氧化氢的性质

（1）制备少量 PbS 沉淀，离心分离，弃去清液，水洗沉淀后加入 3% H_2O_2 溶液，观察现象。写出有关的反应方程式。

（2）取 3% H_2O_2 溶液和戊醇各 0.5 mL，加入几滴 1 $mol\cdot L^{-1}$ H_2SO_4 溶液和 1 滴 0.1 $mol\cdot L^{-1}$ $K_2Cr_2O_7$ 溶液，振荡试管，观察现象。写出有关反应方程式。

2. 硫化氢的还原性和 S^{2-}的鉴定

（1）取几滴 0.01 $mol\cdot L^{-1}$ $KMnO_4$ 溶液，用稀 H_2SO_4 溶液酸化后，再滴加饱和 H_2S 溶液，观察现象。写出有关反应方程式。

（2）试验 0.1 $mol\cdot L^{-1}$ $FeCl_3$ 溶液与饱和 H_2S 溶液的反应，观察现象，写出有关反应方程式。

（3）在点滴板上加 1 滴 0.1 $mol\cdot L^{-1}$ Na_2S 溶液，再加 1 滴 1% $Na_2[Fe(CN)_5NO]$溶液，观察

现象。写出有关反应的离子反应方程式。

(4) 在试管中加入几滴 0.1 mol·L^{-1} Na_2S 溶液和 2 mol·L^{-1} HCl 溶液,用湿润的醋酸铅试纸检查逸出的气体。写出有关反应方程式。

*3. 多硫化物的生成和性质

在试管中加入 0.1 mol·L^{-1} Na_2S 溶液和少量硫粉,加热数分钟,观察溶液颜色的变化。吸取清液于另一试管中,加入 2 mol·L^{-1} HCl 溶液,观察现象,并用湿润的醋酸铅试纸检查逸出的气体。写出有关反应方程式。

4. 亚硫酸的性质和 SO_3^{2-} 的鉴定

H_2SO_3 的还原性

(1) 取几滴饱和碘水,加 1 滴淀粉试液,再加入数滴饱和 SO_2 溶液,观察现象。写出有关反应方程式。

(2) 取几滴饱和 H_2S 溶液,滴加饱和 SO_2 溶液,观察现象。写出反应方程式。

(3) 取 3 mL 品红溶液,加入 1～2 滴饱和 SO_2 溶液,摇荡后静止片刻,观察溶液颜色的变化。

(4) 在点滴板上滴加饱和 $ZnSO_4$ 溶液和 0.1 mol·L^{-1} $K_4[Fe(CN)_6]$溶液各 1 滴,再滴加 1 滴 1% $Na_2[Fe(CN)_5NO]$溶液,最后滴加 1 滴含 SO_3^{2-} 的溶液,用玻璃棒搅拌,观察现象。

SO_2 的漂白作用

5. 硫代硫酸及其盐的性质

(1) 在试管中加入几滴 0.1 mol·L^{-1} $Na_2S_2O_3$ 溶液和 2 mol·L^{-1} HCl 溶液,摇荡片刻,观察现象,并用湿润的蓝色石蕊试纸检验逸出的气体。写出有关反应方程式。

(2) 取几滴 0.01 mol·L^{-1}碘水,加 1 滴淀粉试液,逐滴加入 0.1 mol·L^{-1} $Na_2S_2O_3$ 溶液,观察现象。写出有关反应方程式。

(3) 取几滴饱和氯水,滴加 0.1 mol·L^{-1} $Na_2S_2O_3$ 溶液,并检验是否有 SO_4^{2-} 生成。

(4) 在点滴板上滴加 1 滴 0.1 mol·L^{-1} $Na_2S_2O_3$ 溶液,再滴加 0.1 mol·L^{-1}$AgNO_3$溶液至生成白色沉淀,观察颜色的变化。写出有关反应方程式。

6. 过硫酸盐的氧化性

取几滴 0.1 mol·L^{-1} $MnSO_4$ 溶液,加入 2 mL 1 mol·L^{-1} H_2SO_4 溶液和 1 滴 0.1 mol·L^{-1} $AgNO_3$ 溶液再加入少量$(NH_4)_2S_2O_8$ 固体,在水浴中加热片刻,观察溶液颜色的变化。写出有关反应方程式。

HCl 的还原性

*7. 卤化氢的还原性

[演示]在 3 支干燥的试管中分别加入米粒大小的 NaCl,KBr 和 KI 固体,再分别加入 2～3 滴浓硫酸,观察现象,并分别用湿润的 pH 试纸、淀粉-KI 试纸和醋酸铅试纸检验逸出的气体(应在通风橱内逐个进行实验,并立即清洗试管)。写出有关反应方程式。

HBr 的还原性

8. 氯、溴、碘含氧酸盐的氧化性

(1) 取 2 mL 氯水,逐滴加入 2 mol·L^{-1} NaOH 溶液至呈弱碱性,然后将溶液分装

HI 的还原性

次氯酸盐的氧化性

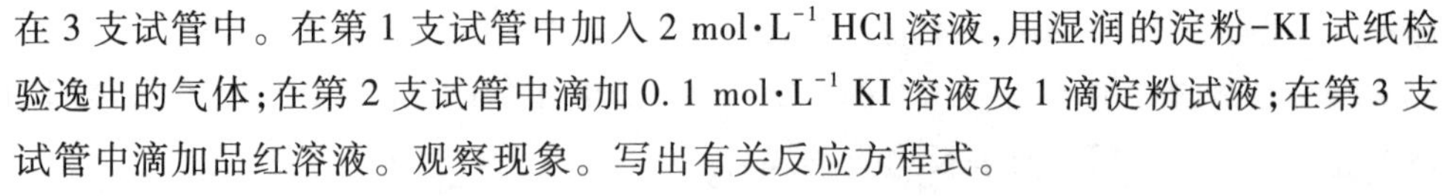

在 3 支试管中。在第 1 支试管中加入 2 $mol\cdot L^{-1}$ HCl 溶液，用湿润的淀粉-KI 试纸检验逸出的气体；在第 2 支试管中滴加 0.1 $mol\cdot L^{-1}$ KI 溶液及 1 滴淀粉试液；在第 3 支试管中滴加品红溶液。观察现象。写出有关反应方程式。

(2) 取几滴饱和 $KClO_3$ 溶液，加入几滴浓盐酸，并检验逸出的气体。写出有关反应方程式。

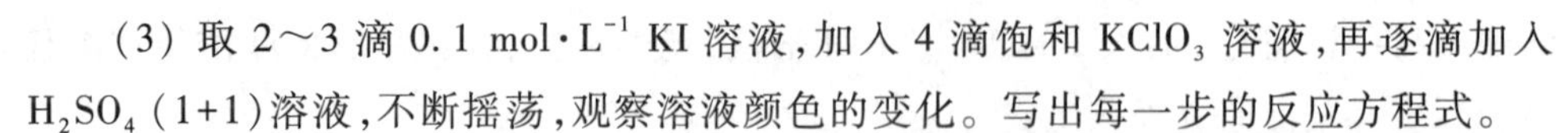

(3) 取 2～3 滴 0.1 $mol\cdot L^{-1}$ KI 溶液，加入 4 滴饱和 $KClO_3$ 溶液，再逐滴加入 H_2SO_4 (1+1)溶液，不断摇荡，观察溶液颜色的变化。写出每一步的反应方程式。

(4) 取几滴 0.1 $mol\cdot L^{-1}$ KIO_3 溶液，酸化后加入数滴 CCl_4，再滴加 0.1 $mol\cdot L^{-1}$ $NaHSO_3$ 溶液，摇荡，观察现象。写出有关反应的离子反应方程式。

9. Cl^-，Br^-和 I^-的鉴定

氯酸盐的氧化性

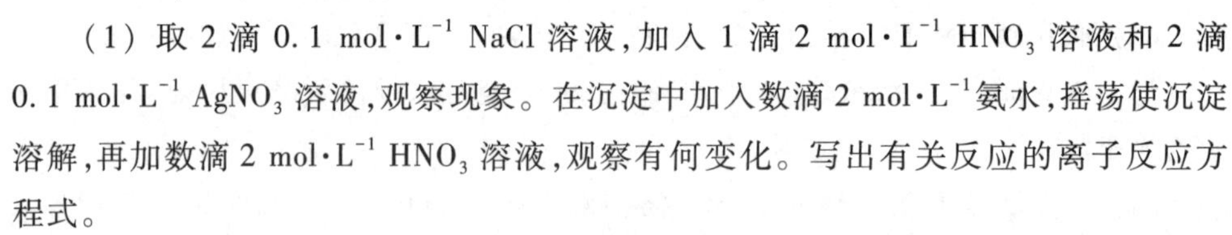

(1) 取 2 滴 0.1 $mol\cdot L^{-1}$ NaCl 溶液，加入 1 滴 2 $mol\cdot L^{-1}$ HNO_3 溶液和 2 滴 0.1 $mol\cdot L^{-1}$ $AgNO_3$ 溶液，观察现象。在沉淀中加入数滴 2 $mol\cdot L^{-1}$氨水，摇荡使沉淀溶解，再加数滴 2 $mol\cdot L^{-1}$ HNO_3 溶液，观察有何变化。写出有关反应的离子反应方程式。

碘酸盐的氧化性

(2) 取 2 滴 0.1 $mol\cdot L^{-1}$ KBr 溶液，加 1 滴 2 $mol\cdot L^{-1}$ H_2SO_4 溶液和 0.5 mL CCl_4，再逐滴加入氯水，边加边摇荡，观察 CCl_4 层颜色的变化。写出有关反应的离子反应方程式。

(3) 用 0.1 $mol\cdot L^{-1}$ KI 溶液代替 KBr，重复上述实验。写出有关反应的离子反应方程式。

10. Cl^-，Br^-和 I^-的分离与鉴定

取 0.1 $mol\cdot L^{-1}$ NaCl 溶液、0.1 $mol\cdot L^{-1}$ KBr 溶液、0.1 $mol\cdot L^{-1}$ KI 溶液各 2 滴混匀。设计方法将其分离并鉴定。给定试剂为：2 $mol\cdot L^{-1}$ HNO_3 溶液，0.1 $mol\cdot L^{-1}$ $AgNO_3$ 溶液，12% $(NH_4)_2CO_3$ 溶液，锌粒，6 $mol\cdot L^{-1}$ HAc 溶液，CCl_4 和饱和氯水。图示分离和鉴定步骤，写出现象和有关反应的离子反应方程式。

思考题

1. 实验室长期放置的 H_2S 溶液、Na_2S 溶液和 Na_2SO_3 溶液会发生什么变化？

2. 鉴定 $S_2O_3^{2-}$ 时，$AgNO_3$ 溶液应过量，否则会出现什么现象？为什么？

3. 用 NaOH 溶液和氯水配制 NaClO 溶液时，碱性太强会给后面的实验造成什么影响？

4. 酸性条件下，$KBrO_3$ 溶液与 KBr 溶液会发生什么反应？$KBrO_3$ 溶液与 KI 溶液又会发生什么反应？

5. 鉴定 Cl^-时，为什么要先加入稀硝酸？而鉴定 Br^-和 I^-时，为什么要先加稀硫酸而不加入稀硝酸？

实验十六　钛、钒

实验目的

1. 了解钛(Ⅳ)和钒(Ⅴ)的氧化物及含氧酸盐的生成和性质。
2. 了解低氧化数的钛和钒化合物的生成和性质。
3. 观察各种氧化数的钛和钒化合物的颜色。

实验原理

1. 钛的化合物

TiO_2 既不溶于水也不溶于稀酸和稀碱溶液，但在热的浓硫酸中能够缓慢地溶解，生成硫酸钛或硫酸氧钛：

$$TiO_2+2H_2SO_4 \xrightarrow{\triangle} Ti(SO_4)_2+2H_2O$$

$$TiO_2+H_2SO_4 \xrightarrow{\triangle} TiOSO_4+H_2O$$

将此溶液加热煮沸，则发生水解，得到不溶于酸或碱的 β 型钛酸：

$$TiOSO_4+(x+1)H_2O \longrightarrow TiO_2 \cdot xH_2O+H_2SO_4$$

若在新配制的酸性钛盐中加碱，则可得到能溶于稀酸或浓碱的 α 型钛酸：

$$TiOSO_4+2NaOH+H_2O \longrightarrow Ti(OH)_4+Na_2SO_4$$

$$Ti(OH)_4+H_2SO_4 \longrightarrow TiOSO_4+3H_2O$$

$$Ti(OH)_4+2NaOH \longrightarrow Na_2TiO_3+3H_2O$$

在 TiO^{2+} 溶液中加入过氧化氢，呈现出特征颜色：在强酸性溶液中显红色；在稀酸或中性溶液中显橙黄色。利用这一反应可以进行 Ti(Ⅳ)或 H_2O_2 的比色分析。反应为

$$TiO^{2+}+H_2O_2 \longrightarrow [TiO(H_2O_2)]^{2+}$$

$TiCl_4$ 是共价占优势的化合物，常温下是无色液体，具有刺激性的臭味；它极易水解，暴露在空气中会发烟：

$$TiCl_4+2H_2O \longrightarrow TiO_2+4HCl$$

在酸性溶液中用锌还原钛氧离子 TiO^{2+}，可得紫色的$[Ti(H_2O)_6]^{3+}$：

$$2TiO^{2+}+Zn+10H_2O+4H^+ \longrightarrow 2[Ti(H_2O)_6]^{3+}+Zn^{2+}$$

Ti^{3+} 易水解：

$$Ti^{3+}+H_2O \longrightarrow Ti(OH)^{2+}+H^+$$

或

$$[Ti(H_2O)_6]^{3+} \longrightarrow [Ti(OH)(H_2O)_5]^{2+}+H^+$$

向 Ti^{3+} 的溶液中加入可溶性碳酸盐时，有 $Ti(OH)_3$ 沉淀生成：

$$2Ti^{3+}+3CO_3^{2-}+3H_2O \longrightarrow 2Ti(OH)_3(s)+3CO_2(g)$$

在酸性溶液中，Ti^{3+}有强还原性，能将 Cu^{2+}，Fe^{3+}分别还原为 Cu^{+}，Fe^{2+}，也可被空气中的氧气氧化：

$$Ti^{3+}+Cu^{2+}+Cl^{-}+H_2O \longrightarrow CuCl+TiO^{2+}+2H^{+}$$

$$Ti^{3+}+Fe^{3+}+H_2O \longrightarrow TiO^{2+}+Fe^{2+}+2H^{+}$$

$$4Ti^{3+}+O_2+2H_2O \longrightarrow 4TiO^{2+}+4H^{+}$$

2. 钒的化合物

V_2O_5 是橙黄色或砖红色的晶体，有毒，微溶于水（25℃时约 0.07 g/100 g H_2O）而呈淡黄色，具有两性，但酸性占优势，溶于碱生成偏钒酸盐：

$$V_2O_5+2NaOH \longrightarrow 2NaVO_3+H_2O$$

在强碱性溶液中则生成正钒酸盐：

$$V_2O_5+6NaOH \longrightarrow 2Na_3VO_4+3H_2O$$

向正钒酸盐溶液中加酸，随着 H^{+}浓度增加会生成不同聚合度的多钒酸盐。

V_2O_5 能把盐酸中的 Cl^{-}氧化为 Cl_2，本身被还原为蓝色的 VO^{2+}；在酸性介质中，VO_2^{+} 是一种较强的氧化剂：

$$V_2O_5+6HCl \longrightarrow 2VOCl_2+Cl_2+3H_2O$$

或

$$2VO_2^{+}+2Cl^{-}+4H^{+} \longrightarrow 2VO^{2+}+Cl_2+2H_2O$$

VO_2^{+} 也可被 Fe^{2+}或 $H_2C_2O_4$ 还原为 VO^{2+}：

$$VO_2^{+}+Fe^{2+}+2H^{+} \longrightarrow VO^{2+}+Fe^{3+}+H_2O$$

$$2VO_2^{+}+H_2C_2O_4+2H^{+} \longrightarrow 2VO^{2+}+2CO_2+2H_2O$$

上述反应可用于钒的鉴定。

在 V(Ⅴ)的酸性溶液中加 H_2O_2，可生成红色的$[V(O_2)]^{3+}$：

$$NH_4VO_3+H_2O_2+4HCl \longrightarrow [V(O_2)]Cl_3+NH_4Cl+3H_2O$$

在酸性溶液中，V(Ⅴ)可被锌逐渐还原为 V(Ⅳ)，V(Ⅲ)，V(Ⅱ)，使溶液颜色发生由蓝→暗绿→紫红的演变过程：

$$2VO_2Cl+Zn+4HCl \longrightarrow 2VOCl_2(\text{蓝})+ZnCl_2+2H_2O$$

$$2VOCl_2+Zn+4HCl \longrightarrow 2VCl_3(\text{暗绿})+ZnCl_2+2H_2O$$

$$2VCl_3+Zn \longrightarrow 2VCl_2(\text{紫红})+ZnCl_2$$

仪器、药品及材料

仪器：坩埚，坩埚钳，泥三角，石棉网，三脚架。

药品：HCl 溶液（6 mol·L^{-1}，浓），H_2SO_4 溶液（2 mol·L^{-1}，浓），$H_2C_2O_4$ 溶液（1 mol·L^{-1}），NaOH 溶液（2 mol·L^{-1}，6 mol·L^{-1}，40%），$NH_3 \cdot H_2O$（2 mol·L^{-1}），$TiCl_4$ 溶液（0.1 mol·L^{-1}），$TiOSO_4$ 溶液（0.1 mol·L^{-1}），Na_2CO_3 溶液（1 mol·L^{-1}），VO_2Cl 溶液（0.5 mol·L^{-1}），$FeSO_4$ 溶液（0.1 mol·L^{-1}），$KMnO_4$ 溶液（0.1 mol·L^{-1}），$CuCl_2$ 溶液（0.5 mol·L^{-1}），TiO_2(s)，NH_4VO_3(s)，锌粒，H_2O_2 溶液（3%）。

材料:pH 试纸,淀粉-KI 试纸。

实验步骤

1. 钛的化合物

(1) TiO_2 的性质　在 4 支试管中各加入少量 $TiO_2(s)$ 和 2 mL 的去离子水,再分别加入下列溶液:2 $mol\cdot L^{-1}$ H_2SO_4 溶液,2 $mol\cdot L^{-1}$ NaOH 溶液,浓 H_2SO_4 溶液,40% NaOH 溶液。摇荡试管,观察 TiO_2 是否溶解。然后再逐个加热(加热时要防止溶液溅出,尤其是加有浓 H_2SO_4 溶液和 40% NaOH 溶液的试管),此时 TiO_2 是否溶解? 如能溶解,写出反应方程式(保留加有浓 H_2SO_4 溶液的试管备用)。

(2) α-钛酸的生成和性质　往实验(1)中所保留的加有浓 H_2SO_4 溶液的试管中滴加 2 $mol\cdot L^{-1}$ $NH_3\cdot H_2O$ 至有大量沉淀生成为止,观察沉淀的颜色。离心分离,将沉淀分成三份,第一份加过量的 6 $mol\cdot L^{-1}$ NaOH 溶液;第二份加过量的 6 $mol\cdot L^{-1}$ HCl 溶液,观察沉淀是否溶解。第三份供实验(3)使用。

(3) β-钛酸的生成和性质　在实验(2)的第三份 α-钛酸中加少量水,加热煮沸 1～2 min,离心分离,然后将沉淀分成两份,分别加 6 $mol\cdot L^{-1}$ NaOH 溶液和 6 $mol\cdot L^{-1}$ HCl 溶液,观察沉淀是否溶解。

通过实验(2)和实验(3),比较 α-钛酸和 β-钛酸的生成条件和性质有何不同。

(4) 过氧钛酰离子的生成　在 1 mL 0.1 $mol\cdot L^{-1}$ $TiOSO_4$ 溶液中滴加 3% H_2O_2 溶液,观察溶液的颜色。写出反应方程式。

(5) $TiCl_4$ 的性质

① 将 $TiCl_4$ 试剂瓶瓶塞打开(因烟雾较多,最好在通风橱内进行),有何现象?

② 在试管中加入 2 mL 去离子水,滴加 0.1 $mol\cdot L^{-1}$ $TiCl_4$ 溶液,有何现象? 再加入几滴浓盐酸,有无变化?

(6) Ti(Ⅲ)的性质　在 2 mL 0.1 $mol\cdot L^{-1}$ $TiOSO_4$ 溶液中加 2 颗锌粒,观察溶液颜色的变化。静置 2 min 后将清液分成两份,分别加 1 $mol\cdot L^{-1}$ Na_2CO_3 溶液和 0.5 $mol\cdot L^{-1}$ $CuCl_2$ 溶液,有何现象? 写出反应方程式。

2. 钒的化合物

(1) V_2O_5 的生成和性质　取少量 $NH_4VO_3(s)$ 于坩埚中,小心加热并不断搅拌,待产物呈现橙红色时停止加热,冷却后将产物分装于 6 支试管中。

在试管 1 中加 2 mL 去离子水,并煮沸之,观察固体是否溶解。待冷却后用 pH 试纸测其 pH。

在试管 2 中加 2 mL 2 $mol\cdot L^{-1}$ H_2SO_4 溶液,观察固体是否溶解。

在试管 3 中加 2 mL 浓硫酸,观察固体是否溶解。然后将所得溶液慢慢倒入水中,观察颜色有何变化。写出反应方程式。(保留此溶液备用。)

在试管 4 中加 2 mL 2 $mol\cdot L^{-1}$ NaOH 溶液,加热,观察有何变化。

在试管 5 中加 2 mL 40% NaOH 溶液,加热,观察现象。用 2 $mol\cdot L^{-1}$ H_2SO_4 溶液将 pH 调至

6.5 左右，观察溶液的颜色，然后继续加酸，使 $pH \approx 2$，观察溶液颜色又有何变化，有无沉淀生成。继续加酸到 pH 为 1 时，观察有何变化。

在试管 6 中加 2 mL 浓 HCl 溶液并煮沸，注意产物的颜色。怎样证明有氯气放出？用水稀释，颜色又有何变化？写出反应方程式。

将试管 3 中保留的溶液分为甲、乙、丙三份。

向甲中滴加 $0.1\ mol \cdot L^{-1}$ $FeSO_4$ 溶液，观察溶液颜色的变化。写出反应方程式。

向乙中滴加 $1\ mol \cdot L^{-1}$ $H_2C_2O_4$ 溶液并加热，观察溶液颜色的变化。写出反应方程式。

向丙中滴加 3% H_2O_2 溶液，观察有何现象发生。写出反应方程式。

(2) 各种氧化数的钒化合物的颜色　在 5 mL $0.5\ mol \cdot L^{-1}$ VO_2Cl（氯化氧钒）溶液中加入两颗锌粒，反应过程中溶液的颜色逐渐由蓝色→暗绿色→紫色。将紫色溶液分成两份（一份 4 mL，另一份 1 mL），较少的一份留作比较，向较多的一份滴加 $0.1\ mol \cdot L^{-1}$ $KMnO_4$ 溶液，到溶液变成暗绿色为止；将暗绿色溶液再分为两份，较少的一份留作比较，向较多的一份中继续加 $KMnO_4$ 溶液至变成蓝色为止；将蓝色溶液再分为两份，一份留作比较，另一份继续加 $KMnO_4$ 溶液至变成黄色为止。

试根据上述实验确定各种氧化数钒（VO_2^+，VO^{2+}，V^{3+}，V^{2+}）的颜色，并写出各步反应方程式。

思考题

1. 过氧钛酰离子是怎样得到的？
2. Ti(Ⅲ)的性质如何？
3. 实验室中如何制备 V_2O_5？其性质如何？
4. VO_2^+，VO^{2+}，V^{3+}，V^{2+} 各为什么颜色？

实验十七　铬、锰、铁、钴、镍

实验目的

1. 掌握铬、锰、铁、钴、镍氢氧化物的酸碱性和氧化还原性。
2. 掌握铬、锰重要氧化数之间的转化反应及其条件。
3. 掌握铁、钴、镍配合物的生成和性质。
4. 掌握锰、铁、钴、镍硫化物的生成和溶解性。
5. 学习 Cr^{3+}，Mn^{2+}，Fe^{2+}，Fe^{3+}，Co^{2+}，Ni^{2+}的鉴定方法。

实验原理

铬、锰、铁、钴、镍是元素周期系第四周期第ⅥB～Ⅷ族元素，它们都能形成多种氧化数的化合物。铬的重要氧化数为+3 和+6；锰的重要氧化数为+2，+4，+6和+7；铁、钴、镍的重要氧化数都是+2 和+3。

$Cr(OH)_3$ 是两性氢氧化物。$Mn(OH)_2$ 和 $Fe(OH)_2$ 都很容易被空气中的 O_2 氧化，$Co(OH)_2$ 也能被空气中的 O_2 慢慢氧化。由于 Co^{3+}和 Ni^{3+}都具有强氧化性，$Co(OH)_3$，$Ni(OH)_3$ 与浓盐酸反应分别生成 Co(Ⅱ)和 Ni(Ⅱ)，并放出氯气。$Co(OH)_3$ 和$Ni(OH)_3$通常分别由 Co(Ⅱ)和 Ni(Ⅱ)的盐在碱性条件下用强氧化剂氧化得到，例如：

$$2Ni^{2+}+6OH^-+Br_2 \longrightarrow 2Ni(OH)_3(s)+2Br^-$$

Cr^{3+}和 Fe^{3+}都易发生水解反应。Fe^{3+}具有一定的氧化性，能与强还原剂反应生成 Fe^{2+}。

酸性溶液中，Cr^{3+}和 Mn^{2+}的还原性都较弱，只有用强氧化剂才能将它们分别氧化为 $Cr_2O_7^{2-}$ 和 MnO_4^-。在酸性条件下利用 Mn^{2+}和 $NaBiO_3$ 的反应可以鉴定 Mn^{2+}。

在碱性溶液中，$[Cr(OH)_4]^-$可被 H_2O_2 氧化为 CrO_4^{2-}。在酸性溶液中 CrO_4^{2-} 转变为 $Cr_2O_7^{2-}$。$Cr_2O_7^{2-}$ 与 H_2O_2 反应能生成深蓝色的 CrO_5：

$$Cr_2O_7^{2-}+4H_2O_2+2H^+ \xrightarrow{\text{戊醇}} 2CrO_5+5H_2O$$

由此可以鉴定 Cr^{3+}。

在重铬酸盐溶液中分别加入 Ag^+，Pb^{2+}，Ba^{2+}等，能生成相应的铬酸盐沉淀。

$Cr_2O_7^{2-}$ 和 MnO_4^- 都具有强氧化性。酸性溶液中 $Cr_2O_7^{2-}$ 被还原为 Cr^{3+}。MnO_4^- 在酸性、中性、强碱性溶液中的还原产物分别为 Mn^{2+}、MnO_2 沉淀和 MnO_4^{2-}。强碱性溶液中，MnO_4^- 与 MnO_2 反应也能生成 MnO_4^{2-}。在酸性甚至近中性溶液中，MnO_4^{2-} 歧化为 MnO_4^- 和 MnO_2。在酸性溶液中，MnO_2 也是强氧化剂。

MnS，FeS，CoS，NiS 都能溶于稀酸，MnS 还能溶于 HAc 溶液。这些硫化物需要在弱碱性溶液中制得。生成的 CoS 和 NiS 沉淀由于晶体结构改变而难溶于稀酸。

铬、锰、铁、钴、镍都能形成多种配合物。Co^{2+}和Ni^{2+}与过量的氨水反应分别生成$[Co(NH_3)_6]^{2+}$和$[Ni(NH_3)_6]^{2+}$。$[Co(NH_3)_6]^{2+}$容易被空气中的O_2氧化为$[Co(NH_3)_6]^{3+}$。Fe^{2+}与$[Fe(CN)_6]^{3-}$反应，或Fe^{3+}与$[Fe(CN)_6]^{4-}$反应，都生成蓝色沉淀，分别用于鉴定Fe^{2+}和Fe^{3+}。酸性溶液中Fe^{3+}与SCN^-反应也用于鉴定Fe^{3+}。Co^{2+}也能与SCN^-反应，生成不稳定的$[Co(NCS)_4]^{2-}$，在丙酮等有机溶剂中较稳定，此反应用于鉴定Co^{2+}。Ni^{2+}与丁二酮肟在弱碱性条件下反应生成鲜红色的内配盐，此反应常用于鉴定Ni^{2+}。

仪器、药品及材料

仪器：离心机。

药品：HCl 溶液（2 $mol\cdot L^{-1}$，6 $mol\cdot L^{-1}$，浓），H_2SO_4 溶液（2 $mol\cdot L^{-1}$，6 $mol\cdot L^{-1}$，浓），HNO_3 溶液（6 $mol\cdot L^{-1}$，浓），HAc 溶液（2 $mol\cdot L^{-1}$），H_2S 溶液（饱和），NaOH 溶液（2 $mol\cdot L^{-1}$，6 $mol\cdot L^{-1}$，40%），$NH_3\cdot H_2O$（2 $mol\cdot L^{-1}$，6 $mol\cdot L^{-1}$），$Pb(NO_3)_2$ 溶液（0.1 $mol\cdot L^{-1}$），$AgNO_3$ 溶液（0.1 $mo\cdot L^{-1}$），$MnSO_4$ 溶液（0.1 $mol\cdot L^{-1}$，0.5 $mol\cdot L^{-1}$），$Cr_2(SO_4)_3$ 溶液（0.1 $mol\cdot L^{-1}$），Na_2SO_3 溶液（0.1 $mol\cdot L^{-1}$），Na_2S 溶液（0.1 $mol\cdot L^{-1}$），$CrCl_3$ 溶液（0.1 $mol\cdot L^{-1}$），K_2CrO_4 溶液（0.1 $mol\cdot L^{-1}$），$K_2Cr_2O_7$ 溶液（0.1 $mol\cdot L^{-1}$），$KMnO_4$ 溶液（0.01 $mol\cdot L^{-1}$），$BaCl_2$ 溶液（0.1 $mol\cdot L^{-1}$），$FeCl_3$ 溶液（0.1 $mol\cdot L^{-1}$），$CoCl_2$ 溶液（0.1 $mol\cdot L^{-1}$，0.5 $mol\cdot L^{-1}$），$FeSO_4$ 溶液（0.1 $mol\cdot L^{-1}$），$SnCl_2$ 溶液（0.1 $mol\cdot L^{-1}$），$NiSO_4$ 溶液（0.1 $mol\cdot L^{-1}$，0.5 $mol\cdot L^{-1}$），KI 溶液（0.02 $mol\cdot L^{-1}$），NaF 溶液（1 $mol\cdot L^{-1}$），KSCN 溶液（0.1 $mol\cdot L^{-1}$），$K_4[Fe(CN)_6]$ 溶液（0.1 $mol\cdot L^{-1}$），$K_3[Fe(CN)_6]$ 溶液（0.1 $mol\cdot L^{-1}$），NH_4Cl 溶液（1 $mol\cdot L^{-1}$），$K_2S_2O_8(s)$，$MnO_2(s)$，$NaBiO_3(s)$，$PbO_2(s)$，$KMnO_4(s)$，$FeSO_4\cdot 7H_2O(s)$，KSCN(s)，戊醇（或乙醚），H_2O_2 溶液（3%），溴水，碘水，丁二酮肟，丙酮，淀粉试液。

材料：淀粉-KI 试纸。

实验步骤

1. 铬、锰、铁、钴、镍氢氧化物的生成和性质

（1）制备少量$Cr(OH)_3$，检验其酸碱性，观察现象。写出具体的实验步骤及有关的反应方程式。

（2）在 3 支试管中各加入几滴 0.1 $mol\cdot L^{-1}$ $MnSO_4$ 溶液和 2 $mol\cdot L^{-1}$ NaOH 溶液（均预先加热除氧），观察现象。迅速检验两支试管中$Mn(OH)_2$的酸碱性，振荡第三支试管，观察现象。写出有关的反应方程式。

$Fe(OH)_2$的生成和性质

（3）取 2 mL 去离子水，加入几滴 2 $mol\cdot L^{-1}$ H_2SO_4 溶液，煮沸除去氧，冷却后加入少量$FeSO_4\cdot 7H_2O(s)$使其溶解。在另一支试管中加入 1 mL 2 $mol\cdot L^{-1}$ NaOH 溶液，煮沸除去氧。冷却后用长滴管吸取 NaOH 溶液，迅速插到$FeSO_4$溶液底部挤出，观察现象。摇荡后分为三份，取两份分别检验酸碱性，第三份在空气中放置，观察现象。写出有关反应方程式。

(4) 在 3 支试管中各加入几滴 0.5 mol·L^{-1} $CoCl_2$ 溶液，再逐滴加入 2 mol·L^{-1} NaOH 溶液，观察现象。离心分离，弃去清液，然后检验两支试管中沉淀的酸碱性，将第三支试管中的沉淀在空气中放置，观察现象。写出有关反应方程式。

(5) 用 0.5 mol·L^{-1} $NiSO_4$ 溶液代替 $CoCl_2$ 溶液，重复实验(4)。

通过实验(3)～(5)比较 $Fe(OH)_2$，$Co(OH)_2$，$Ni(OH)_2$ 还原性的强弱。

(6) 制取少量 $Fe(OH)_3$，观察其颜色和状态，检验其溶液的酸碱性。写出有关反应方程式。

$Co(OH)_3$ 的生成和性质

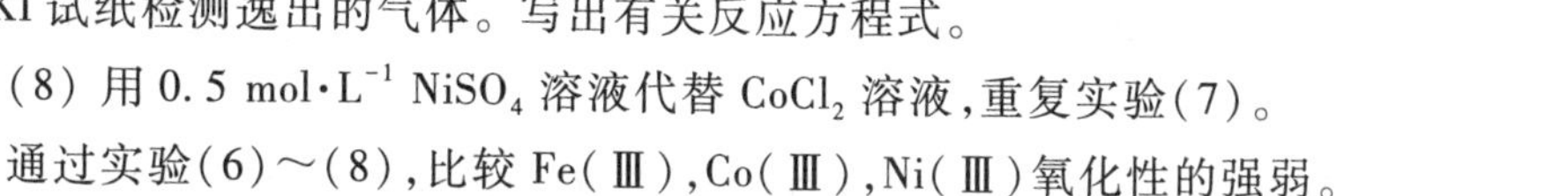

(7) 取几滴 0.5 mol·L^{-1} $CoCl_2$ 溶液，加入几滴溴水，然后加入 2 mol·L^{-1} NaOH 溶液，摇荡试管，观察现象。离心分离，弃去清液，在沉淀中滴加浓 HCl 溶液，并用淀粉-KI 试纸检测逸出的气体。写出有关反应方程式。

(8) 用 0.5 mol·L^{-1} $NiSO_4$ 溶液代替 $CoCl_2$ 溶液，重复实验(7)。

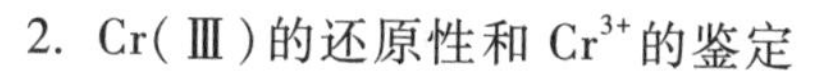

通过实验(6)～(8)，比较 Fe(Ⅲ)，Co(Ⅲ)，Ni(Ⅲ)氧化性的强弱。

2. Cr(Ⅲ)的还原性和 Cr^{3+} 的鉴定

Cr^{3+} 的鉴定

取几滴 0.1 mol·L^{-1} $CrCl_3$ 溶液，逐滴加入 6 mol·L^{-1} NaOH 溶液至过量，然后滴加 3% H_2O_2 溶液，微热，观察现象。待试管冷却后，再补加几滴 H_2O_2 溶液和 0.5 mL 戊醇(或乙醚)，慢慢滴入 6 mol·L^{-1} HNO_3 溶液，摇荡试管，观察现象。写出有关反应方程式。

3. CrO_4^{2-} 和 $Cr_2O_7^{2-}$ 的相互转化

(1) 取几滴 0.1 mol·L^{-1} K_2CrO_4 溶液，逐滴加入 2 mol·L^{-1} H_2SO_4 溶液，观察现象。再逐滴加入 2 mol·L^{-1} NaOH 溶液，观察有何变化。写出有关反应方程式。

(2) 在两支试管中分别加入几滴 0.1 mol·L^{-1} K_2CrO_4 溶液和几滴 0.1 mol·L^{-1} $K_2Cr_2O_7$ 溶液，然后分别滴加 0.1 mol·L^{-1} $BaCl_2$ 溶液，观察现象。最后再分别滴加 2 mol·L^{-1} HCl 溶液，观察现象。写出有关反应方程式。

4. $Cr_2O_7^{2-}$，MnO_4^-，Fe^{3+} 的氧化性与 Fe^{2+} 的还原性

(1) 取 2 滴 0.1 mol·L^{-1} $K_2Cr_2O_7$ 溶液，滴加饱和 H_2S 溶液，观察现象。写出有关反应方程式。

(2) 取 2 滴 0.01 mol·L^{-1} $KMnO_4$ 溶液，用 2 mol·L^{-1} H_2SO_4 溶液酸化，再滴加 0.1 mol·L^{-1} $FeSO_4$ 溶液，观察现象。写出有关反应方程式。

(3) 取几滴 0.1 mol·L^{-1} $FeCl_3$ 溶液，滴加 0.1 mol·L^{-1} $SnCl_2$ 溶液，观察现象。写出有关反应方程式。

(4) 将 0.01 mol·L^{-1} $KMnO_4$ 溶液与 0.5 mol·L^{-1} $MnSO_4$ 溶液混合，观察现象。写出有关反应方程式。

MnO_4^{2-} 的生成和性质

(5) 取 2 mL 0.01 mol·L^{-1} $KMnO_4$ 溶液，加入 1 mL 40% NaOH 溶液，再加少量 MnO_2(s)，加热，沉降片刻，观察上层清液的颜色。取清液放入另一试管中，用 2 mol·L^{-1} H_2SO_4 溶液酸化，观察现象。写出有关反应方程式。

5. 铬、锰、铁、钴、镍硫化物的性质

(1) 取几滴 0.1 mol·L^{-1} $Cr_2(SO_4)_3$ 溶液，滴加 0.1 mol·L^{-1} Na_2S 溶液，观察现象。检验逸出

MnS 的生成

的气体(可微热)。写出有关反应方程式。

(2) 取几滴 0.1 $mol \cdot L^{-1}$ $MnSO_4$ 溶液,滴加饱和 H_2S 溶液,观察有无沉淀生成。再用长滴管吸取 2 $mol \cdot L^{-1}$ $NH_3 \cdot H_2O$,插到 $MnSO_4$ 溶液底部挤出,观察现象。离心分离,在沉淀中滴加 2 $mol \cdot L^{-1}$ HAc 溶液,观察现象。写出有关反应方程式。

(3) 在 3 支试管中分别加入几滴 0.1 $mol \cdot L^{-1}$ $FeSO_4$ 溶液、几滴 0.1 $mol \cdot L^{-1}$ $CoCl_2$ 溶液和几滴 0.1 $mol \cdot L^{-1}$ $NiSO_4$ 溶液,然后分别滴加饱和 H_2S 溶液,观察有无沉淀生成。再分别加入 2 $mol \cdot L^{-1}$ $NH_3 \cdot H_2O$,观察现象。离心分离,在沉淀中滴加 2 $mol \cdot L^{-1}$ HCl 溶液,观察沉淀是否溶解。写出有关反应方程式。

(4) 取几滴 0.1 $mol \cdot L^{-1}$ $FeCl_3$ 溶液,滴加饱和 H_2S 溶液,观察现象。写出有关反应方程式。

6. 铁、钴、镍的配合物

Mn^{2+}的鉴定

(1) 取 2 滴 0.1 $mol \cdot L^{-1}$ $K_4[Fe(CN)_6]$溶液,然后滴加 0.1 $mol \cdot L^{-1}$ $FeCl_3$ 溶液;取 2 滴 0.1 $mol \cdot L^{-1}$ $K_3[Fe(CN)_6]$溶液,再滴加 0.1 $mol \cdot L^{-1}$ $FeSO_4$ 溶液。观察现象,写出有关反应方程式。

(2) 取几滴 0.1 $mol \cdot L^{-1}$ $CoCl_2$ 溶液,加入几滴 1 $mol \cdot L^{-1}$ NH_4Cl 溶液,然后滴加 6 $mol \cdot L^{-1}$ $NH_3 \cdot H_2O$,观察现象。摇荡后在空气中放置,观察溶液颜色的变化。写出有关反应方程式。

钴的氨配合物

(3) 取几滴 0.1 $mol \cdot L^{-1}$ $CoCl_2$ 溶液,加入少量 KSCN 晶体,再加入几滴丙酮,摇荡后观察现象。写出有关反应方程式。

(4) 取几滴 0.1 $mol \cdot L^{-1}$ $NiSO_4$ 溶液,滴加 2 $mol \cdot L^{-1}$ $NH_3 \cdot H_2O$,观察现象。再加入 2 滴丁二酮肟溶液,观察有何变化。写出有关反应方程式。

7. 混合离子的分离与鉴定

试设计对下列两组混合离子进行分离和鉴定的方法,图示步骤,写出现象和有关反应方程式。

(1) 含 Cr^{3+}和 Mn^{2+}的混合溶液。

(2) 可能含 Pb^{2+},Fe^{3+}和 Co^{2+}的混合溶液。

思考题

1. 试总结铬、锰、铁、钴、镍氢氧化物的酸碱性和氧化还原性。
2. 在 $Co(OH)_3$ 中加入浓 HCl 溶液,有时会生成蓝色溶液,加水稀释后变为粉红色,试解释之。
3. 在 $K_2Cr_2O_7$ 溶液中分别加入 $Pb(NO_3)_2$ 溶液和 $AgNO_3$ 溶液,会发生什么反应?
4. 酸性溶液中 $K_2Cr_2O_7$ 分别与 $FeSO_4$ 和 Na_2SO_3 反应的主要产物是什么?
5. 在酸性溶液、中性溶液、强碱性溶液中,$KMnO_4$ 与 Na_2SO_3 反应的主要产物分别是什么?
6. 试总结铬、锰、铁、钴、镍硫化物的性质。
7. 在 $CoCl_2$ 溶液中逐滴加入 $NH_3 \cdot H_2O$ 会有何现象?
8. 怎样分离溶液中的 Fe^{3+}和 Ni^{2+}?

实验十八 铜、银、锌、镉、汞

实验目的

1. 掌握铜、银、锌、镉、汞氧化物和氢氧化物的性质。
2. 掌握铜(Ⅰ)与铜(Ⅱ)之间,汞(Ⅰ)与汞(Ⅱ)之间的转化反应及其条件。
3. 了解铜(Ⅰ)、银、汞卤化物的溶解性。
4. 掌握铜、银、锌、镉、汞硫化物的生成与溶解性。
5. 掌握铜、银、锌、镉、汞配合物的生成和性质。
6. 学习 Cu^{2+},Ag^{+},Zn^{2+},Cd^{2+},Hg^{2+}的鉴定方法。

实验原理

铜和银是元素周期系第ⅠB族元素,价层电子构型分别为 $3d^{10}4s^{1}$ 和 $4d^{10}5s^{1}$。铜的重要氧化数为+1 和+2,银主要形成氧化数为+1 的化合物。

锌、镉、汞是元素周期系第ⅡB族元素,价层电子构型为$(n-1)d^{10}ns^{2}$,它们都形成氧化数为+2的化合物,汞还能形成氧化数为+1 的化合物。

$Zn(OH)_2$ 是两性氢氧化物。$Cu(OH)_2$ 是两性偏碱性氢氧化物,能溶于较浓的 NaOH 溶液。$Cu(OH)_2$的热稳定性差,受热分解为 CuO 和 H_2O。$Cd(OH)_2$ 是碱性氢氧化物。AgOH,$Hg(OH)_2$,$Hg_2(OH)_2$ 都很不稳定,极易脱水变成相应的氧化物。Hg_2O 也不稳定,易歧化为 HgO 和 Hg。

某些 Cu(Ⅱ),Ag(Ⅰ),Hg(Ⅱ)的化合物具有一定的氧化性。例如,Cu^{2+}能与 I^-反应生成 CuI 和 I_2;$[Cu(OH)_4]^{2-}$ 和 $[Ag(NH_3)_2]^+$ 都能被醛类或某些糖类还原,分别生成 Ag 和 Cu_2O;$HgCl_2$ 与 $SnCl_2$ 反应用于 Hg^{2+}或 Sn^{2+}的鉴定。

水溶液中的 Cu^+不稳定,易歧化为 Cu^{2+}和 Cu。CuCl 和 CuI 等 Cu(Ⅰ)的卤化物难溶于水,通过加合反应可分别生成相应的配离子$[CuCl_2]^-$和$[CuI_2]^-$等,它们在水溶液中较稳定。$CuCl_2$ 溶液与铜屑及浓 HCl 溶液混合后加热可制得$[CuCl_2]^-$,加水稀释时会析出CuCl沉淀。

Cu^{2+}与 $K_4[Fe(CN)_6]$在中性或弱酸性溶液中反应,生成红棕色的$Cu_2[Fe(CN)_6]$沉淀,此反应用于鉴定 Cu^{2+}。

Ag^+与稀 HCl 溶液反应生成 AgCl 沉淀,AgCl 溶于 $NH_3 \cdot H_2O$ 生成$[Ag(NH_3)_2]^+$,再加入稀 HNO_3 溶液又生成 AgCl 沉淀,或加入 KI 溶液生成 AgI 沉淀。利用这一系列反应可以鉴定 Ag^+。当加入相应的试剂时,还可以实现$[Ag(NH_3)_2]^+$,AgBr(s),$[Ag(S_2O_3)_2]^{3-}$,AgI(s),$[Ag(CN)_2]^-$,Ag_2S(s)的依次转化。AgCl,AgBr,AgI 等也能通过加合反应分别生成$[AgCl_2]^-$,$[AgBr_2]^-$,$[AgI_2]^-$等配离子。

Cu^{2+}，Ag^{+}，Zn^{2+}，Cd^{2+}，Hg^{2+}与饱和 H_2S 溶液反应都能生成相应的硫化物。ZnS 能溶于稀 HCl 溶液。CdS 不溶于稀 HCl 溶液，但溶于浓 HCl 溶液。利用黄色 CdS 的生成反应可以鉴定 Cd^{2+}。CuS 和 Ag_2S 溶于浓 HNO_3 溶液。HgS 溶于王水。

Cu^{2+}，Cu^{+}，Ag^{+}，Zn^{2+}，Cd^{2+}，Hg^{2+}都能形成氨合物。$[Cu(NH_3)_2]^{+}$是无色的，易被空气中的 O_2 氧化为深蓝色的$[Cu(NH_3)_4]^{2+}$。Cu^{2+}，Ag^{+}，Zn^{2+}，Cd^{2+}，Hg^{2+}与适量氨水反应生成氢氧化物、氧化物或碱式盐沉淀，而后溶于过量的氨水（有的需要有 NH_4Cl 存在）。

Hg_2^{2+} 在水溶液中较稳定，不易歧化为 Hg^{2+}和 Hg。但 Hg_2^{2+} 与氨水、饱和 H_2S 溶液或 KI 溶液反应生成的 Hg(Ⅰ)化合物都能歧化为 Hg(Ⅱ)的化合物和 Hg。例如，Hg_2^{2+} 与 I^-反应先生成 Hg_2I_2，当 I^-过量时则生成$[HgI_4]^{2-}$和 Hg。

在碱性条件下，Zn^{2+}与二苯硫腙反应形成粉红色的螯合物，此反应用于鉴定 Zn^{2+}。

仪器、药品及材料

仪器：点滴板，水浴锅。

药品：HNO_3 溶液（2 mol·L^{-1}，浓），HCl 溶液（2 mol·L^{-1}，6 mol·L^{-1}，浓），H_2SO_4 溶液（2 mol·L^{-1}），HAc 溶液（2 mol·L^{-1}），H_2S 溶液（饱和），NaOH 溶液（2 mol·L^{-1}，6 mol·L^{-1}，40%），$NH_3·H_2O$（2 mol·L^{-1}，6 mol·L^{-1}），$Cu(NO_3)_2$ 溶液（0.1 mol·L^{-1}），$Fe(NO_3)_3$ 溶液（0.1 mol·L^{-1}），KI 溶液（0.1 mol·L^{-1}，2 mol·L^{-1}），$Co(NO_3)_2$ 溶液（0.1 mol·L^{-1}），$Ni(NO_3)_2$ 溶液（0.1 mol·L^{-1}），$AgNO_3$溶液（0.1 mol·L^{-1}），$BaCl_2$ 溶液（0.1 mol·L^{-1}），$CuCl_2$ 溶液（1 mol·L^{-1}），KBr 溶液（0.1 mol·L^{-1}），NaCl 溶液（0.1 mol·L^{-1}），$Na_2S_2O_3$ 溶液（0.1 mol·L^{-1}），$K_4[Fe(CN)_6]$溶液（0.1 mol·L^{-1}），KSCN 溶液（0.1 mol·L^{-1}，饱和），$Hg_2(NO_3)_2$ 溶液（0.1 mol·L^{-1}），$Ba(NO_3)_2$ 溶液（0.1 mol·L^{-1}），$Zn(NO_3)_2$溶液（0.1 mol·L^{-1}），$Cd(NO_3)_2$ 溶液（0.1 mol·L^{-1}），$Hg(NO_3)_2$ 溶液（0.1 mol·L^{-1}），$HgCl_2$ 溶液（0.1 mol·L^{-1}），NH_4Cl 溶液（1 mol·L^{-1}），$SnCl_2$ 溶液（0.1 mol·L^{-1}），$CuSO_4$ 溶液（0.1 mol·L^{-1}），铜屑，葡萄糖溶液（10%），淀粉试液，二苯硫腙的 CCl_4 溶液。

材料：醋酸铅试纸。

实验步骤

$Cd(OH)_2$ 的生成和性质

1. 铜、银、锌、镉、汞氢氧化物或氧化物的生成和性质

在 5 支试管中分别加入几滴 0.1 mol·L^{-1} $CuSO_4$ 溶液、几滴 0.1 mol·L^{-1} $AgNO_3$ 溶液、几滴 0.1 mol·L^{-1} $ZnSO_4$溶液、几滴 0.1 mol·L^{-1} $CdSO_4$ 溶液、几滴 0.1 mol·L^{-1} $Hg(NO_3)_2$ 溶液，然后向每支试管中滴加2 mol·L^{-1} NaOH 溶液，观察现象。将每支试管中的沉淀分为两份，检验其酸碱性。写出有关反应方程式。

2. Cu(Ⅰ)化合物的生成和性质

(1) 取几滴 0.1 mol·L^{-1} $CuSO_4$ 溶液，滴加 6 mol·L^{-1} NaOH 溶液至过量，再加入 10%葡萄糖溶液，摇匀，加热煮沸几分钟，观察现象。离心分离，弃去清液，将沉淀洗涤后分为两份。一份加入 2 $mol\cdot L^{-1}$ H_2SO_4 溶液，另一份加入 6 $mol\cdot L^{-1}$ $NH_3\cdot H_2O$，静置片刻，观察现象。写出有关反应方程式。

HgO 的生成和性质

（2）取 1 mL 1 $mol\cdot L^{-1}$ $CuCl_2$ 溶液，加 1 mL 6 $mol\cdot L^{-1}$ 盐酸和少量铜屑，加热至溶液呈泥黄色，将溶液倒入另一支盛有去离子水的试管中（将铜屑水洗后回收），观察现象。离心分离，将沉淀洗涤两次后分为两份，一份加入浓 HCl 溶液，另一份加入 2 $mol\cdot L^{-1}$ $NH_3\cdot H_2O$，观察现象。写出有关反应方程式。

（3）取几滴 0.1 $mol\cdot L^{-1}$ $CuSO_4$ 溶液，滴加 0.1 $mol\cdot L^{-1}$ KI 溶液，观察现象。离心分离，在清液中加 1 滴淀粉试液，观察现象。将沉淀洗涤两次后，滴加 2 $mol\cdot L^{-1}$ KI 溶液，观察现象，再将溶液加水稀释，观察有何变化。写出有关反应方程式。

3. Cu^{2+}的鉴定

在点滴板上加 1 滴 0.1 $mol\cdot L^{-1}$ $CuSO_4$ 溶液，再加 1 滴 2 $mol\cdot L^{-1}$ HAc 溶液和 1 滴 0.1 $mol\cdot L^{-1}$ $K_4[Fe(CN)_6]$溶液，观察现象。写出有关反应方程式。

4. Ag(Ⅰ)系列实验

取几滴 0.1 $mol\cdot L^{-1}$ $AgNO_3$ 溶液，从 Ag^+ 开始选用适当的试剂试验，依次经 AgCl(s)，$[Ag(NH_3)_2]^+$，AgBr(s)，$[Ag(S_2O_3)_2]^{3-}$，AgI(s)，$[AgI_2]^-$，最后到 Ag_2S 的转化，观察现象。写出有关的离子反应方程式。

5. 银镜反应

在 1 支干净的试管中加入 1 mL 0.1 $mol\cdot L^{-1}$ $AgNO_3$ 溶液，滴加 2 $mol\cdot L^{-1}$ $NH_3\cdot H_2O$ 至生成的沉淀刚好溶解，加 2 mL 10%葡萄糖溶液，放在水浴锅中加热片刻，观察现象。然后倒掉溶液，加入 6 $mol\cdot L^{-1}$ HNO_3 溶液使银溶解。写出有关反应方程式。

6. 铜、银、锌、镉、汞硫化物的生成和性质

在 6 支试管中分别加入 1 滴 0.1 $mol\cdot L^{-1}$ $CuSO_4$ 溶液、1 滴 0.1 $mol\cdot L^{-1}$ $AgNO_3$ 溶液、1 滴 0.1 $mol\cdot L^{-1}$ $Zn(NO_3)_2$ 溶液、1 滴 0.1 $mol\cdot L^{-1}$ $Cd(NO_3)_2$ 溶液、1 滴 0.1 $mol\cdot L^{-1}$ $Hg(NO_3)_2$溶液和 1 滴 0.1 $mol\cdot L^{-1}$ $Hg_2(NO_3)_2$ 溶液，再各滴加饱和 H_2S 溶液，观察现象。离心分离，试验 CuS 和 Ag_2S 在浓硝酸中、ZnS 在稀盐酸中、CdS 在 6 $mol\cdot L^{-1}$ HCl 溶液中、HgS 在王水中的溶解性。写出有关反应方程式。

7. 铜、银、锌、镉、汞氨合物的生成

在 7 支试管中分别加入几滴 0.1 $mol\cdot L^{-1}$ $CuSO_4$ 溶液、几滴 0.1 $mol\cdot L^{-1}$ $AgNO_3$ 溶液、几滴 0.1 $mol\cdot L^{-1}$ $Zn(NO_3)_2$溶液、几滴 0.1 $mol\cdot L^{-1}$ $Cd(NO_3)_2$ 溶液、几滴 0.1 $mol\cdot L^{-1}$ $HgCl_2$溶液、几滴 0.1 $mol\cdot L^{-1}$ $Hg(NO_3)_2$溶液和几滴 0.1 $mol\cdot L^{-1}$ $Hg_2(NO_3)_2$ 溶液，然后各逐滴加入 6 $mol\cdot L^{-1}$ $NH_3\cdot H_2O$ 至过量（如果沉淀不溶解，再加入1 $mol\cdot L^{-1}$ NH_4Cl 溶液），观察现象。写出有关反应方程式。

8. 汞盐与 KI 的反应

（1）取 0.1 $mol\cdot L^{-1}$ $Hg(NO_3)_2$ 溶液，逐滴加入 0.1 $mol\cdot L^{-1}$ KI 溶液至过量，观察现象。然后加入几滴 6 $mol\cdot L^{-1}$ NaOH 溶液和 1 滴 1 $mol\cdot L^{-1}$ NH_4Cl 溶液，观察有何现象。写出有关反应方程式。

Hg^{2+} 与 KI 的反应

(2) 取 1 滴 0.1 $mol \cdot L^{-1}$ $Hg_2(NO_3)_2$ 溶液，逐滴加入 0.1 $mol \cdot L^{-1}$ KI 溶液至过量，观察现象。写出有关反应方程式。

9. Zn^{2+}的鉴定

取 2 滴 0.1 $mol \cdot L^{-1}$ $Zn(NO_3)_2$ 溶液，加入几滴 6 $mol \cdot L^{-1}$ NaOH 溶液，再加入 0.5 mL 二苯硫腙的 CCl_4 溶液，摇荡试管，观察水溶液层和 CCl_4 层颜色的变化。写出有关反应方程式。

Hg_2^{2+} 与 KI 的反应

10. 混合离子的分离与鉴定

试设计方法分离、鉴定下列混合离子：

(1) Cu^{2+}，Ag^{+}，Fe^{3+}；

(2) Zn^{2+}，Cd^{2+}，Ba^{2+}。

图示分离和鉴定步骤，写出现象和有关反应方程式。

思考题

1. 总结铜、银、锌、镉、汞氢氧化物的酸碱性和稳定性。
2. CuI 能溶于饱和 KSCN 溶液，生成的产物是什么？将溶液稀释后会生成什么沉淀？
3. Ag_2O 能否溶于 2 $mol \cdot L^{-1}$ $NH_3 \cdot H_2O$？
4. 用 $K_4[Fe(CN)_6]$鉴定 Cu^{2+}的反应在中性或弱酸性溶液中进行，若加入$NH_3 \cdot H_2O$或 NaOH 溶液会发生什么反应？
5. 实验中生成的含$[Ag(NH_3)_2]^{+}$溶液应及时冲洗掉，否则可能会有什么结果？
6. 总结铜、银、锌、镉、汞硫化物的溶解性。
7. AgCl，$PbCl_2$，Hg_2Cl_2 都不溶于水，如何将它们分离开？
8. 总结 Cu^{2+}，Ag^{+}，Zn^{2+}，Cd^{2+}，Hg^{2+}，Hg_2^{2+} 与氨水的反应。

第九章　无机化合物的提纯与制备

实验十九　氯化钠的提纯

实验目的

1. 学会用化学方法提纯粗食盐，同时为进一步精制成试剂级纯度的氯化钠提供原料。
2. 练习托盘天平的使用，以及加热、溶解、常压过滤、减压过滤、蒸发浓缩、结晶、干燥等基本操作。
3. 学习食盐中 Ca^{2+}，Mg^{2+}，SO_4^{2-} 的定性检验方法。

实验原理

粗食盐中含有泥沙等不溶性杂质及 Ca^{2+}，Mg^{2+}，K^+，SO_4^{2-} 等可溶性杂质。将粗食盐溶于水后，用过滤的方法可以除去不溶性杂质。Ca^{2+}，Mg^{2+}，SO_4^{2-} 等可以通过化学方法——加沉淀剂使之转化为难溶沉淀物，再过滤除去。K^+ 等其他可溶性杂质含量少，蒸发浓缩后不结晶，仍留在母液中。有关的离子反应方程式如下：

$$Ba^{2+}+SO_4^{2-} \longrightarrow BaSO_4(s)$$

$$Mg^{2+}+2OH^- \longrightarrow Mg(OH)_2(s)$$

$$Ca^{2+}+CO_3^{2-} \longrightarrow CaCO_3(s)$$

$$Ba^{2+}+CO_3^{2-} \longrightarrow BaCO_3(s)$$

仪器、药品及材料

仪器：托盘天平，烧杯（100 mL，2 个），普通漏斗，漏斗架，布氏漏斗，吸滤瓶，真空泵，蒸发皿，量筒（10 mL，1 个；50 mL，1 个），泥三角，石棉网，三脚架，坩埚钳，煤气灯（或酒精灯）。

药品：HCl 溶液（2 $mol \cdot L^{-1}$），NaOH 溶液（2 $mol \cdot L^{-1}$），$BaCl_2$ 溶液（1 $mol \cdot L^{-1}$），Na_2CO_3 溶液（1 $mol \cdot L^{-1}$），$(NH_4)_2C_2O_4$ 溶液（0.5 $mol \cdot L^{-1}$），粗食盐，镁试剂。

材料：pH 试纸，滤纸。

实验步骤

1. 粗食盐的提纯

（1）粗食盐的称量和溶解　在托盘天平上称取 8.0 g 粗食盐，放入 100 mL 烧杯中，加入

托盘天平的使用

煤气灯操作

试剂的取用

常压过滤

蒸发操作

减压过滤

30 mL水，加热、搅拌使食盐溶解。

(2) SO_4^{2-} 的除去　在煮沸的食盐溶液中，边搅拌边逐滴加入 1 mol·L^{-1} $BaCl_2$ 溶液（约 2 mL）。为检验 SO_4^{2-} 是否沉淀完全，可将煤气灯移开，待沉淀下沉后，再在上层清液中滴入 1～2 滴 $BaCl_2$ 溶液，观察溶液是否有浑浊现象。如果清液不变浑浊，证明 SO_4^{2-} 已沉淀完全，如果清液变浑浊，则要继续加入 $BaCl_2$ 溶液，直到沉淀完全为止。然后用小火加热 3～5 min，以使沉淀颗粒增大而便于过滤。用普通漏斗过滤，保留滤液，弃去沉淀。

(3) Mg^{2+}，Ca^{2+}，Ba^{2+} 等的除去　在滤液中加入适量的（约 1 mL）2 mol·L^{-1} NaOH 溶液和 3 mL 1 mol·L^{-1} Na_2CO_3 溶液，加热至沸。仿照(2)中方法检验 Mg^{2+}，Ca^{2+}，Ba^{2+} 等是否已沉淀完全。离子已沉淀完全后，继续用小火加热煮沸 5 min，用普通漏斗过滤，保留滤液，弃去沉淀。

(4) 调节溶液的 pH　在滤液中逐滴加入 2 mol·L^{-1} HCl 溶液，充分搅拌，并用玻璃棒蘸取滤液在 pH 试纸上测试，直到溶液呈微酸性（pH = 4～5）为止。

(5) 蒸发浓缩　将溶液转移至蒸发皿中，放于泥三角上用小火加热，蒸发浓缩到溶液呈稀糊状为止，切不可将溶液蒸干。

(6) 结晶、减压过滤、干燥　将浓缩液冷却至室温。用布氏漏斗减压过滤，尽量抽干。再将晶体转移到蒸发皿中，放在石棉网上，用小火加热并搅拌，使之干燥。冷却后称其质量，计算收率。

2. 产品纯度的检验

称取粗食盐和提纯后的精盐各 1.0 g，分别溶于 5 mL 去离子水中，然后将两溶液各分盛于 3 支试管中。用下述方法对照检验它们的纯度。

(1) SO_4^{2-} 的检验　加入 2 滴 1 mol·L^{-1} $BaCl_2$ 溶液，观察有无白色的 $BaSO_4$ 沉淀生成。

(2) Ca^{2+}的检验　加入 2 滴 0.5 mol·L^{-1} $(NH_4)_2C_2O_4$ 溶液，稍待片刻，观察有无白色的 CaC_2O_4 沉淀生成。

(3) Mg^{2+}的检验　加入 2～3 滴 2 mol·L^{-1} NaOH 溶液，使溶液呈碱性，再加入几滴镁试剂，如有蓝色沉淀产生，表示有 Mg^{2+}存在。

思考题

1. 在除去 Ca^{2+}，Mg^{2+}，SO_4^{2-} 时，为什么要先加入 $BaCl_2$ 溶液，然后再加入 Na_2CO_3 溶液？
2. 蒸发前为什么要用盐酸将溶液的 pH 调至 4～5？
3. 蒸发时为什么不可将溶液蒸干？

实验二十 硫酸铜的提纯(微型实验)

实验目的

1. 通过氧化、水解等反应,了解提纯硫酸铜的原理和方法。
2. 进一步熟悉托盘天平的使用及溶解、过滤、蒸发浓缩、结晶等基本操作。
3. 学习用分光光度法定量检验产品中杂质铁的含量。

实验原理

粗硫酸铜中常含有不溶性杂质和可溶性杂质 $FeSO_4$, $Fe_2(SO_4)_3$ 等。不溶性杂质可通过过滤除去。Fe^{2+}需用 H_2O_2 作氧化剂氧化成 Fe^{3+},然后通过调节溶液的 pH 使之水解生成 $Fe(OH)_3$ 沉淀后,再过滤除去。有关的反应方程式如下:

$$2Fe^{2+}+H_2O_2+2H^+ \longrightarrow 2Fe^{3+}+2H_2O$$

$$Fe^{3+}+3H_2O \longrightarrow Fe(OH)_3(s)+3H^+$$

溶液的 pH 越高,Fe^{3+}除得越净。但 pH 过高时 Cu^{2+}也会水解[由计算可知,本实验中当溶液的 pH>4.17 时,$Cu(OH)_2$ 开始析出],特别是在加热的情况下,其水解程度更大:

$$Cu^{2+}+2H_2O \longrightarrow Cu(OH)_2(s)+2H^+$$

这样就会降低硫酸铜的收率。要做到既除去铁,又不降低产品的收率,就必须把溶液的 pH 调到适当的范围内(本实验控制在 pH≈4)。

除去铁的滤液经蒸发、浓缩,即可得到 $CuSO_4 \cdot 5H_2O$ 晶体,其他微量的可溶性杂质在硫酸铜结晶时,仍留在母液中,可通过减压抽滤与硫酸铜晶体分开。

仪器、药品及材料

仪器:托盘天平(或电子天平),煤气灯(或酒精灯),721G 型分光光度计,微型漏斗及吸滤瓶,蒸发皿,烧杯(25 mL,2 个),量筒(10 mL,1 个),真空水(或油)泵,泥三角,三脚架,石棉网,坩埚钳。

药品:H_2SO_4 溶液($2\ mol \cdot L^{-1}$),HCl 溶液($2\ mol \cdot L^{-1}$),H_2O_2 溶液(3%),NaOH 溶液($2\ mol \cdot L^{-1}$),$NH_3 \cdot H_2O$ ($6\ mol \cdot L^{-1}$),粗硫酸铜,KSCN 溶液($1\ mol \cdot L^{-1}$)。

材料:滤纸,pH 试纸,精密 pH 试纸(0.5~5.0)。

实验步骤

1. 粗硫酸铜的提纯

(1) 称取 2.0 g 研细了的粗硫酸铜,放在 25 mL 烧杯中,加入 8 mL 去离子水,加热、搅拌使其

分析天平的使用

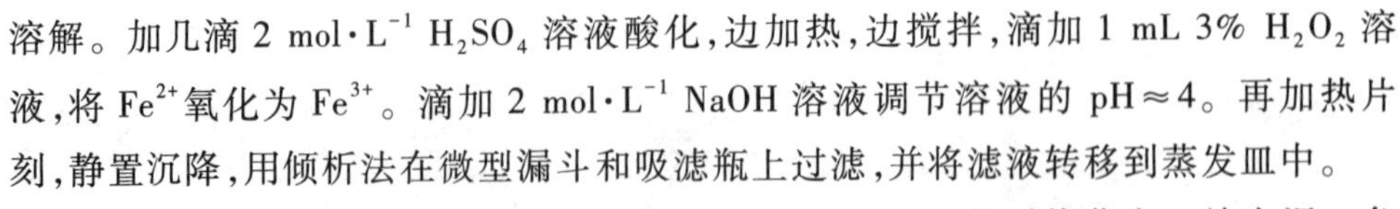

溶解。加几滴 2 $mol\cdot L^{-1}$ H_2SO_4 溶液酸化，边加热，边搅拌，滴加 1 mL 3% H_2O_2 溶液，将 Fe^{2+} 氧化为 Fe^{3+}。滴加 2 $mol\cdot L^{-1}$ NaOH 溶液调节溶液的 pH≈4。再加热片刻，静置沉降，用倾析法在微型漏斗和吸滤瓶上过滤，并将滤液转移到蒸发皿中。

(2) 用 2 $mol\cdot L^{-1}$ H_2SO_4 溶液将滤液 pH 调至 1～2。然后将蒸发皿放在泥三角或石棉网上，用小火加热，蒸发浓缩至液面出现一层结晶膜时，即可停止加热。

煤气灯操作

(3) 冷却至室温，在微型漏斗和吸滤瓶上抽滤至干。

(4) 取出晶体，把它夹在两张滤纸之间，吸干其表面水分。将微型吸滤瓶中的母液倒入回收瓶中。

(5) 在托盘天平(或电子天平)上称出产品的质量，计算其收率。

2. 产品纯度的检验

试剂的取用

(1) 称取 0.2 g 提纯后的硫酸铜晶体，放入小烧杯中，用 3 mL 去离子水溶解，加 2 滴 2 $mol\cdot L^{-1}$ H_2SO_4 溶液酸化，然后加入 10 滴 3% H_2O_2 溶液，煮沸片刻，将 Fe^{2+} 氧化为 Fe^{3+}。

(2) 待溶液冷却后，边搅拌边加入 6 $mol\cdot L^{-1}$ 氨水直至生成的浅蓝色 $Cu_2(OH)_2SO_4$ 沉淀溶解，变成深蓝色的 $[Cu(NH_3)_4]^{2+}$ 溶液为止。

蒸发操作

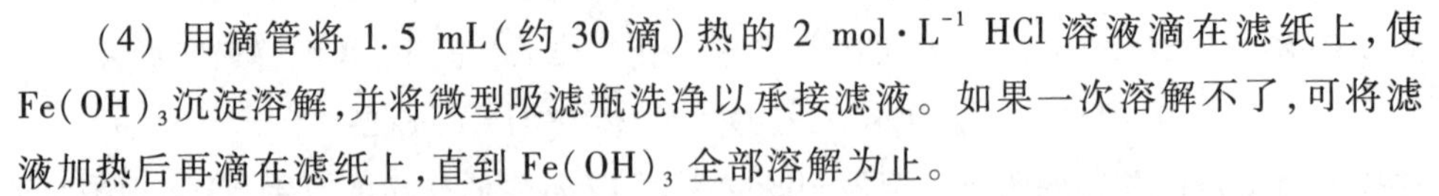

(3) 用微型漏斗和吸滤瓶过滤，并用去离子水洗去滤纸上的蓝色。弃去滤液，如有 $Fe(OH)_3$ 沉淀，则留在滤纸上。

(4) 用滴管将 1.5 mL(约 30 滴)热的 2 $mol\cdot L^{-1}$ HCl 溶液滴在滤纸上，使 $Fe(OH)_3$ 沉淀溶解，并将微型吸滤瓶洗净以承接滤液。如果一次溶解不了，可将滤液加热后再滴在滤纸上，直到 $Fe(OH)_3$ 全部溶解为止。

721G 型分光光度计的使用

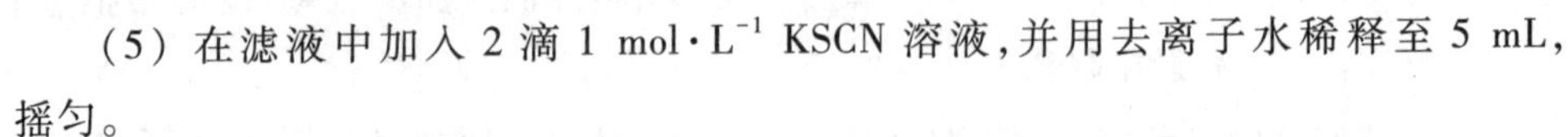

(5) 在滤液中加入 2 滴 1 $mol\cdot L^{-1}$ KSCN 溶液，并用去离子水稀释至 5 mL，摇匀。

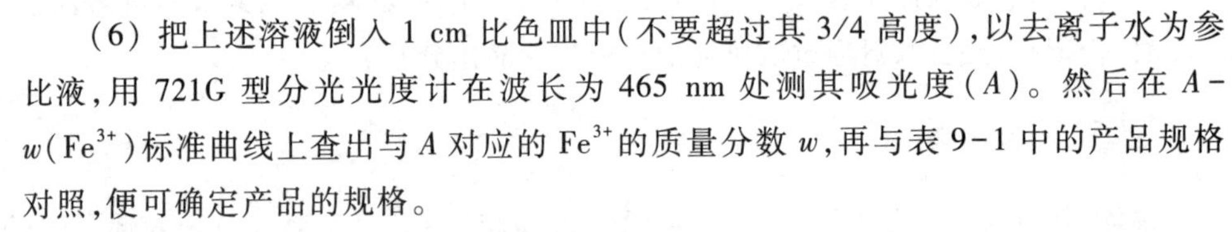

(6) 把上述溶液倒入 1 cm 比色皿中(不要超过其 3/4 高度)，以去离子水为参比液，用 721G 型分光光度计在波长为 465 nm 处测其吸光度(A)。然后在 $A-w(Fe^{3+})$ 标准曲线上查出与 A 对应的 Fe^{3+} 的质量分数 w，再与表 9-1 中的产品规格对照，便可确定产品的规格。

微型减压过滤

表 9-1 $CuSO_4\cdot 5H_2O$ 产品规格

规格	分析纯	化学纯
$w(Fe^{3+})\times 100$	0.003	0.02

思考题

1. 除铁时为什么要把溶液的 pH 调到 4? 而在蒸发前又把 pH 调至 1～2?

2. $Cl_2(aq)$, $Br_2(aq)$, $H_2O_2(aq)$, $KMnO_4$, $K_2Cr_2O_7$, $NaClO_3$ 等均可将 Fe^{2+} 氧化为 Fe^{3+}，本实验中选用 H_2O_2 作氧化剂，为什么?

3. 用 KSCN 检验 Fe^{3+}时为什么要加入盐酸？

附注：$A-w(Fe^{3+})$标准曲线的绘制

（1）0.01 mg·mL^{-1} Fe^{3+}标准溶液的配制（实验室配制）　称取 0.086 3 g 硫酸高铁铵 $(NH_4)_2SO_4\cdot Fe_2(SO_4)_3\cdot 24H_2O$（又名铁铵矾）溶解于水，加入 0.05 mL (1+1) H_2SO_4溶液，移入 1 000 mL 容量瓶中，用去离子水稀释至刻度，摇匀。此溶液含 Fe^{3+}为 0.01 mg·mL^{-1}。

（2）$A-w(Fe^{3+})$标准曲线的绘制　用吸量管分别吸取 0.01 mg·mL^{-1} Fe^{3+}标准溶液 0，1 mL，2 mL，4 mL，8 mL 于 5 个 50 mL 容量瓶中，各加入 2 mL 2 mol·L^{-1} HCl 溶液和 1 滴 1 mol·L^{-1} KSCN 溶液，用去离子水稀释至刻度。以去离子水为参比液，在波长为 465 nm 处，用 721G 型分光光度计分别测定其吸光度（A）。以$w(Fe^{3+})$为横坐标，A 为纵坐标，作图，即为 $A-w(Fe^{3+})$标准曲线。

实验二十一 离子交换法制取碳酸氢钠

实验目的

1. 了解离子交换法制取碳酸氢钠的原理。
2. 学习离子交换操作方法。

实验原理

离子交换法制取碳酸氢钠的主要过程是:先将 NH_4HCO_3 溶液通过钠型阳离子交换树脂,转变为 $NaHCO_3$ 溶液,然后将 $NaHCO_3$ 溶液浓缩、结晶、干燥为 $NaHCO_3$ 晶体。

本实验使用的 732 型树脂是聚苯乙烯磺酸型强酸性阳离子交换树脂。经预处理和转型后,把它从氢型完全转变为钠型。这种钠型树脂可表示为 $R—SO_3Na$。交换基团上的 Na^+ 可与溶液中的阳离子进行交换。当 NH_4HCO_3 溶液流经树脂时,发生下列交换反应:

$$R—SO_3Na+NH_4HCO_3 \rightleftharpoons R—SO_3NH_4+NaHCO_3$$

离子交换反应是可逆反应,可以通过控制流速、溶液浓度和溶液体积等因素使反应按所需要的方向进行,从而达到最佳交换的目的。本实验是用少量的较稀的 NH_4HCO_3 溶液以较慢的流速进行交换反应。

仪器、药品及材料

仪器:交换柱(50 mL 碱式滴定管,其下端的乳胶管用螺旋夹夹住),秒表,烧杯(10 mL,2 个;100 mL,1 个),量筒(10 mL,1 个;100 mL,1 个),点滴板,移液管(25 mL),锥形瓶(250 mL,2 个)。

药品:HCl 溶液(0.1 $mol\cdot L^{-1}$ 标准,2 $mol\cdot L^{-1}$,浓),$Ba(OH)_2$ 溶液(饱和),NaOH 溶液(2 $mol\cdot L^{-1}$),NaCl 溶液(3 $mol\cdot L^{-1}$,10%),NH_4HCO_3 溶液(1 $mol\cdot L^{-1}$),$AgNO_3$ 溶液(0.1 $mol\cdot L^{-1}$),甲基橙(1%),Nessler 试剂。

材料:732 型阳离子交换树脂,铂丝,pH 试纸。

实验步骤

1. 制取 $NaHCO_3$ 溶液

732 型阳离子交换树脂须先经过预处理和装柱,最后用 10% NaCl 溶液转型(见附注)。

(1) 调节流速 用 10 mL 去离子水慢慢注入交换柱中,调节螺旋夹,控制流速为 25~30 滴/min,不宜太快。用 100 mL 烧杯承接流出的水。

(2) 交换和洗涤 用 10 mL 量筒取 10.0 mL 1 $mol\cdot L^{-1}$ NH_4HCO_3 溶液,当交换柱中水面下降到高出树脂约 1 cm 时,将 1 $mol\cdot L^{-1}$ NH_4HCO_3 溶液加入交换柱中。先用小烧杯(或量筒)承接流

出液。当柱内液面下降到高出树脂约1 cm 时，继续加入去离子水。在这个交换过程中要防止空气进入柱内（为什么?）。

开始交换时，不断用 pH 试纸检查流出液，当其 pH 稍大于 7 时，换用 100 mL 量筒承接流出液（此前所收集的流出液基本上是水，可弃去不用）。用 pH 试纸检查流出液的 pH，当流出液 pH 接近 7 时，可停止交换。记下所收集的流出液体积 $V(NaHCO_3)$。流出液留作定性检验和定量分析用。

用去离子水洗涤交换柱内的树脂，以 30 滴/min 左右的流速进行洗涤，直至流出液的 pH 为 7。这样的树脂仍有一定的交换能力，可重复进行上述交换操作 1～2 次。树脂经再生后可反复使用。交换树脂始终要浸泡在去离子水中，以防干裂、失效。

2. 定性检验

通过定性检验进柱溶液和流出液，以确定流出液的主要成分。

分别取 1 $mol \cdot L^{-1}$ NH_4HCO_3 溶液和流出液进行以下项目的检验：

(1) 用 Nessler 试剂检验 NH_4^+。

(2) 用铂丝进行焰色反应检验 Na^+。

(3) 用 2 $mol \cdot L^{-1}$ HCl 溶液和饱和 $Ba(OH)_2$ 溶液检验 HCO_3^-。

(4) 用 pH 试纸检验溶液的 pH。

将检验结果填表：

样品	检验项目				
	NH_4^+	Na^+	HCO_3^-	实测 pH	计算 pH
NH_4HCO_3 溶液					
流出液					

结论：流出液中有________________。

*3. 定量分析

用酸碱滴定法测定 $NaHCO_3$ 溶液的浓度，并计算 $NaHCO_3$ 的收率。

(1) 操作步骤　用 25 mL 移液管吸取所得到的 $NaHCO_3$ 溶液（摇匀）于锥形瓶中，加 1 滴甲基橙指示剂，以 0.1 $mol \cdot L^{-1}$标准 HCl 溶液滴定，溶液由黄色变为橙色时为终点。记下所用标准 HCl 溶液的体积 $V(HCl)$。并计算 $NaHCO_3$ 的收率。

(2) 滴定反应

$$NaHCO_3 + HCl \longrightarrow NaCl + CO_2(g) + H_2O$$

(3) $NaHCO_3$ 溶液浓度的计算

$$c(NaHCO_3) = \frac{c(HCl) \cdot V(HCl)}{25.00 \text{ mL}}$$

(4) $NaHCO_3$ 收率的计算　当交换溶液中的 NH_4^+ 和树脂上的 Na^+达到完全交换时，交换液中总的 NH_4^+ 的物质的量应等于流出液中总的 Na^+的物质的量。但由于没有全部收集到流出液等原因，所以，$NaHCO_3$ 的收率要低于 100%。

$NaHCO_3$ 收率的计算公式为

$$NaHCO_3\text{ 收率}=\frac{c(NaHCO_3)\cdot V(NaHCO_3)}{1\ mol\cdot L^{-1}\times 10.0\ mL}\times 100\%$$

4. 树脂的再生

交换达到饱和后的离子交换树脂，不再具有交换能力。可先用去离子水洗涤树脂到流出液中无 NH_4^+ 和 HCO_3^- 为止。再用 3 $mol\cdot L^{-1}$ NaCl 溶液以 30 滴/min 的流速流经树脂，直到流出液中无 NH_4^+ 为止，以使树脂恢复到原来的交换能力，这个过程被称为树脂的再生。再生时，树脂发生了交换反应的逆反应：

$$R—SO_3NH_4+NaCl \rightleftharpoons R—SO_3Na+NH_4Cl$$

可以看出，树脂再生时可以得到 NH_4Cl 溶液。

再生后的树脂要用去离子水洗至无 Cl^-，并浸泡在去离子水中，留待以后实验使用。

思考题

1. 离子交换法制取 $NaHCO_3$ 的基本原理是什么？
2. 为什么要防止空气进入交换柱内？
*3. $NaHCO_3$ 的收率为什么低于 100%？

附注：树脂的预处理、装柱和转型的方法

（1）预处理　取 20 g 732 型阳离子交换树脂放入 100 mL 烧杯中，先用 50 mL 10% NaCl 溶液浸泡 24 h，再用去离子水洗 2～3 次。

（2）装柱　用 1 支 50 mL 碱式滴定管作为交换柱，在柱内下部放一小团玻璃纤维，柱的下端通过乳胶管与一尖嘴玻璃管连接，乳胶管用螺旋夹夹住，将交换柱固定在铁架台上。在柱中充入少量去离子水，排出管内底部玻璃纤维中和尖嘴玻璃管中的空气。然后将已经用 10% NaCl 溶液浸泡过的树脂和水搅匀，从上端慢慢注入交换柱中，树脂随水下沉，当其全部倒入后高度可达 20～30 cm。保持水面高出树脂 2～3 cm，在树脂顶部装上一小团玻璃纤维，以防止注入溶液时将树脂冲起。在整个操作过程中要始终保持树脂被水覆盖。如果树脂层中进入空气，会使交换效率降低，若出现这种情况，就要重新装柱。

离子交换柱装好以后，用 50 mL 2 $mol\cdot L^{-1}$ HCl 溶液以 30～40 滴/min 的流速流过树脂，当流出液达到 15～20 mL 时，旋紧螺旋夹，用余下的 2 $mol\cdot L^{-1}$ HCl 溶液浸泡树脂 3～4 h。再用去离子水洗至流出液的 pH 为 7。最后用 50 mL 2 $mol\cdot L^{-1}$ NaOH 溶液代替 2 $mol\cdot L^{-1}$ HCl 溶液，重复上述操作，用去离子水洗至流出液的 pH 为 7，并用去离子水浸泡树脂，待用。

（3）转型　在已经先后用 2 $mol\cdot L^{-1}$ HCl 溶液和 2 $mol\cdot L^{-1}$ NaOH 溶液处理过的钠型阳离子交换树脂中，还可能混有少量氢型树脂。它的存在将使交换后流出液中的 $NaHCO_3$ 溶液的浓度降低，因此，必须把氢型树脂进一步转换为钠型。

用 50 mL 10% NaCl 溶液以每分钟 30 滴的流速流过树脂，然后用去离子水以 50～60 滴/min 的流速洗涤树脂，直到流出液中不含 Cl^-（用 0.1 mol·L^{-1} $AgNO_3$ 溶液检验 Cl^-）。

以上工作需在实验课前完成。

实验二十二 过氧化钙的合成（微型实验）

实验目的

1. 了解用钙盐法合成过氧化钙的过程。
2. 学习 CaO_2 的检验方法和滴定操作。

实验原理

纯净的 CaO_2 是白色的结晶粉末，工业品因含有超氧化物而呈淡黄色。CaO_2 难溶于水，不溶于乙醇、乙醚。CaO_2 的活性氧含量约为 22.2%。CaO_2 在室温下是稳定的，加热至 300 ℃时则分解为 CaO 和 O_2：

$$2CaO_2 \xrightarrow{300\ ℃} 2CaO+O_2(g)$$

在潮湿空气中也能够分解：

$$CaO_2+2H_2O \longrightarrow Ca(OH)_2+H_2O_2$$

与稀酸反应生成盐和 H_2O_2：

$$CaO_2+2H^+ \longrightarrow Ca^{2+}+H_2O_2$$

在 CO_2 作用下，会逐渐变为碳酸盐，并放出氧气：

$$2CaO_2+2CO_2 \longrightarrow 2CaCO_3+O_2(g)$$

过氧化钙水合物 $CaO_2 \cdot 8H_2O$ 在 0 ℃时是稳定的，但在室温时经过几天就分解了，加热至 130 ℃ 时，逐渐变为无水过氧化物 CaO_2。

本实验先由钙盐法制取 $CaO_2 \cdot 8H_2O$，再经脱水制得 CaO_2。

钙盐法：用可溶性钙盐（如氯化钙、硝酸钙等）与 H_2O_2，$NH_3 \cdot H_2O$ 反应：

$$Ca^{2+}+H_2O_2+2NH_3 \cdot H_2O+6H_2O \longrightarrow CaO_2 \cdot 8H_2O(s)+2NH_4^+$$

该反应通常在-3～2 ℃下进行。

仪器、药品及材料

仪器：托盘天平，分析天平，烧杯（25 mL，2 个），微型吸滤瓶（1 套），洗耳球（1 个），点滴板（1 块），P_2O_5 干燥器，碘量瓶（25 mL），微量滴定管（1 支）。

药品：$CaCl_2$（或 $CaCl_2 \cdot 6H_2O$，s），H_2O_2 溶液（30%），$NH_3 \cdot H_2O$（2 $mol \cdot L^{-1}$），无水乙醇，$KMnO_4$ 溶液（0.01 $mol \cdot L^{-1}$），H_2SO_4 溶液（2 $mol \cdot L^{-1}$），KI（s），HAc 溶液（36%），$Na_2S_2O_3$ 标准溶液（0.01 $mol \cdot L^{-1}$），淀粉试液（1%），冰，HCl 溶液（2 $mol \cdot L^{-1}$）。

材料：滤纸。

实验步骤

1. 产品制取

称取 1.11 g $CaCl_2$(或 2.22 g $CaCl_2 \cdot 6H_2O$)于 25 mL 烧杯中,加入 1.5 mL 去离子水溶解;用冰水将 $CaCl_2$ 溶液和 5 mL 30% H_2O_2 溶液冷却至 0 ℃左右,然后混合,摇匀;在边冷却边搅拌下逐渐将 10 mL 2 $mol \cdot L^{-1}$ $NH_3 \cdot H_2O$ 加入其中,静置冷却;用倾析法在微型吸滤瓶上过滤,用冷却至 0 ℃左右的去离子水洗涤沉淀 2~3 次,再用无水乙醇洗涤 2 次,然后将晶体移至烘箱中,在 160 ℃ 下烘烤 20 min,再放在 P_2O_5 干燥器中干燥至质量恒定,称量,计算收率。

将滤液用 2 $mol \cdot L^{-1}$ HCl 溶液调至 pH 为 3~4,然后放在小烧杯(或蒸发皿)中,于石棉网(或泥三角)上小火加热浓缩,可得副产品 NH_4Cl 晶体。

2. 产品检验

(1) CaO_2 的定性鉴定 在点滴板上滴 1 滴 0.01 $mol \cdot L^{-1}$ $KMnO_4$ 溶液,加 1 滴 2 $mol \cdot L^{-1}$ H_2SO_4 溶液酸化,然后加入少量 CaO_2 粉末搅匀。若有气泡逸出,且可使 $KMnO_4$ 褪色,证明有 CaO_2 存在。

(2) CaO_2 含量的测定 于干燥的 25 mL 碘量瓶中准确称取 0.030 00 g CaO_2 晶体,加入 3 mL 去离子水和 0.400 0 g KI(s),摇匀。在暗处放置 30 min,加入 4 滴 36% HAc 溶液,用 0.01 $mol \cdot L^{-1}$ $Na_2S_2O_3$ 标准溶液滴定至近终点时,加入 3 滴 1%淀粉试液,然后继续滴定至蓝色消失。同时做空白实验。

CaO_2 质量分数的计算公式如下:

$$w(CaO_2)=\frac{c(V_1-V_2)\times 0.072\ 1\ \text{g/mmol}}{2\ m}\times 100\%$$

式中:V_1——滴定样品时所消耗的 $Na_2S_2O_3$ 标准溶液的体积,mL;

V_2——空白实验时所消耗的 $Na_2S_2O_3$ 标准溶液的体积,mL;

c——$Na_2S_2O_3$ 标准溶液的浓度,$mol \cdot L^{-1}$;

m——样品的质量,g;

0.072 1——每毫摩尔 CaO_2 的质量,g/mmol。

注:

(1) 如果没有 25 mL 的碘量瓶,可用 25 mL 磨口带塞锥形瓶代替。

(2) 微型滴定管可在市场选购。

思考题

1. CaO_2 如何储存?为什么?
2. 计算本实验可得 NH_4Cl 晶体质量的理论值。
3. 写出在酸性条件下用 $KMnO_4$ 定性鉴定 CaO_2 的反应方程式。
4. 测定产品中 CaO_2 的质量分数时,为什么要做空白实验?如何做空白实验?

参考文献

实验二十三 水热法制备 SnO_2 纳米粉

实验背景

纳米粒子通常是指粒径为 1～100 nm 的超微颗粒。物质处于纳米尺度时，其许多性质既不同于原子和分子，也不同于大块体相物质，而是处于物质的一种新状态。

处于纳米尺度的粒子，其电子的运动受到颗粒边界的束缚而被限制在纳米尺度内，当粒子的尺寸可以与其中电子（或空穴）的德布罗意（de Broglie）波长相近时，电子运动呈现显著的波粒二象性，此时材料的光、电、磁性质出现许多新的特征和效应。纳米材料位于表、界面上的原子数足以与粒子内部的原子数相抗衡，总表面能大大增加。粒子的表、界面化学性质异常活泼，可能产生宏观量子隧道效应、介电限域效应等。纳米粒子的新特性为物理学、电子学、化学和材料科学等开辟了全新的研究领域。

纳米材料的合成方法有气相法、液相法和固相法。其中气相法包括：化学气相沉积、激光气相沉积、真空蒸发和电子束或射频束溅射等；液相法包括溶胶-凝胶（Sol-Gel）法、水热法和共沉淀法。制备纳米氧化物微粉常用水热法，其优点是产物直接为晶态，无须经过焙烧晶化过程，可以减少颗粒团聚，同时粒度比较均匀，形态也比较规则。

SnO_2 是一种半导体氧化物，它在传感器、催化剂和透明导电薄膜等方面具有广泛用途。纳米 SnO_2 具有很大的比表面积，是一种很好的气敏和湿敏材料。

本实验以水热法制备 SnO_2 纳米粉。

实验目的

1. 了解水热法制备纳米氧化物的原理及实验方法。
2. 研究 SnO_2 纳米粉制备的工艺条件。
3. 学习用透射电子显微镜检测超细微粒的粒径。
4. 学习用 X 射线衍射法（XRD）确定产物的物相。

实验提示

1. 主要参考文献

[1] 程虎民，马季铭，赵振国，等．纳米 SnO_2 的水热合成．高等学校化学学报，1996，17(6)：833-837.

[2] 林碧洲．SnO_2 纳米晶粉的溶胶-水热合成．华侨大学学报，2000，21(3)：268-270.

2. 查阅文献的关键词

纳米材料，SnO_2，水热合成。

3. 实验要点

（1）原料及反应原理　以 $SnCl_4$ 为原料，利用水解产生的 $Sn(OH)_4$，经脱水反应，晶化产生 SnO_2 纳米微晶：

$$SnCl_4+4H_2O \longrightarrow Sn(OH)_4(s)+4HCl$$

$$nSn(OH)_4 \longrightarrow nSnO_2+2nH_2O$$

（2）反应条件的选择　水热反应的条件，如反应物的浓度、温度、介质的 pH、反应时间等对反应产物的物相、形态、粒子尺寸及其分布均有较大影响。

反应温度适度升高能促进 $SnCl_4$ 的水解反应及 $Sn(OH)_4$ 的脱水反应，利于重结晶，但温度太高将导致 SnO_2 微晶长大。建议反应温度控制在 120～160 ℃。

反应介质的酸度较高时，$SnCl_4$ 的水解反应受到抑制，生成的 $Sn(OH)_4$ 较少，反应液中残留 Sn^{4+} 较多，将产生 SnO_2 纳米微晶并造成颗粒间的聚结，导致硬团聚；反应介质的酸度较低时，$SnCl_4$ 的水解完全，形成大量 $Sn(OH)_4$，进一步脱水、晶化产生 SnO_2 纳米微晶。建议介质的酸度控制在 pH＝1～2。

水热反应时间在 2 h 左右。反应容器是具有聚四氟乙烯衬里的不锈钢压力釜，密封后置于恒温箱中控温。

（3）产物的后处理　从压力釜取出的产物经过减压过滤后，用含乙酸铵的混合液洗涤多次，再用 95% 乙醇溶液洗涤，继而干燥、研细。

（4）产物表征

① 物相分析　用多晶 X 射线衍射仪测定产物的物相（参见图 9-1）。在 JCPDS 卡片集中查出 SnO_2 的多晶标准衍射卡片，将样品的 d 值和相对强度与标准卡片的数据相对照，确定产物是不是 SnO_2。

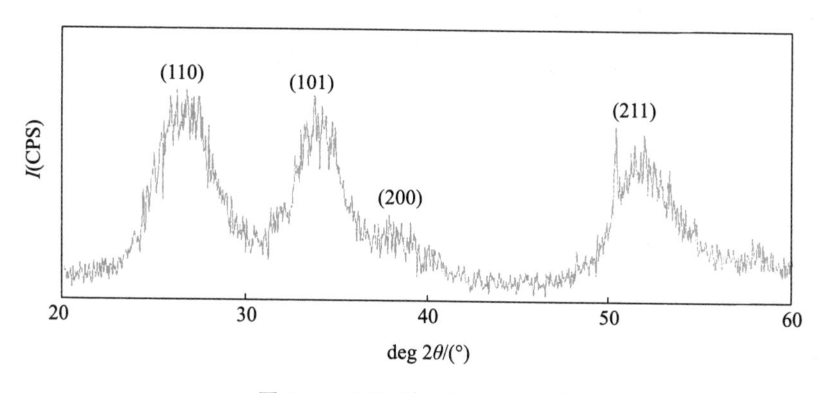

图 9-1　SnO_2 纳米粉的 XRD 图

② 晶粒大小分析与观察　由多晶 X 射线衍射峰的半峰宽，用谢乐（Scherrer）公式计算样品在 hkl 方向上的平均晶粒尺寸：

$$D_{hkl}=\frac{K\lambda}{\beta\cdot\cos\theta_{hkl}}$$

式中：K——常数，通常取 0.9；

λ——X 射线的波长；

β——hkl 的衍射峰的半峰宽(一般可取为半峰宽);

θ_{hkl}——hkl 的衍射峰的衍射角。

用透射电子显微镜(TEM)直接观察样品晶粒的尺寸与形貌。

仪器及药品

仪器:100 mL 不锈钢压力釜(有聚四氟乙烯衬里),恒温箱(带控温装置),磁力搅拌器,抽滤水泵,pH 计,离心机,多晶 X 射线衍射仪,透射电子显微镜。

药品:$SnCl_4 \cdot 5H_2O$(AR),KOH(AR),乙酸(AR),乙酸铵(AR),乙醇(95%,AR)。

实验要求

1. 阅读给定的文献,并用关键词在网上或在图书馆查阅相关的参考文献。
2. 制订研究方案,用水热法合成 SnO_2 纳米粉,并探索适宜的水热反应条件,对处理的产物进行表征。
3. 对研究的结果展开讨论。
4. 提交研究论文。

思考题

1. 水热法合成无机材料具有哪些特点?
2. 用水热法合成纳米氧化物时,对物质本身有哪些要求?从化学热力学和动力学角度进行定性分析。
3. 水热法制备 SnO_2 纳米粉过程中,哪些因素影响产物的晶粒大小及其分布?
4. 在洗涤纳米粒子沉淀物过程中,如何防止沉淀物的胶溶?
5. 如何减少纳米粒子在干燥过程中的团聚?

第十章　综合性、设计性和研究性实验

实验二十四　硫酸亚铁铵的制备及组成分析

实验目的

1. 了解复盐的一般特性及硫酸亚铁铵的制备方法。
2. 熟练掌握水浴加热、蒸发、结晶和减压过滤等基本操作。
3. 掌握高锰酸钾滴定法测定铁(Ⅱ)的方法,并巩固产品中杂质 Fe^{3+} 的定量分析。

实验原理

硫酸亚铁铵 $(NH_4)_2Fe(SO_4)_2\cdot 6H_2O$ 俗称摩尔盐,为浅绿色单斜晶体。它在空气中比一般亚铁盐稳定,不易被氧化,而且价格低,制造工艺简单,应用广泛,在工业上常用作废水处理的混凝剂,在农业上用作农药及肥料,在定量分析上常用作氧化还原滴定的基准物质。

像所有的复盐一样,硫酸亚铁铵在水中的溶解度比组成它的任何一个组分[$FeSO_4$ 或 $(NH_4)_2SO_4$]的溶解度都小(参见表 10-1)。因此,将含有 $FeSO_4$ 和 $(NH_4)_2SO_4$ 的溶液经蒸发浓缩、冷却结晶即可得到摩尔盐晶体。

表 10-1　硫酸亚铁、硫酸铵、硫酸亚铁铵在水中的溶解度　　单位:g/100 g H_2O

物质	温度/℃				
	10	20	30	40	60
$FeSO_4\cdot 7H_2O$	40.0	48.0	60.0	73.3	100
$(NH_4)_2SO_4$	73.0	75.4	78.0	81.0	88
$(NH_4)_2Fe(SO_4)_2\cdot 6H_2O$	17.23	36.47	45.0	—	—

本实验采用铁屑与稀硫酸作用生成硫酸亚铁溶液:

$$Fe+H_2SO_4 \longrightarrow FeSO_4+H_2(g)$$

然后在硫酸亚铁溶液中加入硫酸铵并使其全部溶解,经蒸发浓缩,冷却结晶,得到 $(NH_4)_2Fe(SO_4)_2\cdot 6H_2O$ 晶体。

$$FeSO_4+(NH_4)_2SO_4+6H_2O \longrightarrow (NH_4)_2Fe(SO_4)_2\cdot 6H_2O$$

可以采用高锰酸钾滴定法来确定产品中有效成分的含量。在酸性介质中 Fe^{2+} 被 $KMnO_4$ 定量氧化为 Fe^{3+}，$KMnO_4$ 的颜色变化可以指示滴定终点的到达。

$$5Fe^{2+}+MnO_4^-+8H^+ \longrightarrow 5Fe^{3+}+Mn^{2+}+4H_2O$$

产品等级也可以通过测定其杂质 Fe^{3+} 的质量分数来确定。

仪器、药品及材料

仪器：托盘天平，分析天平，恒温水浴，721 型（或 V5000 型）分光光度计，漏斗，漏斗架，布氏漏斗，吸滤瓶，真空泵，烧杯（150 mL，400 mL），量筒（10 mL，50 mL），锥形瓶（150 mL，250 mL），蒸发皿（50 mL），棕色酸式滴定管（50 mL），移液管（10 mL，25 mL），表面皿，称量瓶。

药品：Na_2CO_3 溶液（1 $mol\cdot L^{-1}$），H_2SO_4 溶液（3 $mol\cdot L^{-1}$），HCl 溶液（2 $mol\cdot L^{-1}$），H_3PO_4 溶液（浓），$(NH_4)_2SO_4$（s），$KMnO_4$ 标准溶液（0.100 0 $mol\cdot L^{-1}$），无水乙醇，Fe^{3+} 标准溶液（0.010 0 $mol\cdot L^{-1}$），KSCN 溶液（1 $mol\cdot L^{-1}$），铁屑，$K_3[Fe(CN)_6]$ 溶液（0.1 $mol\cdot L^{-1}$），NaOH 溶液（2 $mol\cdot L^{-1}$）。

材料：pH 试纸，红色石蕊试纸。

实验步骤

1. 硫酸亚铁铵的制备

（1）铁屑的净化　称取 2.0 g 铁屑于 150 mL 烧杯中，加入 20 mL 1 $mol\cdot L^{-1}$ Na_2CO_3 溶液，小火加热约 10 min，以除去铁屑表面的油污。用倾析法除去碱液，再用水洗净铁屑。

（2）硫酸亚铁的制备　在盛有洗净铁屑的烧杯中加入 15 mL 3 $mol\cdot L^{-1}$ H_2SO_4 溶液，盖上表面皿，放在水浴上加热（在通风橱中进行），温度控制在 70～80 ℃，直至不再冒大量气泡，表示反应基本完成（反应过程中要适当添加去离子水，以补充蒸发掉的水分）。趁热过滤，将滤液转入 50 mL 蒸发皿中。用去离子水洗涤残渣，用滤纸吸干后称量，从而计算出溶液中所溶解铁屑的质量。

（3）硫酸亚铁铵的制备　根据 $FeSO_4$ 的理论产量，计算所需 $(NH_4)_2SO_4$ 的用量。称取 $(NH_4)_2SO_4$ 固体，将其加入上述所制得的 $FeSO_4$ 溶液中，在水浴上加热搅拌，使 $(NH_4)_2SO_4$ 全部溶解，调 pH 为 1～2，蒸发浓缩至液面出现一层晶膜为止，取下蒸发皿，冷却至室温，使 $(NH_4)_2Fe(SO_4)_2\cdot 6H_2O$ 结晶出来。用布氏漏斗减压抽滤，用少量无水乙醇洗去晶体表面所附着的水分，转移至表面皿上，晾干（或真空干燥）后称量，计算收率。

2. 产品检验

（1）定性鉴定产品中的 NH_4^+，Fe^{2+} 和 SO_4^{2-}（参见附录七和附录八）。

（2）$(NH_4)_2Fe(SO_4)_2\cdot 6H_2O$ 质量分数的测定　称取 0.8～0.9 g（准确至 0.000 1 g）产品于 250 mL 锥形瓶中，加 50 mL 除氧的去离子水，15 mL 3 $mol\cdot L^{-1}$ H_2SO_4 溶液，2 mL 浓 H_3PO_4 溶液，使样品溶解。从滴定管中放出约 10 mL $KMnO_4$ 标准溶液于锥形瓶中，加热至 70～80 ℃，再继续用 $KMnO_4$ 标准溶液滴定至溶液刚出现微红色（30 s 内不消失），此为终点。

根据 $KMnO_4$ 标准溶液的用量(单位 mL),按照下式计算产品中$(NH_4)_2Fe(SO_4)_2\cdot6H_2O$的质量分数:

$$w=\frac{5c(KMnO_4)\cdot V(KMnO_4)\cdot M\times10^{-3}}{m}$$

式中:w——产品中$(NH_4)_2Fe(SO_4)_2\cdot6H_2O$ 的质量分数;

M——$(NH_4)_2Fe(SO_4)_2\cdot6H_2O$ 的摩尔质量;

m——所取产品质量。

(3) Fe^{3+}的定量分析　用烧杯将去离子水煮沸 5 min,以除去其中溶解的氧,盖好,冷却后备用。称取 0.2 g 产品,置于试管中,加 1.00 mL 备用的去离子水使之溶解,再加入 5 滴 2 $mol\cdot L^{-1}$ HCl 溶液和 2 滴 1 $mol\cdot L^{-1}$ KSCN 溶液,最后用除氧的去离子水稀释到 5.00 mL,摇匀,在 721 型(或 V5000 型)分光光度计上进行比色分析,由$A-w(Fe^{3+})$标准工作曲线(参见实验二十)查出Fe^{3+}的质量分数,与表 10-2 对照,以确定产品等级。

表 10-2　硫酸亚铁铵产品等级与 Fe^{3+}的质量分数对照表

产品等级	Ⅰ级	Ⅱ级	Ⅲ级
$w(Fe^{3+})\times100$	0.005	0.01	0.02

注意事项

1. 用 Na_2CO_3 溶液清洗铁屑油污过程中,一定要不断地搅拌,以免其暴沸烫伤人,并应补充适量水。

2. $FeSO_4$ 溶液要趁热过滤,以免出现结晶。

思考题

1. 制备硫酸亚铁铵时为什么要保持溶液呈强酸性?

2. 检验产品中 Fe^{3+}的质量分数时,为什么要用不含氧的去离子水?

实验二十五 铬(Ⅲ)配合物的制备和分裂能的测定(微型实验)

实验目的

1. 了解不同配体对配合物中心离子 d 轨道能级分裂的影响。
2. 学习铬(Ⅲ)配合物的制备方法。
3. 了解配合物电子光谱的测定与绘制。
4. 了解配合物分裂能的测定。

实验原理

晶体场理论认为,过渡金属离子形成配合物时,在配位场的作用下,中心离子的 d 轨道发生能级分裂。配位场的对称性不同,分裂的形式不同,分裂后轨道间的能量差也不同。在八面体场中,5 个简并的 d 轨道分裂为 2 个能量较高的 e_g 轨道和 3 个能量较低的 t_{2g}轨道。e_g 轨道和 t_{2g}轨道间的能量差称为分裂能,用 Δ_o(或 10 Dq)表示。分裂能的大小取决于配位场的强弱。

配合物的分裂能可通过测定其电子光谱求得。对于中心离子价层电子构型为 $d^1 \sim d^9$ 的配合物,用分光光度计在不同波长下测其溶液的吸光度,以吸光度对波长作图即得到配合物的电子光谱。由电子光谱上相应吸收峰所对应的波长可以计算出分裂能 Δ_o,计算公式如下:

$$\Delta_o = \frac{1}{\lambda} \times 10^7$$

λ 的单位为 nm,Δ_o 的单位为 cm^{-1}。

对于 d 电子数不同的配合物,其电子光谱不同,计算 Δ_o 的方法也不同。例如,中心离子的价层电子构型为 $3d^1$ 的$[Ti(H_2O)_6]^{3+}$,只有一种 d-d 跃迁,其电子光谱上 493 nm 处有一个吸收峰,其分裂能为 20 300 cm^{-1}。本实验中,中心离子 Cr^{3+}的价层电子构型为 $3d^3$,有 3 种 d-d 跃迁,相应地在电子光谱上应有 3 个吸收峰,但实验中往往只能测得 2 个明显的吸收峰,第 3 个吸收峰则被强烈的电荷迁移吸收所覆盖。配位场理论研究结果表明,对于八面体场中 d^3 电子构型的配合物,在电子光谱中应先确定最大波长的吸收峰所对应的波长 λ_{max},然后代入上述公式求其分裂能 Δ_o。

对于相同中心离子的配合物,按其 Δ_o 的相对大小将配体排序,即得到光谱化学序列。

仪器、药品及材料

仪器:721 型(或 V5000 型)分光光度计,烧杯(25 mL,3 个),研钵(1 个),蒸发皿(1 个),量筒(10 mL,1 个),微型漏斗及吸滤瓶(1 套),表面皿(1 个)。

药品:草酸(CP),草酸钾(CP),重铬酸钾(CP),硫酸铬钾(CP),乙二胺四乙酸二钠(EDTA,CP),三氯化铬(CP),丙酮(CP)。

材料:坐标纸。

实验步骤

1. 铬(Ⅲ)配合物的合成

在 15 mL 水中溶解 0.6 g 草酸钾和 1.4 g 草酸。再慢慢加入 0.5 g 研细的重铬酸钾,并不断搅拌,待反应完毕后,小火加热蒸发溶液近干,冷却使晶体析出。用微型漏斗及吸滤瓶过滤,并用丙酮洗涤晶体,得到暗绿色的 $K_3[Cr(C_2O_4)_3]\cdot 3H_2O$ 晶体,在烘箱内于 110 ℃下烘干。

2. 铬(Ⅲ)配合物溶液的配制

(1) $K_3[Cr(C_2O_4)_3]$溶液的配制　在电子天平上称取 0.02 g $K_3[Cr(C_2O_4)_3]\cdot 3H_2O$ 晶体,溶于 10 mL 去离子水。

(2) $K[Cr(H_2O)_6](SO_4)_2$ 溶液的配制　称取 0.08 g 硫酸铬钾,溶于 10 mL 去离子水中。

(3) $[Cr(EDTA)]^-$溶液的配制　称取 0.01 g EDTA 溶于 15 mL 水中,加热使其溶解,然后加入 0.01 g 三氯化铬,小火稍加热,得到紫色的$[Cr(EDTA)]^-$溶液。

3. 配合物电子光谱的测定

在 360～700 nm 波长范围内,以去离子水为参比液,用分光光度计测定上述配合物溶液的吸光度(A)。比色皿厚度为 1 cm。每隔 10 nm 测一组数据,当出现吸收峰(A 出现极大值)时可适当缩小波长间隔,增加测定数据。

数据记录与处理

1. 不同波长下各配合物的吸光度记录。

波长/nm	配合物		
	$[Cr(C_2O_4)_3]^{3-}$	$[Cr(H_2O)_6]^{3+}$	$[Cr(EDTA)]^-$
360			
…			
…			
700			

2. 以波长 λ 为横坐标,吸光度 A 为纵坐标作图,即得各配合物的电子光谱。

3. 从电子光谱上确定最大波长吸收峰所对应的波长 λ_{max},并按下式计算各配合物的晶体场分裂能 Δ_o:

$$\Delta_o = \frac{1}{\lambda_{max}} \times 10^7$$

4. 将得到的 Δ_o 数值与理论值进行对比。

思考题

1. 配合物中心离子 d 轨道的能级在八面体场中如何分裂？写出 Cr(Ⅲ)八面体配合物中 Cr^{3+} 的 d 电子排布式。

2. 晶体场分裂能的大小主要与哪些因素有关？

3. 写出 $C_2O_4^{2-}$，H_2O，EDTA 在光谱化学序列中的前后顺序。

4. 本实验中配合物的浓度是否影响 Δ_o 的测定？

实验二十六　三草酸合铁(Ⅲ)酸钾的制备、组成测定及表征

实验目的

1. 了解配合物制备的一般方法。
2. 掌握用高锰酸钾法测定 $C_2O_4^{2-}$ 与 Fe^{3+} 的原理和方法。
3. 综合训练无机合成、滴定分析的基本操作，掌握确定配合物组成的原理和方法。
4. 了解表征配合物结构的方法。

实验原理

1. 制备

三草酸合铁(Ⅲ)酸钾 $K_3[Fe(C_2O_4)_3]\cdot 3H_2O$ 为翠绿色单斜晶体，溶于水[溶解度：4.7 g/100 g H_2O(0 ℃)，117.7 g/100 g H_2O(100 ℃)]，难溶于乙醇。110 ℃下失去结晶水，230 ℃分解。该配合物对光敏感，遇光照射发生分解：

$$2K_3[Fe(C_2O_4)_3] \xrightarrow{光} 3K_2C_2O_4 + \underset{(黄色)}{2FeC_2O_4} + 2CO_2$$

三草酸合铁(Ⅲ)酸钾是制备负载型活性铁催化剂的主要原料，也是一些有机反应的良好催化剂，在工业上具有一定的应用价值。其合成工艺路线有多种。例如，可用三氯化铁或硫酸铁与草酸钾直接合成三草酸合铁(Ⅲ)酸钾，也可以铁为原料制得硫酸亚铁铵，加草酸制得草酸亚铁后，在过量草酸根存在下用过氧化氢氧化制得三草酸合铁(Ⅲ)酸钾。

本实验以实验二十四制得的硫酸亚铁铵为原料，采用上述的后一种方法制得本产品。其反应方程式如下：

$$(NH_4)_2Fe(SO_4)_2\cdot 6H_2O + H_2C_2O_4 \longrightarrow \underset{(黄色)}{FeC_2O_4\cdot 2H_2O(s)} + (NH_4)_2SO_4 + H_2SO_4 + 4H_2O$$

$$6FeC_2O_4\cdot 2H_2O + 3H_2O_2 + 6K_2C_2O_4 \longrightarrow 4K_3[Fe(C_2O_4)_3]\cdot 3H_2O + 2Fe(OH)_3(s)$$

加入适量草酸可使 $Fe(OH)_3$ 转化为三草酸合铁(Ⅲ)酸钾：

$$2Fe(OH)_3 + 3H_2C_2O_4 + 3K_2C_2O_4 \longrightarrow 2K_3[Fe(C_2O_4)_3]\cdot 3H_2O$$

加入乙醇，放置即可析出产物的结晶。

2. 产物的定性分析

产物组成的定性分析，采用化学分析和红外吸收光谱法。

K^+ 与 $Na_3[Co(NO_2)_6]$ 在中性或稀醋酸介质中，生成亮黄色的 $K_2Na[Co(NO_2)_6]$ 沉淀：

$$2K^+ + Na^+ + [Co(NO_2)_6]^{3-} \longrightarrow K_2Na[Co(NO_2)_6](s)$$

Fe^{3+} 与 KSCN 反应生成血红色 $Fe(NCS)_n^{3-n}$，$C_2O_4^{2-}$ 与 Ca^{2+} 生成白色沉淀 CaC_2O_4，可以判断 Fe^{3+}，$C_2O_4^{2-}$ 处于配合物的内层还是外层。

草酸根和结晶水可通过红外光谱分析确定其存在。草酸根形成配合物时,红外吸收的振动频率和谱带归属见表 10-3。

表 10-3　草酸根配合物红外吸收的振动频率和谱带归属

振动频率 ν/cm^{-1}	谱带归属
1 712,1 677,1 649	羰基 C═O 的伸缩振动吸收带
1 390,1 270,1 255,885	C—O 伸缩及—O—C═O 弯曲振动
797,785	O—C═O 弯曲及 M—O 键的伸缩振动
528	C—C 的伸缩振动吸收带
498	环变形 O—C═O 弯曲振动
366	M—O 伸缩振动吸收带

结晶水的吸收带在 3 550～3 200 cm^{-1}之间,一般在 3 450 cm^{-1}附近。通过红外谱图的对照,不难得出定性的分析结果。

3. 产物的定量分析

用高锰酸钾法测定产品中的 Fe^{3+} 含量和 $C_2O_4^{2-}$ 含量,并确定 Fe^{3+} 和 $C_2O_4^{2-}$ 的配位比。

在酸性介质中,用 $KMnO_4$ 标准溶液滴定试液中的 $C_2O_4^{2-}$,根据 $KMnO_4$ 标准溶液的消耗量可直接计算出 $C_2O_4^{2-}$ 的质量分数,其反应式为

$$5C_2O_4^{2-}+2MnO_4^-+16H^+ \longrightarrow 10CO_2+2Mn^{2+}+8H_2O$$

在上述测定草酸根后剩余的溶液中,用锌粉将 Fe^{3+} 还原为 Fe^{2+},再用$KMnO_4$标准溶液滴定 Fe^{2+},其反应为

$$Zn+2Fe^{3+} \longrightarrow 2Fe^{2+}+Zn^{2+}$$

$$5Fe^{2+}+MnO_4^-+8H^+ \longrightarrow 5Fe^{3+}+Mn^{2+}+4H_2O$$

根据 $KMnO_4$ 标准溶液的消耗量,可计算出 Fe^{3+}的质量分数。

根据

$$n(Fe^{3+}):n(C_2O_4^{2-})=\frac{w(Fe^{3+})}{55.8}:\frac{w(C_2O_4^{2-})}{88.0}$$

可确定 Fe^{3+}与 $C_2O_4^{2-}$ 的配位比。

4. 产物的表征

通过对配合物磁化率的测定,可推算出配合物中心离子的未成对电子数,进而推断出中心离子外层电子的结构、配键类型。

仪器及药品

仪器:托盘天平,电子分析天平,烧杯(100 mL,250 mL),量筒(10 mL,100 mL),长颈漏斗,布氏漏斗,吸滤瓶,真空泵,表面皿,称量瓶,干燥器,烘箱,锥形瓶(250 mL),酸式滴定管(50 mL),磁天平,红外光谱仪,玛瑙研钵。

药品：H_2SO_4 溶液($2\ mol\cdot L^{-1}$)，$H_2C_2O_4$ 溶液($1\ mol\cdot L^{-1}$)，H_2O_2 溶液(3%)，$(NH_4)_2Fe(SO_4)_2\cdot 6H_2O(s)$，$K_2C_2O_4$ 溶液(饱和)，KSCN 溶液($0.1\ mol\cdot L^{-1}$)，$CaCl_2$ 溶液($0.5\ mol\cdot L^{-1}$)，$FeCl_3$ 溶液($0.1\ mol\cdot L^{-1}$)，$Na_3[Co(NO_2)_6]$试液，$KMnO_4$ 标准溶液($0.020\ 0\ mol\cdot L^{-1}$，自行标定)，乙醇溶液(95%)，丙酮。

实验步骤

1. 三草酸合铁(Ⅲ)酸钾的制备

(1) 制取 $FeC_2O_4\cdot 2H_2O$　称取 6.0 g $(NH_4)_2Fe(SO_4)_2\cdot 6H_2O$ 放入 250 mL 烧杯中，加入 1.5 mL $2\ mol\cdot L^{-1}$ H_2SO_4 溶液和 20 mL 去离子水，加热使其溶解。另称取 3.0 g $H_2C_2O_4\cdot 2H_2O$ 放入 100 mL 烧杯中，加 30 mL 去离子水微热，溶解后取出 22 mL 倒入上述 250 mL 烧杯中，加热搅拌至沸，并维持微沸 5 min。静置，得到黄色 $FeC_2O_4\cdot 2H_2O$ 沉淀。用倾斜法倒出清液，用热的去离子水洗涤沉淀 3 次，以除去可溶性杂质。

(2) 制备 $K_3[Fe(C_2O_4)_3]\cdot 3H_2O$　在上述洗涤过的沉淀中，加入 15 mL 饱和 $K_2C_2O_4$ 溶液，水浴加热至 40 ℃，滴加 25 mL 3% H_2O_2 溶液，不断搅拌溶液并维持温度在 40 ℃左右。滴加完后，加热溶液至沸以除去过量的 H_2O_2。取适量上述(1)中配制的 $H_2C_2O_4$ 溶液趁热加入使沉淀溶解至呈现翠绿色为止。冷却后，加入 15 mL 95%乙醇溶液，在暗处放置，结晶。减压过滤，抽干后用少量乙醇洗涤产品，继续抽干，称量，计算收率，并将晶体放在干燥器内避光保存。

2. 产物的定性分析

(1) K^+的鉴定　在试管中加入少量产物，用去离子水溶解，再加入 1 mL $Na_3[Co(NO_2)_6]$试液，放置片刻，观察现象。

(2) Fe^{3+}的鉴定　在试管中加入少量产物，用去离子水溶解。另取一支试管加入少量 $FeCl_3$ 溶液。各加入 2 滴 $0.1\ mol\cdot L^{-1}$ KSCN 溶液，观察现象。在装有产物溶液的试管中加入 3 滴 $2\ mol\cdot L^{-1}$ H_2SO_4 溶液，再观察溶液颜色有何变化，解释实验现象。

(3) $C_2O_4^{2-}$ 的鉴定　在试管中加入少量产物，用去离子水溶解。另取一支试管加入少量 $K_2C_2O_4$ 溶液。各加入 2 滴 $0.5\ mol\cdot L^{-1}$ $CaCl_2$ 溶液，观察实验现象有何不同。

(4) 用红外光谱鉴定 $C_2O_4^{2-}$ 与结晶水　取少量 KBr 晶体及小于 KBr 用量 1%的样品，在玛瑙研钵中研细，压片，在红外光谱仪上测定红外吸收光谱，将谱图的各主要谱带与标准红外光谱图对照，确定是否含有 $C_2O_4^{2-}$ 及结晶水。

3. 产物组成的定量分析

(1) 结晶水质量分数的测定　洗净两个称量瓶，在 110 ℃电烘箱中干燥 1 h，置于干燥器中冷却，冷却至室温时再在电子分析天平上称量。然后再放到 110 ℃电烘箱中干燥 0.5 h，即重复上述干燥—冷却—称量操作，直至质量恒定(两次称量相差不超过 0.3 mg)为止。

在电子分析天平上准确称取两份产品各 0.5～0.6 g，分别放入上述已质量恒定的两个称量瓶中。在 110 ℃电烘箱中干燥 1 h，然后置于干燥器中冷却，至室温后，称量。重复上述干燥(改为 0.5 h)—冷却—称量操作，直至质量恒定。根据称量结果计算产品中结晶水的质量分数。

(2) 草酸根质量分数的测定 在电子分析天平上准确称取两份产物(0.15～0.20 g),分别放入两个锥形瓶中,均加入 15 mL 2 mol·L^{-1} H_2SO_4 溶液和15 mL 去离子水,微热溶解,加热至75～85 ℃(即液面冒水蒸气),趁热用0.020 0 mol·L^{-1} $KMnO_4$ 标准溶液滴定至粉红色,此为终点(保留溶液待下一步分析使用)。根据消耗 $KMnO_4$ 标准溶液的体积,计算产物中 $C_2O_4^{2-}$ 的质量分数。

(3) 铁质量分数的测定 在上述(2)保留的溶液中加入一小匙锌粉,加热近沸,直到黄色消失,将 Fe^{3+}还原为 Fe^{2+}即可。趁热过滤除去多余的锌粉,滤液收集到另一锥形瓶中,再用 5 mL 去离子水洗涤漏斗,并将洗涤液也一并收集在上述锥形瓶中。继续用 0.020 0 mol·L^{-1} $KMnO_4$ 标准溶液进行滴定,至溶液呈粉红色。根据消耗 $KMnO_4$ 标准溶液的体积,计算 Fe^{3+}的质量分数。

根据(1),(2),(3)的实验结果,计算 K^+的质量分数,结合实验步骤 2 的结果,推断出配合物的化学式。

4. 配合物磁化率的测定

(1) 样品管的准备 洗涤磁天平的样品管(必要时用洗液浸泡)并用去离子水冲洗,再用乙醇、丙酮各冲洗一次,用吹风机吹干(也可烘干)。

(2) 样品管的测定 在磁天平的挂钩上挂好样品管,并使其处于两磁极的中间,调节样品管的高度,使样品管底部对准电磁铁两极中心的连线(即磁场强度最强处)。在不加磁场的条件下称量样品管的质量。

打开电源预热。用调节器旋钮慢慢调大输入电磁铁线圈的电流至 5.0 A,在此磁场强度下测量样品管的质量。测量后,用调节器旋钮慢慢调小输入电磁铁的电流直至零为止。记录测量温度。

(3) 标准物质的测定 从磁天平上取下空样品管,装入已研细的标准物质$(NH_4)_2Fe(SO_4)_2 \cdot 6H_2O$ 至刻度处,在不加磁场和加磁场两种情况下分别测量"标准物质+样品管"的质量。取下样品管,倒出标准物质,按步骤(1)的要求洗净并干燥样品管。

(4) 样品的测定 取产品(约 2 g)在玛瑙研钵中研细,按照"标准物质的测定"的步骤及实验条件,在不加磁场和加磁场两种情况下,分别测量"样品+样品管"的质量。测量后关闭电源及冷却水。

* 测量误差的主要原因是装样品不均匀,因此需将样品一点一点地装入样品管,边装边在垫有橡胶板的台面上轻轻撞击样品管,并且还要注意每个样品填装的均匀程度与紧密状况应该一致。

注:

(1) $K_3[Fe(C_2O_4)_3]$溶液未达饱和,冷却时不析出晶体,可以继续加热蒸发浓缩,直至稍冷后表面出现晶膜。

(2) 磁天平的使用方法详见仪器使用说明或相关实验教材。

数据记录与处理

根据实验数据和标准物质的比磁化率 $\chi_m = 9\ 500\times10^{-6}/(T+1)$,计算样品的摩尔磁化率 χ_M,

近似得到样品的摩尔顺磁化率，计算出有效磁矩 $\boldsymbol{\mu}_{eff}$，求出样品 $K_3[Fe(C_2O_4)_3]\cdot3H_2O$ 中心离子 Fe^{3+} 的未成对电子数 n，判断其外层电子结构，属于内轨型配合物还是外轨型配合物。或判断此配合物中心离子的 d 电子构型，形成高自旋配合物还是低自旋配合物，草酸根是属于强场配体还是弱场配体。

测量物品	无磁场时的质量/g	加磁场后的质量/g	加磁场后的质量差 Δm/g
空样品管			
标准物质+样品管			
样品+样品管			

思考题

参考文献

1. 氧化 $FeC_2O_4\cdot2H_2O$ 时，氧化温度控制在 40 ℃，不能太高，为什么？
2. $KMnO_4$ 滴定 $C_2O_4^{2-}$ 时，要加热，又不能使温度太高(75～85 ℃)，为什么？

实验二十七 氯化一氯·五氨合钴(Ⅲ)水合反应活化能的测定(微型实验)

实验目的

1. 学习$[CoCl(NH_3)_5]Cl_2$的合成方法。
2. 测定$[CoCl(NH_3)_5]Cl_2$水合反应速率系数和活化能。

实验原理

在水溶液中电极反应$[Co(H_2O)_6]^{3+}+e^- \rightleftharpoons [Co(H_2O)_6]^{2+}$的标准电极电势较大，$E^\ominus(Co^{3+}/Co^{2+})=1.84\ V$。由此可见，水溶液中$[Co(H_2O)_6]^{2+}$的还原性很差，不易将其氧化为$[Co(H_2O)_6]^{3+}$。当有配合剂存在时，由于形成相应的配合物可使电极电势降低，从而易将Co(Ⅱ)氧化为Co(Ⅲ)，得到较稳定的Co(Ⅲ)配合物。在含有氨水和氯化铵的氯化钴溶液中加入H_2O_2，可以得到$[Co(NH_3)_5H_2O]Cl_3$：

$$2CoCl_2+8NH_3\cdot H_2O+2NH_4Cl+H_2O_2 \longrightarrow 2[Co(NH_3)_5H_2O]Cl_3+8H_2O$$

再加入浓盐酸可生成$[CoCl(NH_3)_5]Cl_2$紫红色晶体：

$$[Co(NH_3)_5H_2O]Cl_3 \xrightarrow[\triangle]{HCl} [CoCl(NH_3)_5]Cl_2+H_2O$$

$[CoCl(NH_3)_5]Cl_2$在水溶液中发生水合作用，即H_2O取代配合物中的配体Cl^-，生成$[Co(NH_3)_5H_2O]Cl_3$：

$$[CoCl(NH_3)_5]^{2+}+H_2O \xrightarrow{H^+} [Co(NH_3)_5H_2O]^{3+}+Cl^-$$

按照S_N1反应机理，取代反应中决速步骤是Co—Cl键的断裂，其结果是H_2O分子很快进入配合物中配体Cl^-的位置。按照S_N2反应机理，反应中的H_2O分子首先进入配合物而形成短暂的七配位中间体，再由中间体很快失去Cl^-而形成产物。S_N1反应是一级反应，其反应速率方程为

$$v=k_1c([CoCl(NH_3)_5]^{2+}) \tag{1}$$

S_N2反应是二级反应，其反应速率方程为

$$v=k_2c([CoCl(NH_3)_5]^{2+})c(H_2O) \tag{2}$$

由于反应在水溶液中进行，溶剂水大大过量，反应消耗水也很少，所以实际上反应过程中$c(H_2O)$基本保持不变，式(2)可以表示为

$$v=k_2'c([CoCl(NH_3)_5]^{2+}) \tag{3}$$

其中$k_2'=k_2c(H_2O)$。由此可见，不论S_N1反应还是S_N2反应，都可按一级反应处理，即反应速率方程为

$$v=-\frac{\mathrm{d}c([\mathrm{CoCl(NH_3)_5}]^{2+})}{\mathrm{d}t}=kc([\mathrm{CoCl(NH_3)_5}]^{2+}) \tag{4}$$

积分得

$$-\ln\{c([\mathrm{CoCl(NH_3)_5}]^{2+})\}=kt+B$$

若以$-\ln\{c([\mathrm{CoCl(NH_3)_5}]^{2+})\}$对时间 t 作图，得到一直线，其斜率即为反应速率系数 k。

根据朗伯-比尔(Lambert-Beer)定律，$A=\kappa cl$，若用分光光度法测定给定时间 t 时配合物的吸光度 A，并以$-\ln A$ 对 t 作图，也可得到一直线，由其斜率可以求得 k。

由于反应产物$[\mathrm{Co(NH_3)_5H_2O}]\mathrm{Cl_3}$ 在测定波长下也有吸收，所以测得的吸光度 A 实际上是反应物$[\mathrm{CoCl(NH_3)_5}]\mathrm{Cl_2}$ 和生成物$[\mathrm{Co(NH_3)_5H_2O}]\mathrm{Cl_3}$ 的吸光度之和。生成物在 550 nm 的摩尔吸收系数 κ 为 21.0 $\mathrm{cm^{-1}\cdot mol^{-1}\cdot L}$，由此可求得无限长时间生成物的吸光度 A_∞，而某瞬间配合物$[\mathrm{CoCl(NH_3)_5}]\mathrm{Cl_2}$ 的吸光度可近似用$(A-A_\infty)$来表示。以$-\ln(A-A_\infty)$对 t 作图，得到一直线，由直线的斜率可求得水合反应速率系数 k。

如果测定不同温度时的水合反应速率系数 k，可以求得水合反应的活化能 E_a：

$$\lg\frac{k_2}{k_1}=\frac{E_\mathrm{a}}{2.303R}\left(\frac{1}{T_1}-\frac{1}{T_2}\right)$$

仪器及药品

仪器：V5000 型(或 721 型)分光光度计(1 台)，电子秒表(1 只)，恒温水浴(1 台)，烧杯(25 mL，2 个)，容量瓶(50 mL，2 个)，量筒(5 mL，1 个)，微型漏斗及吸滤瓶(1 套)，烘箱。

药品：$\mathrm{CoCl_2\cdot 6H_2O(s)}$，30% $\mathrm{H_2O_2}$ 溶液，$\mathrm{HNO_3}$ 溶液(0.3 $\mathrm{mol\cdot L^{-1}}$，6 $\mathrm{mol\cdot L^{-1}}$)，$\mathrm{NH_4Cl(s)}$，浓氨水，HCl 溶液(6 $\mathrm{mol\cdot L^{-1}}$，浓)，无水乙醇，丙酮，冰。

实验步骤

1. $[\mathrm{CoCl(NH_3)_5}]\mathrm{Cl_2}$ 的制备

在 1 个 25 mL 烧杯中加入 5 mL 浓氨水，加入 0.8 g 氯化铵使其溶解。在不断搅拌下分数次加 1.7 g 研细的 $\mathrm{CoCl_2\cdot 6H_2O}$，得到黄红色$[\mathrm{Co(NH_3)_6}]\mathrm{Cl_2}$ 沉淀。

在不断搅拌下慢慢滴入 1.5 mL 30% $\mathrm{H_2O_2}$ 溶液，生成深红色$[\mathrm{Co(NH_3)_5H_2O}]\mathrm{Cl_3}$ 溶液。慢慢注入 5 mL 浓 HCl 溶液，生成紫红色$[\mathrm{CoCl(NH_3)_5}]\mathrm{Cl_2}$ 晶体。将此混合物在水浴中加热 15 min 后，冷却至室温，用微型过滤器抽滤。用 3.5 mL 冰水洗涤沉淀，然后用 3.5 mL 冰冷的 6 $\mathrm{mol\cdot L^{-1}}$HCl 溶液洗涤，再用少量无水乙醇洗涤 1 次，最后用丙酮洗涤 1 次，在烘箱中于 100～110 ℃干燥 1～2 h。

2. $[\mathrm{CoCl(NH_3)_5}]\mathrm{Cl_2}$ 水合反应速率系数和活化能的测定

称取 0.15 g $[\mathrm{CoCl(NH_3)_5}]\mathrm{Cl_2}$，放入 25 mL 小烧杯中，加少量水，置于水浴中加热使其溶解，再转移至 50 mL 容量瓶中。然后加入 2.5 mL 6 $\mathrm{mol\cdot L^{-1}}$ $\mathrm{HNO_3}$ 溶液，用水稀释至刻度。溶液中配合物浓度为 1.2×10^{-2} $\mathrm{mol\cdot L^{-1}}$，$\mathrm{HNO_3}$ 浓度为 0.3 $\mathrm{mol\cdot L^{-1}}$。

将溶液分放入60 ℃的恒温水浴中,每隔5 min测1次吸光度。当吸光度变化缓慢时,每隔10 min测定1次,直至吸光度无明显变化为止。测定时以0.3 $mol \cdot L^{-1}$ HNO_3 溶液为参比液,用1 cm比色皿在550 nm波长下进行测定。

再称取0.15g$[CoCl(NH_3)_5]Cl_2$,按上述方法配制50 mL溶液,在80 ℃恒温水浴中重复上述实验。

以$-\ln(A-A_\infty)$对t作图,由直线斜率计算出水合反应速率系数k。由60 ℃的k_{60}和80 ℃的k_{80}计算出水合反应的活化能。

注:$[CoCl(NH_3)_5]Cl_2$ 的制备应在通风橱中进行。

思考题

参考文献

1. 在制备$[CoCl(NH_3)_5]Cl_2$的反应中,若有活性炭存在,将会得到什么反应产物?
2. 配合物取代反应的S_N1反应机理和S_N2反应机理各是什么?
3. 怎样计算A_∞?

实验二十八　常见阴离子未知液的定性分析

实验目的

1. 初步了解混合阴离子的鉴定方案。
2. 掌握常见阴离子的个别鉴定方法。
3. 培养综合应用基础知识的能力。

实验提示

1. 由于酸碱性、氧化还原性等的限制，很多阴离子不能共存于同一溶液中，共存于溶液中的各离子彼此干扰较少，且许多阴离子有特征反应，故可采用分别分析法，即利用阴离子的分析特性先对试液进行一系列初步实验，分析并初步确定可能存在的阴离子，然后根据离子性质的差异和特征反应进行分离鉴定。

初步实验包括挥发性实验、沉淀实验、氧化还原实验等。先用 pH 试纸及稀硫酸加之闻味进行挥发性实验；然后利用 1 $mol\cdot L^{-1}$ $BaCl_2$ 溶液及 0.1 $mol\cdot L^{-1}$ $AgNO_3$ 溶液进行沉淀实验；最后利用 I_2-淀粉试液、0.01 $mol\cdot L^{-1}$ $KMnO_4$ 溶液、KI-淀粉试液进行氧化还原实验。每种阴离子与以上试剂反应的情况见表 10-4。根据初步实验结果，推断可能存在的阴离子，然后做阴离子的个别鉴定实验。

表 10-4　阴离子的初步实验

阴离子	试剂					
	稀硫酸	$BaCl_2$ 溶液（中性或弱碱性）	$AgNO_3$ 溶液（稀硝酸）	I_2-淀粉试液（稀硫酸）	$KMnO_4$ 溶液（稀硫酸）	KI-淀粉试液（稀硫酸）
Cl^-			白色沉淀		褪色①	
Br^-			淡黄色沉淀		褪色	
I^-			黄色沉淀		褪色	
NO_3^-						
NO_2^-	气体				褪色	变蓝
SO_4^{2-}		白色沉淀				
SO_3^{2-}	气体	白色沉淀		褪色	褪色	
$S_2O_3^{2-}$	气体	白色沉淀②	溶液或沉淀③	褪色	褪色	
S^{2-}	气体		黑色沉淀	褪色	褪色	

续表

阴离子	试剂					
	稀硫酸	$BaCl_2$ 溶液（中性或弱碱性）	$AgNO_3$ 溶液（稀硝酸）	I_2-淀粉试液（稀硫酸）	$KMnO_4$ 溶液（稀硫酸）	KI-淀粉试液（稀硫酸）
PO_4^{3-}		白色沉淀				
CO_3^{2-}	气体	白色沉淀				

① 当溶液中 Cl^- 浓度大，溶液酸性强，$KMnO_4$ 才褪色。

② $S_2O_3^{2-}$ 的浓度大时生成 BaS_2O_3 白色沉淀。

③ $S_2O_3^{2-}$ 的浓度大时生成$[Ag(S_2O_3)_2]^{3-}$无色溶液，$S_2O_3^{2-}$ 与 Ag^+ 的浓度适中时生成 $Ag_2S_2O_3$ 白色沉淀，并很快分解，颜色由白→黄→棕→黑，最后产物为 Ag_2S。

本实验仅涉及 Cl^-，Br^-，I^-，NO_3^-，NO_2^-，SO_4^{2-}，SO_3^{2-}，$S_2O_3^{2-}$，S^{2-}，PO_4^{3-}，CO_3^{2-} 共 11 种常见阴离子的分析鉴定。

若某些离子在鉴定时发生相互干扰，应先分离，后鉴定。例如，S^{2-} 的存在将干扰 SO_3^{2-} 和 $S_2O_3^{2-}$ 的鉴定，应先将 S^{2-} 除去。除去的方法是在含有 S^{2-}，SO_3^{2-}，$S_2O_3^{2-}$ 的混合溶液中，加入 $PbCO_3$ 或 $CdCO_3$ 固体，使它们转化为溶解度更小的硫化物而将 S^{2-} 分离出去，在清液中分别鉴定 SO_3^{2-}，$S_2O_3^{2-}$ 即可。

2. 阴离子的个别鉴定方法详见附录八。

3. 为了提高分析结果的准确性，应进行“空白实验”和“对照实验”。“空白实验”是以去离子水代替试液，而“对照实验”是用已知含有被检验离子的溶液代替试液。

4. Ag^+ 与 S^{2-} 形成黑色沉淀，Ag^+ 与 $S_2O_3^{2-}$ 形成白色沉淀且迅速由白→黄→棕→黑，Ag^+ 与 Cl^-，Br^-，I^- 形成的浅色沉淀很容易被同时存在的黑色沉淀覆盖，所以要认真观察沉淀是否溶于或部分溶于 6 $mol \cdot L^{-1}$ HNO_3 溶液，以推断有无 Cl^-，Br^-，I^- 存在。

仪器、药品及材料

仪器：离心机，煤气灯，试管，点滴板，玻璃棒，水浴锅，胶头滴管（3 支，带塞 1 支）。

药品：H_2SO_4 溶液（2 $mol \cdot L^{-1}$，浓），HCl 溶液（6 $mol \cdot L^{-1}$），HNO_3 溶液（2 $mol \cdot L^{-1}$，6 $mol \cdot L^{-1}$，浓），HAc 溶液（2 $mol \cdot L^{-1}$，6 $mol \cdot L^{-1}$），$NH_3 \cdot H_2O$（2 $mol \cdot L^{-1}$），$Ba(OH)_2$ 溶液（饱和），$KMnO_4$ 溶液（0.01 $mol \cdot L^{-1}$），KI 溶液（0.1 $mol \cdot L^{-1}$），$K_4[Fe(CN)_6]$ 溶液（0.1 $mol \cdot L^{-1}$），$NaNO_2$ 溶液（0.1 $mol \cdot L^{-1}$），$Na_2[Fe(CN)_5NO]$ 溶液（1%，新配），$(NH_4)_2CO_3$ 溶液（12%），$(NH_4)_2MoO_4$ 溶液，$BaCl_2$ 溶液（1 $mol \cdot L^{-1}$），Ag_2SO_4 溶液（0.02 $mol \cdot L^{-1}$），$AgNO_3$ 溶液（0.1 $mol \cdot L^{-1}$），Zn（粉），$PbCO_3(s)$，$FeSO_4 \cdot 7H_2O(s)$，尿素，氯水（饱和），碘水（饱和），CCl_4，淀粉试液。

材料：pH 试纸。

实验要求

1. 向教师领取混合阴离子未知液，设计方案，分析鉴定未知液中所含的阴离子。

2. 给出鉴定结果，写出鉴定步骤及相关的反应方程式。

思考题

1. 鉴定 NO_3^- 时，怎样除去 NO_2^-，Br^-，I^- 的干扰？

2. 鉴定 SO_4^{2-} 时，怎样除去 SO_3^{2-}，$S_2O_3^{2-}$，CO_3^{2-} 的干扰？

3. 在 Cl^-，Br^-，I^- 的分离鉴定中，为什么要用 12%$(NH_4)_2CO_3$ 溶液将 AgCl 与 AgBr 和 AgI 分离开？

参考文献

实验二十九 常见阳离子未知液的定性分析

实验目的

1. 了解混合阳离子分组鉴定的方案。
2. 掌握常见阳离子的个别鉴定方法。
3. 培养综合应用基础知识的能力。

实验提示

1. 混合阳离子分组法

常见的阳离子有20多种，对它们进行个别检出时容易发生相互干扰。所以，对混合阳离子进行分析时，一般都是利用阳离子的某些共性先将它们分成几组，然后再根据其个性进行个别检出。实验室常用的混合阳离子分组法有硫化氢系统法[图10-6(本实验附注)]和两酸两碱系统法(图10-1)。

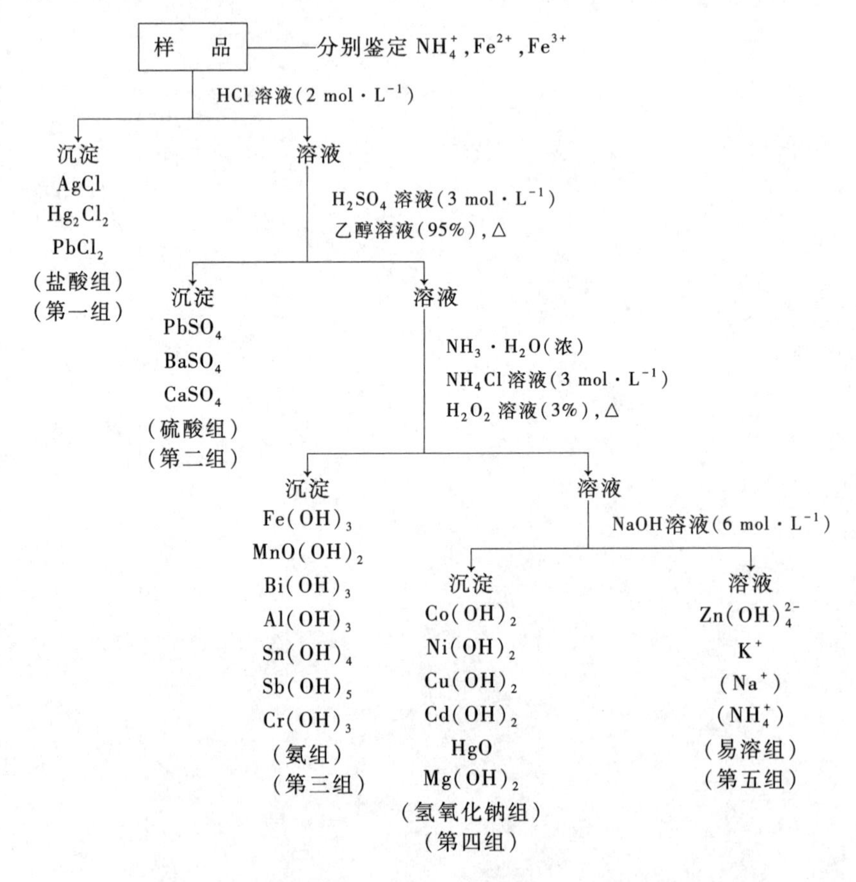

图10-1 两酸两碱系统法——混合阳离子分组示意图

硫化氢系统法的优点是系统性强、分离方法比较严密并可与溶度积、沉淀溶解平衡等基本理论相结合，其缺点是操作步骤繁杂、花费时间较多，特别是硫化氢气体有毒且污染空气。为了减少硫化氢的污染，本实验以两酸两碱系统法为例，将常见的 20 多种阳离子分为六组，分别进行分离鉴定。

两酸两碱系统法的基本思路是：先用 HCl 溶液将能形成氯化物沉淀的 Ag^+，Hg_2^{2+}，Pb^{2+} 分离出去；再用 H_2SO_4 溶液将能形成难溶硫酸盐的 Pb^{2+}，Ba^{2+}，Ca^{2+} 分离出去；然后用 $NH_3 \cdot H_2O$ 和 NaOH 溶液将剩余的离子进一步分组，分组之后再进行个别检出。

本实验按图 10-1 所给试剂将阳离子分组，然后再根据离子的特性，加以分离鉴定。

第一组（盐酸组）阳离子的分离（图 10-2）：

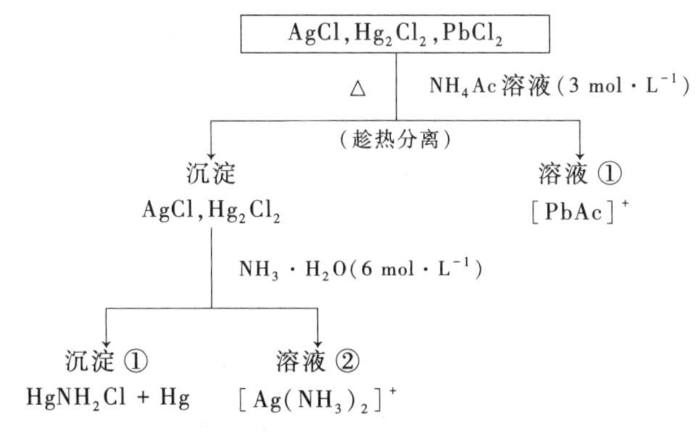

图 10-2　第一组阳离子的分离

根据 $PbCl_2$ 可溶于 NH_4Ac 溶液和热水中，而 AgCl 可溶于氨水中，分离本组离子并鉴定。

第二组（硫酸组）阳离子的分离（图 10-3）：

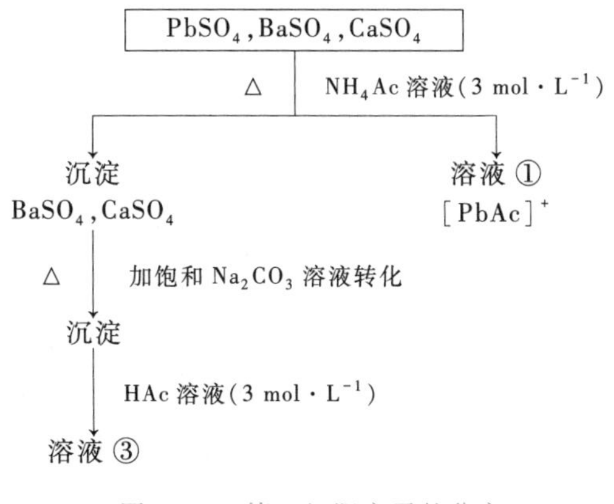

图 10-3　第二组阳离子的分离

第三组（氨组）阳离子（图 10-4）：

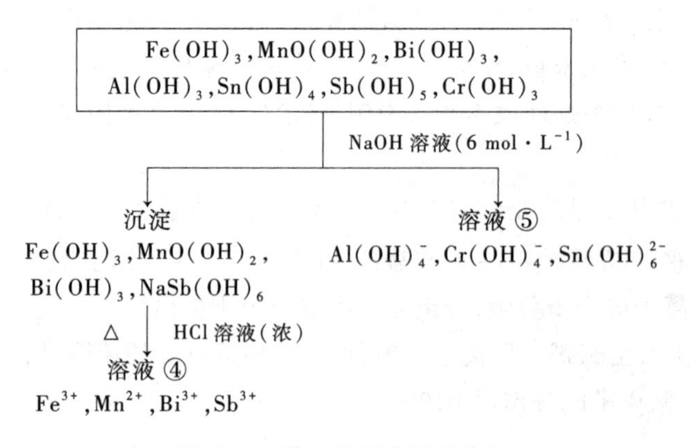

图 10-4 第三组阳离子的分离

第四组(氢氧化钠组)阳离子的分离(图 10-5):

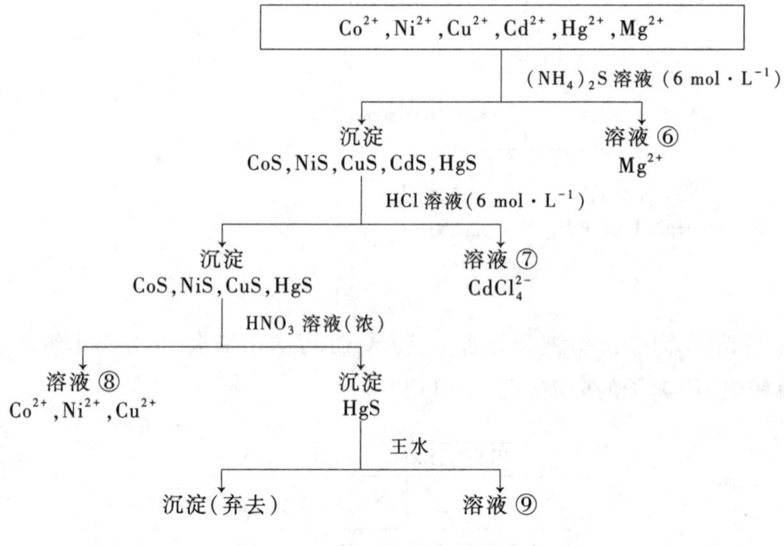

图 10-5 第四组阳离子的分离

将氢氧化钠组所得的沉淀溶于 2 mol·L^{-1} HNO_3 溶液中,得 Co^{2+}, Ni^{2+}, Cu^{2+}, Cd^{2+}, Hg^{2+}, Mg^{2+} 混合溶液,将该溶液进行以下分离。

第五组(易溶组)阳离子的鉴定:

易溶组阳离子虽然是在阳离子分组后最后一步获得的,但该组阳离子的鉴定[除 $Zn(OH)_4^{2-}$ 外]最好取原试液进行,以免阳离子分离中引入的大量 Na^+, NH_4^+ 对检验结果产生干扰。对于本组阳离子,本实验仅要求掌握 NH_4^+ 的鉴定。

2. 阳离子的鉴定

(1) Pb^{2+}的鉴定 取溶液①,设计方法鉴定 Pb^{2+}。

(2) Ag^+的鉴定 取溶液②,设计方案鉴定 Ag^+。

(3) Hg_2^{2+} 的鉴定 若沉淀①变为黑灰色,表示有 $Hg_2{}^{2+}$存在。反应:

$$Hg_2Cl_2+2NH_3 \rightleftharpoons HgNH_2Cl(s,白)+Hg(l,黑)+NH_4Cl$$

无其他阳离子干扰。

(4) Ca^{2+}与Ba^{2+}的鉴定　用$NH_3 \cdot H_2O$调节溶液③的 pH 为 4～5,加入 0.1 $mol \cdot L^{-1}$ K_2CrO_4溶液,若有黄色沉淀生成,表示有Ba^{2+}存在。该沉淀分离后,在清液中加入饱和$(NH_4)_2C_2O_4$溶液,水浴加热后,慢慢生成白色沉淀,表示有Ca^{2+}存在。

注:$BaSO_4$转化为$BaCO_3$较难,必要时可用饱和Na_2CO_3溶液进行多次转化。

(5) Fe^{3+},Mn^{2+},Bi^{3+},Sb^{3+}的鉴定　分别取 2 滴溶液④,设计方案鉴定Fe^{3+},Mn^{2+}。Bi^{3+},Sb^{3+}的鉴定相互干扰,应先将二者分离后再分别鉴定。

(6) Cr^{3+}的鉴定　取 10 滴溶液⑤,设计方案鉴定Cr^{3+}。

(7) Al^{3+}的鉴定(不做基本要求)　取 10 滴溶液⑤,用 6 $mol \cdot L^{-1}$ HAc 溶液酸化,调 pH 为 6～7,加 3 滴铝试剂,摇荡后,放置片刻,加 6 $mol \cdot L^{-1}$ $NH_3 \cdot H_2O$碱化,水浴加热,如有红色絮状沉淀出现,表示有Al^{3+}存在。

(8) Sn^{4+}的鉴定　取 10 滴溶液⑤,用 6 $mol \cdot L^{-1}$ HCl 溶液酸化,加入少量铁粉,水浴加热至作用完全,取上层清液,加 1 滴浓盐酸,加 2 滴$HgCl_2$溶液,若有白色或灰黑色沉淀析出,表示有Sn^{4+}存在。

(9) Cd^{2+}的鉴定　取 5 滴溶液⑦,设计方案鉴定Cd^{2+}。

(10) Co^{2+},Ni^{2+},Cu^{2+}的鉴定　分别取 5 滴溶液⑧,设计方案鉴定Co^{2+},Ni^{2+},Cu^{2+}。

(11) Hg^{2+}的鉴定　取 10 滴溶液⑨,设计方案鉴定Hg^{2+}。

(12) Zn^{2+}的鉴定　取 10 滴第五组溶液,设计方案鉴定Zn^{2+}。

(13) NH_4^+的鉴定　取 10 滴原未知液,设计方案鉴定NH_4^+。

以上各离子的鉴定步骤详见附录七。

仪器、药品及材料

仪器:离心机,煤气灯,试管,点滴板,玻璃棒,水浴锅,胶头滴管(3 支)。

药品:H_2SO_4溶液(1 $mol \cdot L^{-1}$,3 $mol \cdot L^{-1}$),HCl 溶液(2 $mol \cdot L^{-1}$,浓),HNO_3溶液(2 $mol \cdot L^{-1}$,6 $mol \cdot L^{-1}$),HAc 溶液(6 $mol \cdot L^{-1}$),H_2S溶液(饱和),NaOH 溶液(2 $mol \cdot L^{-1}$,6 $mol \cdot L^{-1}$),$NH_3 \cdot H_2O$(2 $mol \cdot L^{-1}$,6 $mol \cdot L^{-1}$,浓),KSCN 溶液(0.1 $mol \cdot L^{-1}$),KI 溶液(0.1 $mol \cdot L^{-1}$),K_2CrO_4溶液(0.1 $mol \cdot L^{-1}$),$K_4[Fe(CN)_6]$溶液(0.1 $mol \cdot L^{-1}$),Na_2CO_3溶液(0.5 $mol \cdot L^{-1}$,饱和),Na_2S溶液(0.1 $mol \cdot L^{-1}$),NaAc 溶液(3 $mol \cdot L^{-1}$),EDTA 溶液(饱和),NH_4Ac溶液(3 $mol \cdot L^{-1}$),NH_4Cl溶液(3 $mol \cdot L^{-1}$),$(NH_4)_2S$溶液(6 $mol \cdot L^{-1}$),$(NH_4)_2C_2O_4$溶液(饱和),$SnCl_2$溶液(0.1 $mol \cdot L^{-1}$),$HgCl_2$溶液(0.1 $mol \cdot L^{-1}$),Nessler 试剂,$NaBiO_3(s)$,KSCN(s),铝片,锡片,H_2O_2溶液(3%),乙醇溶液(95%),戊醇,丙酮,CCl_4,丁二酮肟,二苯硫腙。

材料:pH 试纸,滤纸条。

实验要求

1. 领取混合阳离子未知液,利用两酸两碱法设计分离、鉴定方案。

2. 写出未知液所含的阳离子鉴定结果，分离、鉴定步骤及有关的反应方程式。

3. 为了提高分析结果的准确性，应进行“空白实验”和“对照实验”。

4. 混合离子分离过程中，为使沉淀老化需要加热，加热方法最好采用水浴加热。

5. 每步获得沉淀后，都要将沉淀用少量带有沉淀剂的稀溶液或去离子水洗涤 1～2 次。

思考题

1. 如果未知液呈碱性，哪些离子可能不存在？

2. 本实验的分组方案使用了哪些基本化学原理？能用化学原理对某些步骤所采取的分离方式作出解释吗？举一二例说明。

附注：硫化氢系统法混合阳离子分组

硫化氢系统法混合阳离子分组见图 10-6。

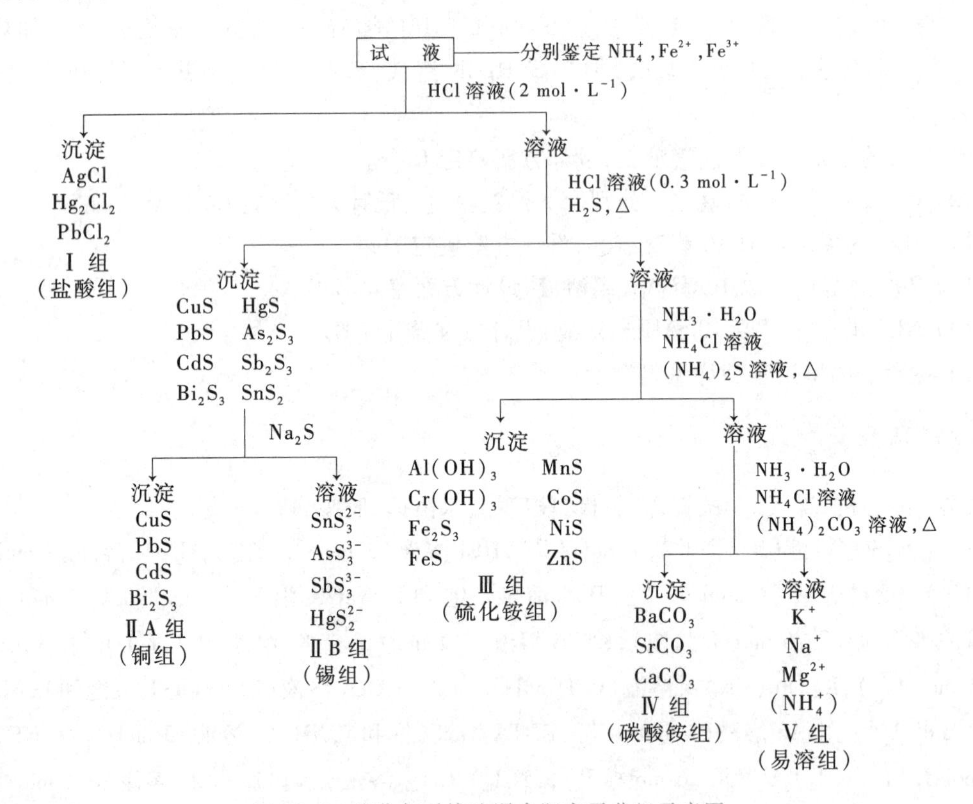

图 10-6　硫化氢系统法混合阳离子分组示意图

参考文献

实验三十　微波辐射法制备 $Na_2S_2O_3 \cdot 5H_2O$

实验目的

1. 了解用微波辐射法制备 $Na_2S_2O_3 \cdot 5H_2O$ 的方法。
2. 掌握 $S_2O_3^{2-}$ 的定性鉴定和 $Na_2S_2O_3 \cdot 5H_2O$ 的定量测定方法。

实验提示

1. 微波辐射与 $Na_2S_2O_3 \cdot 5H_2O$ 的制备

微波属于电磁波的一种，频率范围为 $3\times10^{10}\sim3\times10^{12}$ Hz。微波作为能源被广泛应用于工业、农业、医疗和化工等方面。微波对物质的加热不同于常规电炉加热。相对而言，常规加热速度慢，能量利用率低。微波加热物质时，物质吸收能量的多寡由物质本身的状态决定，微波作用的物质必须具有较高的电偶极矩或磁偶极矩，微波辐射使极性分子高速旋转，分子间不断碰撞和摩擦而产生热，这种称为“内加热方式”的微波加热，能量利用率高，加热迅速、均匀，而且可防止物质在加热过程中分解变质。

1986 年 Gedye 发现微波可以显著加快有机化合物合成，微波加热对氧化、水解、开环、烷基化、羟醛缩合、催化氢化等反应有明显效果，此后微波技术在化学中的应用日益受到重视。1988 年 Baghurst 首次采用微波技术合成了 KVO_3，$BaWO_4$，$YBa_2Cu_2O_{7-x}$ 等无机化合物。

总之，微波在化学中的应用开辟了微波化学的新领域，微波辐射有三个特点：一是在大量离子存在时能快速加热；二是快速达到反应温度；三是起着分子水平意义上的搅拌作用。

$Na_2S_2O_3 \cdot 5H_2O$ 俗称“海波”，又名“大苏打”，是无色透明单斜晶体。易溶于水，不溶于乙醇，具有较强的还原性和配位能力，可用作照相术中的定影剂、棉织物漂白后的脱氯剂、定量分析中的还原剂。

$Na_2S_2O_3 \cdot 5H_2O$ 的制备方法有多种，其中亚硫酸钠法是工业和实验室中的主要制备方法：

$$Na_2SO_3+S+5H_2O \xrightarrow{\text{煮沸或微波辐射}} Na_2S_2O_3 \cdot 5H_2O$$

反应液经过滤、浓缩结晶、过滤、干燥即得产品。

2. 产品中 $Na_2S_2O_3 \cdot 5H_2O$ 含量的测定

测定产品中 $Na_2S_2O_3 \cdot 5H_2O$ 的含量用碘量法。其反应方程式为

$$I_2+2S_2O_3^{2-} \longrightarrow 2I^-+S_4O_6^{2-}$$

该反应必须在中性或弱酸性溶液中进行，通常选用 HAc-NH_4Ac 缓冲溶液，使溶液pH = 6。产品

中含有未反应完全的 Na_2SO_3 要消耗 I_2，造成分析误差，因此滴定前应加入甲醛，排除 SO_3^{2-} 的干扰。

仪器及药品

仪器：微波炉，托盘天平，电子天平（精度 0.000 1 g），烧杯（250 mL），表面皿，漏斗，漏斗架，抽滤瓶，布氏漏斗，真空泵，量筒（10 mL，50 mL），锥形瓶（250 mL），滴定管（50 mL）。

药品：Na_2SO_3(s)，硫粉，$AgNO_3$ 溶液（0.1 mol·L^{-1}），淀粉试液（1%），HAc-NH_4Ac缓冲溶液（pH=6），I_2 标准溶液（约 0.025 mol·L^{-1}），甲醛（AR）。

实验要求

1. 以 Na_2SO_3 和硫粉为原料，用微波炉制备 10 g $Na_2S_2O_3 \cdot 5H_2O$。
2. 计算原料用量。
3. 设计出合理的制备方案。
4. 计算收率。
5. 定性鉴定 $S_2O_3^{2-}$。
6. 定量测定产品中 $Na_2S_2O_3 \cdot 5H_2O$ 的含量。
7. 提交书面报告。

思考题

参考文献

1. 定性鉴定 $Na_2S_2O_3$ 的反应原理是什么？写出反应方程式。
2. $Na_2S_2O_3$ 作为照相术中的定影剂，原理是什么？写出反应方程式。
3. 用 I_2 标准溶液滴定硫代硫酸钠时 pH 应在 6 左右，酸或碱过量将会发生什么反应？加入甲醛目的何在？

实验三十一　含铁系列化合物的制备及含量测定

铁作为人体必需的微量元素之一，其主要生理功能是作为血红蛋白的主要成分，参与氧和二氧化碳的运输，通过肌红蛋白固定和储存氧，含铁的细胞色素、过氧化氢酶、过氧化物酶在组织的呼吸过程中起着十分重要的作用。缺铁时，不仅血红蛋白、肌红蛋白等的合成受阻，而且使氧的运输与储存、二氧化碳的运输与释放、电子传递、氧化还原反应等很多代谢过程发生紊乱，人体出现各种症状。

国际上允许使用的铁剂约有 30 余种，主要分为无机铁和有机铁两种。一般来说，体内的 Fe^{2+}较 Fe^{3+}更易于吸收，有机铁比无机铁对肠胃刺激性小且易于吸收。

硫酸亚铁为治疗缺铁性贫血常用药物，1831 年 Blaud 首次用它来治疗“萎黄病”。但由于其对人体胃肠道刺激性大、化学稳定性差、生物利用度低、铁嗅味浓等缺点，不易被人们接受。

为了克服以上缺点，人们开发了第二代可溶性铁剂小分子有机酸铁盐配合物，如葡萄糖酸亚铁、柠檬酸亚铁、L-乳酸亚铁等。一般认为柠檬酸、乳酸、丙酮酸等可促进铁的吸收。

柠檬酸亚铁为绿白色粉末状固体，柠檬酸适口性好，可增加食欲，还能直接参与糖酵解代谢。胃酸能将柠檬酸亚铁中的亚铁以 Fe^{2+}形式释放出来。游离的柠檬酸仍有维持消化液呈酸性的作用。所以，柠檬酸亚铁是一种易吸收、高效率的铁剂。

乙二胺四乙酸铁钠（NaFeY）为淡土黄色结晶粉末，性质稳定，无肠胃刺激，在胃中结合紧密，进入十二指肠后，铁才被释放和吸收。在吸收过程中，Na_2H_2Y 还可与有害元素结合而起到解毒的作用。研究表明其铁的吸收率为硫酸亚铁的 2～3 倍。乙二胺四乙酸铁钠还具有促进膳食中其他铁源或内源性铁源吸收的作用，同时还可促进锌的吸收，而不影响钙的吸收。因此，其广泛应用于食品、保健品、药品。

实验目的

1. 掌握制备含铁化合物的原理和方法。
2. 进一步熟悉过滤、蒸发、结晶、滴定等基本操作。
3. 掌握高锰酸钾滴定铁（Ⅱ）的方法。

实验原理

本实验柠檬酸亚铁的制备以铁粉为原料，铁粉与 H_2SO_4 反应制得 $FeSO_4\cdot 7H_2O$，后者再与 NH_4HCO_3 反应得到 $FeCO_3$ 沉淀，将 $FeCO_3$ 沉淀加入柠檬酸溶液中制得柠檬酸亚铁。

反应方程式及工艺流程如下：

$$Fe+H_2SO_4+7H_2O \longrightarrow FeSO_4\cdot 7H_2O+H_2(g)$$

$$FeSO_4+NH_4HCO_3+NH_3\cdot H_2O \longrightarrow FeCO_3(s)+(NH_4)_2SO_4+H_2O$$

$$FeCO_3+C_6H_8O_7 \longrightarrow FeC_6H_6O_7+CO_2(g)+H_2O$$

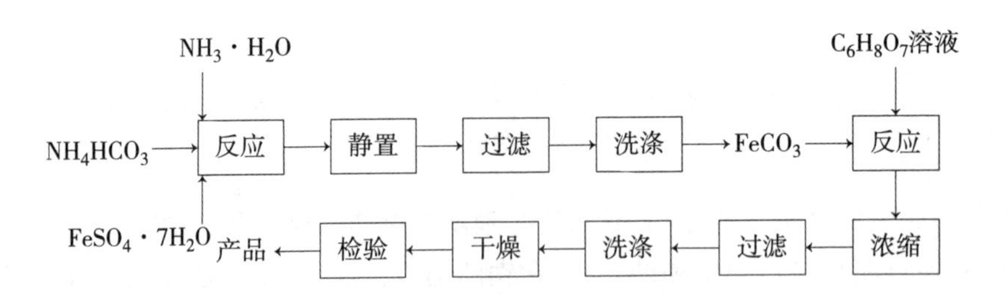

产品的质量鉴定可以采用高锰酸钾滴定法确定有效成分的含量。在酸性介质中 Fe^{2+} 被 $KMnO_4$ 定量氧化为 Fe^{3+}，$KMnO_4$ 的颜色变化可以指示滴定终点的到达。

$$5Fe^{2+}+MnO_4^-+8H^+ \longrightarrow 5Fe^{3+}+Mn^{2+}+4H_2O$$

乙二胺四乙酸铁钠（NaFeY）的制备以 $FeCl_3$ 为原料，$FeCl_3$ 与 NaOH 反应制得 $Fe(OH)_3$，$Fe(OH)_3$再与 Na_2H_2Y 反应得到 NaFeY。

仪器、药品和材料

仪器：电子天平，烧杯（500 mL，1 个；250 mL，2 个；100 mL，2 个），量筒（100 mL，5mL），容量瓶（50 mL），磁力加热搅拌器，搅拌子，表面皿，研钵，蒸发皿，石棉网，泥三角，布氏漏斗，吸滤瓶，真空泵，烘箱，棕色酸式滴定管（50 mL），普通漏斗，锥形瓶（250 mL），漏斗架，棉花。

药品：HCl 溶液（2 $mol \cdot L^{-1}$），H_2SO_4 溶液（2 $mol \cdot L^{-1}$，3 $mol \cdot L^{-1}$），H_3PO_4 溶液（浓），NaOH 溶液（2 $mol \cdot L^{-1}$），$NH_3 \cdot H_2O$（2 $mol \cdot L^{-1}$，6 $mol \cdot L^{-1}$），H_2S 溶液（饱和），$K_4[Fe(CN)_6]$溶液（0.1 $mol \cdot L^{-1}$），Na_2H_2Y 溶液（0.100 0 $mol \cdot L^{-1}$），NaAc 溶液（1 $mol \cdot L^{-1}$），NH_4HCO_3 溶液（1 $mol \cdot L^{-1}$，4 $mol \cdot L^{-1}$），$(NH_4)_2C_2O_4$ 溶液（饱和），$BaCl_2$ 溶液（1 $mol \cdot L^{-1}$），$KMnO_4$ 标准溶液（0.100 0 $mol \cdot L^{-1}$），NaOH(s)，$FeCl_3$(s)，$CaCO_3$(s)，Na_2H_2Y(s)、粗铁粉，铁钉，一水柠檬酸(s)，乙醇溶液（95%）。

材料：pH 试纸。

实验步骤

1. 乙二胺四乙酸铁钠（NaFeY）的制备

（1）氢氧化铁的制备

称取 1.6 g 固体 NaOH 溶于 50 mL 去离子水中，再称取 3.6 g 固体 $FeCl_3$ 于适量的去离子水中，稍加热，使其溶解，然后加入上述 NaOH 溶液中，充分搅拌，待反应完全后，过滤。将沉淀用去离子水洗涤 3 次，得到 $Fe(OH)_3$ 沉淀。

（2）乙二胺四乙酸铁钠的制备

① 称取 5.0 g 固体 Na_2H_2Y 放入 500 mL 烧杯中，加入 50 mL 60～70 ℃去离子水使其溶解。在不断搅拌下分次加入上述（1）制得的 $Fe(OH)_3$。用 2 $mol \cdot L^{-1}$ NaOH 溶液调节溶液的 pH≈8，在 100 ℃水浴下恒温加热 1.5 h，趁热过滤。

② 将滤液加热浓缩至黏稠状，冷却后加入 95%乙醇溶液，搅拌至变成固体状，再用 95%乙醇溶液洗涤固体物质 3 次，烘干，用研钵将其研至细粒状，再烘干，得黄棕色粉末状产品。

(3) 产物定性分析

称取约 20 mg 产品放入 100 mL 烧杯中，加少量水溶解后，加入 0.5 mL 2 $mol \cdot L^{-1}$ HCl 溶液，摇匀，再加 2 滴 0.1 $mol \cdot L^{-1}$ $K_4[Fe(CN)_6]$溶液，生成蓝色沉淀。

2. 柠檬酸亚铁的制备

(1) 硫酸亚铁的制备

方法一：

① 称取 15.0 g 粗铁粉，放入 250 mL 烧杯中，在烧杯中加入 2 枚铁钉，分三次加入 50 mL 2 $mol \cdot L^{-1}$ H_2SO_4 溶液，在恒温水浴中加热至 60～70 ℃，搅拌，使其溶解。在溶液中滴加几滴 0.1 $mol \cdot L^{-1}$ H_2S 溶液，以除去溶液中微量的 Pb^{2+}，Cu^{2+}等杂质。减压过滤，保留滤液，弃去沉淀。

② Al^{3+}，Ca^{2+}，Mg^{2+}的除去。向溶液中加入少量的 $CaCO_3$ 固体，搅拌，调节溶液 pH≈5，以除去溶液中的 Al^{3+}。再向溶液中加入少量饱和$(NH_4)_2C_2O_4$ 溶液，以除去溶液中的 Ca^{2+}，Mg^{2+}。减压过滤，保留滤液，弃去沉淀。

③ 在滤液中逐滴加入 2 $mol \cdot L^{-1}$ H_2SO_4 溶液，充分搅拌，将溶液调至 pH≈1.0。将溶液转移至蒸发皿中，放于泥三角上用小火加热，蒸发浓缩到溶液呈稀糊状为止。

④ 将浓缩液冷却至室温。用布氏漏斗减压过滤，尽量抽干。得到纯度较高的 $FeSO_4 \cdot 7H_2O$。

方法二：

在 250 mL 烧杯中，称取 30 g 粗铁粉，加入 10 mL 2 $mol \cdot L^{-1}$ H_2SO_4 溶液，恒温水浴加热至 60 ℃，搅拌 10 min，使反应完全。过滤后，滤液约在 10 min 后有少量有规则的晶体出现，在 15 min 后就会有大量的晶体出现。

(2) 柠檬酸亚铁的制备

① 碳酸亚铁的合成。称取 9.0 g 精制 $FeSO_4 \cdot 7H_2O$ 于 250 mL 烧杯中，加入 50 mL 去离子水，在烧杯中加入 2 枚铁钉，将 10 mL 4 $mol \cdot L^{-1}$ NH_4HCO_3 溶液先少量(不全部加入)缓慢加入剧烈搅拌的铁盐溶液中，搅拌片刻至有沉淀出现后，将剩余的 NH_4HCO_3 溶液和 5 mL 6 $mol \cdot L^{-1}$ $NH_3 \cdot H_2O$缓慢加入，控制溶液 pH=5.0～6.0，静置 30 min 后会有大量的白色沉淀产生，减压抽滤。反应得到浅绿色 $FeCO_3$ 沉淀，先用 1 $mol \cdot L^{-1}$ NH_4HCO_3 溶液洗涤沉淀，再用去离子水洗涤至检验没有 SO_4^{2-} 存在为止，得到 $FeCO_3$ 产品。

② 柠檬酸亚铁的合成。在 250 mL 烧杯中，加入 5.0 g 柠檬酸和 60 mL 去离子水，搅拌使其溶解。恒温水浴加热至 80 ℃后，加入制得的 $FeCO_3$，并在烧杯中加入 2 枚铁钉，反应 40 min 后，再升温到 90 ℃，反应至晶体析出，减压过滤、洗涤，在 60 ℃的烘箱中干燥，得到绿白色的柠檬酸亚铁产品。

3. 产品中 Fe^{2+}含量的测定

称取 0.8～0.9 g(准确至 0.000 1 g)产品于 250 mL 锥形瓶中，加 50 mL 除氧的去离子水、15 mL 3 $mol \cdot L^{-1}$ H_2SO_4 溶液、2 mL 浓 H_3PO_4 溶液，使产品溶解。从滴定管中放出约 10 mL $KMnO_4$ 标准溶液于锥形瓶中，加热至 70～80 ℃，再继续用 $KMnO_4$ 标准溶液滴定至溶液刚出现微红色(30 s内不消失)为终点。

根据$KMnO_4$标准溶液的用量,按照下式计算产品中$FeC_6H_6O_7$的质量分数:

$$w=\frac{5c(KMnO_4)\cdot V(KMnO_4)\cdot M\times 10^{-3}}{m}$$

式中:w——产品中$FeC_6H_6O_7$的质量分数;

M——$FeC_6H_6O_7$的摩尔质量,$g\cdot mol^{-1}$;

m——所称取产品质量,g。

思考题

1. 在乙二胺四乙酸铁钠的制备中,为什么要用乙醇洗涤沉淀?
2. 反应体系中,加入铁钉的作用是什么?
3. 在碳酸亚铁的合成中,为什么要将溶液的pH调节至5.0~6.0?

实验三十二　含锌药物的制备及含量测定

锌的化合物 $ZnSO_4 \cdot 7H_2O$、ZnO、醋酸锌等都有药物作用。

$ZnSO_4 \cdot 7H_2O$ 系无色透明、结晶状粉末，晶形为棱柱状、细针状或颗粒状，易溶于水或甘油，不溶于乙醇。医学上 $ZnSO_4 \cdot 7H_2O$ 内服作催吐剂，外用可配制滴眼液（0.1%～1%），利用其收敛性可防止沙眼病的发展。在制药工业上，硫酸锌是制备其他含锌药物的原料。

ZnO 系白色或淡黄色、无晶形、柔软的细微粉末，在潮湿空气中能缓慢吸收水分及二氧化碳变为碱式碳酸锌。它不溶于水或乙醇，但易溶于稀酸、氢氧化钠溶液。ZnO 是缓和收敛消毒药，其粉剂、洗剂、糊剂或软膏等广泛用于湿疹、癣等皮肤病的治疗。

醋酸锌[$Zn(CH_3COO)_2 \cdot 2H_2O$]系白色六边单斜片状晶体，有珠光，微具醋酸气味。溶于水、沸水及沸醇，其水溶液呈中性或微酸性。0.1%～0.5%醋酸锌溶液可作洗眼剂，外用为温和的收敛消毒药。

实验目的

1. 学会根据不同的制备要求选择工艺路线。
2. 掌握制备含锌药物的原理和方法。
3. 进一步熟悉过滤、蒸发、结晶、灼烧、干燥、滴定等基本操作。

实验原理

1. $ZnSO_4 \cdot 7H_2O$ 的制备

$ZnSO_4 \cdot 7H_2O$ 的制备方法很多。工业上用闪锌矿为原料，在空气中煅烧氧化制备硫酸锌，然后热水提取而得；在制药工业中是由粗 ZnO（或闪锌矿焙烧的矿粉）与 H_2SO_4 作用制得硫酸锌溶液：

$$ZnO + H_2SO_4 \longrightarrow ZnSO_4 + H_2O$$

此时 $ZnSO_4$ 溶液含 Fe^{2+}，Mn^{2+}，Cd^{2+}，Ni^{2+} 等杂质，须除杂。

（1）$KMnO_4$ 氧化法除 Fe^{2+}，Mn^{2+}

$$MnO_4^- + 3Fe^{2+} + 7H_2O \longrightarrow 3Fe(OH)_3 + MnO_2 + 5H^+$$

$$2MnO_4^- + 3Mn^{2+} + 2H_2O \longrightarrow 5MnO_2 + 4H^+$$

（2）Zn 粉置换法除 Cd^{2+}，Ni^{2+}

$$CdSO_4 + Zn \longrightarrow ZnSO_4 + Cd$$

$$NiSO_4 + Zn \longrightarrow ZnSO_4 + Ni$$

除杂后的精制 $ZnSO_4$ 溶液经浓缩、结晶得 $ZnSO_4 \cdot 7H_2O$ 晶体，可作药用。

2. ZnO 的制备原理及含量测定

工业用的 ZnO 是在强热时使锌蒸气进入耐火砖室中与空气混合燃烧而成的。

$$2Zn+O_2 \longrightarrow 2ZnO$$

其产品常含铅、砷等杂质,不得作药用。

药用 ZnO 的制备是 $ZnSO_4$ 溶液中加 Na_2CO_3 溶液碱化产生碱式碳酸锌沉淀。将沉淀经 250～300 ℃灼烧得细粉状 ZnO,其反应方程式如下:

$$3ZnSO_4+3Na_2CO_3+4H_2O \longrightarrow ZnCO_3\cdot 2Zn(OH)_2\cdot 2H_2O+3Na_2SO_4+2CO_2$$

$$ZnCO_3\cdot 2Zn(OH)_2\cdot 2H_2O \xrightarrow{250\sim300\ ℃} 3ZnO+CO_2+4H_2O$$

ZnO 含量可用 EDTA(乙二胺四乙酸)标定。EDTA 在水中解离出的 H_2Y^{2-},可与多种金属离子以 1∶1 形成螯合物。

测定时,在 pH≈10 的碱性缓冲溶液中,以蓝色的铬黑 T(简写为 HIn^{2-})为指示剂。样品中的 Zn^{2+} 与铬黑 T 反应,生成紫红色的配离子 $ZnIn^-$,反应方程式为

$$Zn^{2+}+HIn^{2-} \rightleftharpoons ZnIn^-+H^+$$

(纯蓝色) (紫红色)

滴定过程中,EDTA 先与溶液中未配合的 Zn^{2+} 结合成为无色配离子,然后再与紫红色的 $ZnIn^-$ 反应,游离出指示剂铬黑 T。滴定过程溶液颜色变化为紫红色→紫色→纯蓝色,即蓝色为滴定终点。滴定过程中的反应方程式为

终点前:$Zn^{2+}+H_2Y^{2-} \rightleftharpoons ZnY^{2-}+2H^+$

终点时:$ZnIn^-+H_2Y^{2-} \rightleftharpoons ZnY^{2-}+HIn^{2-}+H^+$

(紫红色) (纯蓝色)

按下式计算 ZnO 含量:

$$w=\frac{c(EDTA)\cdot V(EDTA)\cdot M\times10^{-3}}{m}$$

式中:w——产品中 ZnO 质量分数;

M——ZnO 的摩尔质量,$g\cdot mol^{-1}$;

m——所取产品质量,g。

3. $Zn(CH_3COO)_2\cdot 2H_2O$ 的制备

醋酸锌可由纯氧化锌与稀醋酸加热至沸,再过滤、结晶而制备:

$$2CH_3COOH+ZnO \longrightarrow Zn(CH_3COO)_2+H_2O$$

仪器、药品和材料

仪器:电子天平,烧杯(100 mL;250 mL,3 个),容量瓶(250 mL),量筒(5 mL,10 mL,25 mL,100 mL),酸式滴定管(50 mL),锥形瓶(250 mL,2 个),移液管(25 mL),磁力加热搅拌器,蒸发皿,表面皿,布氏漏斗,吸滤瓶,真空泵,烘箱,洗耳球,滴定台,搅拌子。

药品:HCl 溶液($6\ mol\cdot L^{-1}$),H_2SO_4 溶液($2\ mol\cdot L^{-1}$),HAc 溶液($3\ mol\cdot L^{-1}$),$NH_3\cdot H_2O$($6\ mol\cdot L^{-1}$,1∶1),Na_2CO_3 溶液($2\ mol\cdot L^{-1}$),H_2S 溶液($0.1\ mol\cdot L^{-1}$),$BaCl_2$ 溶液($1\ mol\cdot L^{-1}$),

$KMnO_4$ 溶液（0.1 mol·L^{-1}），NH_3·H_2O-NH_4Cl 缓冲溶液（pH = 10），EDTA 标准溶液（0.010 0 mol·L^{-1}），粗 ZnO（工业级），纯锌粉，铬黑 T 指示剂。

材料：pH 试纸。

实验步骤

1. $Zn(CH_3COO)_2·2H_2O$ 的制备

称取粗 ZnO（工业级）3.0 g 于 100 mL 烧杯中，加入 30 mL 3 mol·L^{-1} HAc 溶液，搅拌均匀后，加热至沸，趁热减压过滤，滤液静置，结晶，得粗制品。粗制品加少量水使其溶解后再结晶，得精制品，吸干后称量。

2. $ZnSO_4·7H_2O$ 的制备

（1）$ZnSO_4$ 溶液制备　称取 10 g 粗 ZnO（工业级）放入 250 mL 烧杯中，加入 70～80 mL 2 mol·L^{-1} H_2SO_4 溶液，将烧杯放入水浴锅中磁力搅拌，加热至 90 ℃，调节溶液 pH≈4，趁热减压过滤，滤液置于 250 mL 烧杯中。

（2）氧化除 Fe^{2+}，Mn^{2+}杂质　将上述滤液水浴加热至 80 ℃，滴加 0.1 mol·L^{-1} $KMnO_4$ 溶液至溶液呈微红，控制溶液 pH≈4，反应 3～5 min 后趁热减压过滤，弃去铁、锰化合物残渣，滤液置于 250 mL 烧杯中。

（3）置换除 Cd^{2+}，Ni^{2+}杂质　将上述滤液水浴加热至 80 ℃，称取 1.0 g 纯锌粉分批放入溶液中，反应 10 min 后，检查溶液中 Cd^{2+}，Ni^{2+}是否除尽（如何检查？），如未除尽，可补加少量纯锌粉，直至 Cd^{2+}，Ni^{2+}等杂质除尽为止，冷却减压过滤，滤液置于 250 mL 烧杯中，量出体积。

（4）$ZnSO_4·7H_2O$ 结晶　量取 1/2 体积的上述溶液于 100 mL 烧杯中，滴加 2 mol·L^{-1} H_2SO_4 溶液调节至溶液 pH≈1，将溶液转移至洁净蒸发皿中，加热蒸发至液面出现晶膜时，停止加热，冷却结晶，减压过滤，称出产品质量。

3. ZnO 的制备与含量测定

（1）ZnO 的制备　将剩余的溶液转移至 250 mL 烧杯中，加入 2 mol·L^{-1} Na_2CO_3 溶液至溶液 pH≈7，加热煮沸 15 min，使沉淀颗粒长大，减压过滤，用去离子水洗涤滤饼至检验无 SO_4^{2-} 存在为止，滤干沉淀，将滤饼置于烘箱中，于 50 ℃烘干。

将上述碱式碳酸锌沉淀放置于蒸发皿中，于 250～300 ℃煅烧。煅烧过程中，可取出少许反应物，投入 2 mol·L^{-1} H_2SO_4 溶液中而无气泡产生时，即可停止加热，冷却至室温，得细粉状白色 ZnO 产品，称量，计算收率。

（2）ZnO 含量测定　称取 0.15～0.2 g ZnO 样品于 100 mL 烧杯中，加 3 ml 6 mol·L^{-1} HCl 溶液，微热溶解后，加入 250 mL 容量瓶中定容、摇匀。用移液管吸取 25 mL 含锌溶液于 250 mL 锥形瓶中，滴加 1：1 氨水至开始出现白色沉淀，再加 10mL pH = 10 的 $NH_3·H_2O-NH_4Cl$ 缓冲溶液，加 20 mL 水，加入少许铬黑 T 指示剂，用 0.010 0 mol·L^{-1} EDTA 标准溶液滴定至溶液由酒红色恰变为蓝色，即达终点。根据消耗的 EDTA 标准溶液的体积，计算 ZnO 的含量。

注意事项

醋酸锌溶液受热后,易部分水解并析出碱式醋酸锌(白色沉淀):

$$2Zn(CH_3COO)_2+2H_2O \longrightarrow Zn(OH)_2\cdot Zn(CHCOO)_2(s)+2CH_3COOH$$

为了防止上述反应的发生,加入的 HAc 应适当过量,保持滤液呈酸性($pH=4$)。

思考题

1. 在精制 $ZnSO_4$ 溶液过程中,为什么要把可能存在的 Fe^{2+} 氧化成为 Fe^{3+}?

2. 在除 Fe^{2+},Fe^{3+} 过程中为什么要控制溶液的 $pH\approx4$? 如何调节溶液的 pH? pH 过高或过低对本实验有何影响?

3. 取出少许经煅烧的碱式碳酸锌投入稀酸中无气泡产生,说明了什么?

实验三十三　多金属氧酸盐的制备及光催化降解有机染料性能的研究

实验背景

有机染料污染物是全球性的主要环境污染源之一。其生物毒性大，不宜使用传统的生物降解法处理，这成为工业废水处理的一大难题。1972年，Fujishima等人首次发现TiO_2在紫外光照射下可以分解水，从此半导体光催化成为最活跃的研究领域之一。目前，光催化技术作为一种高级氧化技术，被用来治理有机污染物，由于其具有不产生二次污染的特点，应用范围很广泛。

多金属氧酸盐是由高价态的过渡金属离子(Mo^{6+}和W^{6+}等)通过氧原子桥联，形成的一类无机金属氧簇化合物。多酸与半导体金属氧化物(如TiO_2)具有相似的性质：相似的电子属性；二者被光激发后形成的激发态具有相似的氧化还原性质，都具有很强的氧化能力。因此，多金属氧酸盐作为一种光催化剂能有效地催化分解废水中的有机染料污染物。

实验目的

1. 学习多金属氧酸盐的制备方法。
2. 掌握控温搅拌器、酸度计、红外光谱仪及分光光度计的操作使用。
3. 了解多金属氧酸盐在光催化有机染料降解领域中的应用。

仪器及药品

仪器：电子天平，酸度计，磁力恒温搅拌器，300 W汞灯，紫外可见分光光度计，小试管，烧杯，量筒，容量瓶。

药品：$Na_2MoO_4·2H_2O$ (s)，$NaIO_4$(s)，HCl溶液($12\ mol·L^{-1}$，浓)，罗丹明B，蒸馏水。

实验步骤

1. Anderson型多金属氧酸盐$Na_5IMo_6O_{24}·3H_2O$的制备

将0.06 mol $Na_2MoO_4·2H_2O$溶于30 mL去离子水中，滴加6mL浓盐酸到溶液中。将$NaIO_4$(0.01 mol)溶于20 mL去离子水，并将此水溶液逐滴加入Na_2MoO_4溶液中，将混合物在高温下加热1 h。冷却到室温，静置，析出片状晶体。采用红外光谱仪检测多金属氧酸盐的特征峰：949(m) cm^{-1}，899(s) cm^{-1}，855(m) cm^{-1}，689(vs) cm^{-1}，621(s) cm^{-1}和467(m) cm^{-1}。

2. 多金属氧酸盐光催化降解罗丹明B的实验

配制50 mL $2×10^{-5}\ mol·L^{-1}$罗丹明B染料的水溶液，避光放置。称取一定量的多金属氧酸盐，分散在罗丹明 B 染料的溶液中，避光搅拌，使之全部溶解。将该混合溶液用 300 W 汞灯连续照射 2 h，同时不停地搅拌混合溶液。每隔0.5 h 取出 3 mL 溶液避光放置用于检测。

3. 多金属氧酸盐光催化降解罗丹明 B 的降解结果检测

降解结果的测定采用紫外可见分光光度计。通过测试溶液中罗丹明 B 特征吸收峰强度的变化来检测溶液中罗丹明 B 的含量。将不同时间点的吸收曲线，叠加到一起，直接观察降解的情况。通过吸光度计算不同时间溶液中罗丹明 B 的降解率。

思考题

参考文献

1. 结合参考文献，思考多金属氧酸盐光催化降解有机染料罗丹明 B 的原理是什么？

2. 如何根据吸光度计算罗丹明 B 的降解率？

实验三十四　羟基磷灰石的制备及其对水溶液中铅离子的吸附

实验目的

1. 学习羟基磷灰石的制备方法。
2. 了解羟基磷灰石对水溶液中铅离子的吸附作用。
3. 学习分光光度法测定铅离子的含量。

实验原理

羟基磷灰石，即羟基磷酸钙[$Ca_{10}(PO_4)_6(OH)_2$]，是一种新型无机高分子材料，它实质上是一种高度交错聚合的高分子磷酸钙聚合物。羟基磷酸钙是白色固体，难溶于水，能非常缓慢地溶解于土壤里的多酸中。它具有与骨组织进行能量与物质交换的能力，可以用于骨组织缺损的修复。人体中的钙元素主要以羟基磷酸钙晶体的形式存在，它是人体牙齿的主要组成部分。其羟基不是整体解离的，而是更容易失去氢原子。例如，羟基磷酸钙能发生取代反应，羟基中的氢被氟或氯等卤素取代；还能发生聚合反应，生成聚合羟基磷酸钙。它广泛用于聚苯乙烯（PS）、可发性聚苯乙烯（EPS）、聚氯乙烯（PVC），以及 ABS，PMMA，SAN 珠料的聚合，此外，也用于树脂防黏结的隔离剂、生物材料、水处理剂、染料、橡胶、制药等领域。

羟基磷酸钙的制备方法主要有水溶液沉淀法和溶胶-凝胶法。本实验采用水溶液沉淀法：以硝酸钙和磷酸氢二铵为原料，以 $n(Ca):n(P)=1.67$ 的比例，将磷酸氢二铵溶液缓慢加入硝酸钙溶液中，用氨水调节溶液的 pH 为 8～9，制得沉淀。反应方程式为

$$10Ca(NO_3)_2+6(NH_4)_2HPO_4+2NH_3\cdot H_2O \longrightarrow Ca_{10}(PO_4)_6(OH)_2+14NH_4^++20NO_3^-+6H^+$$

仪器及药品

仪器：电子天平，721 型（或 V5000 型）分光光度计，电热磁力搅拌器，振荡器，烧杯（100 mL，1 个），分液漏斗（100 mL，1 个），显色管（50 mL，11 支），锥形瓶（125 mL，6 个）。

药品：硝酸钙（s），磷酸氢二铵（s），氨水，硝酸铅标准溶液[$50mg\cdot L^{-1}$（按 Pb^{2+} 计）]，醋酸钠溶液（$2\ mol\cdot L^{-1}$），氯醋酸溶液（$2\ mol\cdot L^{-1}$），CPAⅢ溶液（0.1%）。

实验步骤

1. 羟基磷酸钙的制备

用电子天平称取 20.0 g 硝酸钙粉末和 23.4 g 磷酸氢二铵，依次倒入烧杯中，加入一定量的去离子水溶解。将溶液倒入自动可控滴加氨水装置中，升温至60 ℃（反应温度），控制滴加速率，

调节溶液的 pH 为 8～9，快速搅拌使其反应。滴加完毕后，将混合溶液在 60 ℃下匀速搅拌 2 h。可以预先加入部分晶种，然后陈化 6～24 h。洗至中性，真空过滤，烘干，得到产物。

2. 铅含量的测定

（1）绘制标准曲线　分别取 0 mL，0.5 mL，1 mL，1.5 mL，2 mL 50 $mg\cdot L^{-1}$硝酸铅标准溶液于 5 支 50 mL 显色管中，加 5 mL 缓冲溶液（用 2 $mol\cdot L^{-1}$醋酸钠溶液调节 2 $mol\cdot L^{-1}$氯醋酸溶液至 pH 为 2.0），3 mL 0.1% CPAⅢ溶液，定容至50 mL，摇匀后显色 15 min，在 615 nm 波长下测其吸光度。以吸光度为纵坐标，铅离子浓度为横坐标绘制标准曲线。

（2）样品铅含量测定　取一定体积样品（铅含量在 0～100 μg/50 mL）于50 mL 显色管中，加 5 mL 缓冲溶液，3 mL 0.1% CPAⅢ溶液，定容至 50 mL，摇匀后显色 15 min，于 615 nm 波长处测其吸光度。

（3）每次测定需做空白实验　即在 50 mL 显色管中加 5 mL 缓冲液，3 mL 0.1% CPAⅢ溶液，定容至 50 mL，摇匀后显色 15 min，于 615 nm 波长处测其吸光度。

3. 铅离子吸附实验

（1）在 6 个 125 mL 锥形瓶中，分别加入 50 mL pH 分别为 2，2.5，3，4，5，6 的初始铅离子浓度为 25 $mg\cdot L^{-1}$的溶液，各加入 0.2 g 样品，在室温下振荡 2 h，测定吸附前后溶液中的铅离子浓度（即每个不同 pH 的试液都分为两个样品测定）。

（2）铅离子吸附量的计算方法　首先利用铅离子标准曲线将吸光度换算成浓度，求其平均值。然后按下列公式计算吸附量：

$$Q_e=\frac{(\rho_0-\rho_i)\times 0.05\ \text{L}}{0.2\ \text{g}}$$

式中：Q_e——吸附量，$mg\cdot g^{-1}$；

ρ_0——铅离子初始浓度，$mg\cdot L^{-1}$；

ρ_i——吸附后铅离子浓度，$mg\cdot L^{-1}$。

（3）结果分析　以 pH 为横坐标，吸附量为纵坐标作图，分析 pH 的影响趋势，并说明理由。

思考题

1. 是否可以利用 XRD 分析所制备的羟基磷酸钙的晶体结构？

2. 重金属随着食物链进入人体内，为什么会在骨骼上沉积？

实验三十五　纳米二氧化硅胶体的制备和性质

实验背景

胶体化学作为化学的一门古老的分支具有悠久的历史，在200多年前就有化学家开始系统地研究胶体的各种性质，Faraday制备的一瓶金溶胶曾经稳定存在了100多年。胶体作为一种物质聚集状态，广泛存在于自然界与人们的日常生活中，如人们每天喝的牛奶、豆浆，以及人和动物的眼球都是胶体。近年来，随着人们对纳米科学研究的深入，各国科学家都在探索制备纳米材料的新方法。在这之中，胶体化学方法由于其简单易行、条件温和而受到重视。人们已经利用胶体技术制备了多种形貌的纳米材料，并且正逐步从无序向有序发展。

实验目的

1. 了解用溶胶-凝胶方法制备简单的单分散纳米颗粒的方法。
2. 了解胶体化学的基本知识。
3. 了解正硅酸乙酯的水解-缩合过程的动力学实验测定。

实验原理

制备纳米二氧化硅颗粒最经典的方法是Stöber反应，这一方法因由德国化学家Stöber提出而得名。此系列反应通过酸或者碱催化硅酸酯水解、缩合来制备二氧化硅纳米颗粒。利用这种方法制备的纳米颗粒，形貌规整，粒径均一，单分散性好，因此被广泛应用。其具体反应原理如下：

$$\equiv Si—(OEt) + OH^- \longrightarrow \equiv Si—(OH) + OEt^-$$

$$\equiv Si—(OH) + \equiv Si—(OEt) \longrightarrow \equiv SiOSi\equiv + EtOH$$

$$\equiv Si—(OH) + \equiv Si—(OH) \longrightarrow \equiv SiOSi\equiv + H_2O$$

仪器及药品

仪器：烧杯（50 mL，10个），玻璃棒，吸量管（1.0 mL，2个；0.5 mL，2个），量筒（15 mL），滴管，洗耳球。

药品：正硅酸乙酯（TEOS），1∶1氨水，乙醇，铬酸洗液。

实验步骤

1. 实验前将所用的玻璃仪器用铬酸洗液浸泡清洗，并用去离子水清洗后放入烘箱中烘干。

2. 取5个50 mL烧杯，分别加入13.5 mL，13.0 mL，12.5 mL，12.0 mL，11.5 mL乙醇，再依次分别加入0.5 mL，1.0 mL，1.5 mL，2.0 mL，2.5 mL正硅酸乙酯，然后向5个烧杯中分别加入

1.0 mL 1∶1 氨水，观察溶液的变化，当烧杯中的溶液略有浑浊时，记录下所需时间，并填入表10-5 中。

3. 另取 5 个 50 mL 烧杯，分别加入 13.0 mL，12.5 mL，12.0 mL，11.5 mL，11.0 mL 乙醇，再各加入 1.0 mL 正硅酸乙酯，然后分别加入 1.0 mL，1.5 mL，2.0 mL，2.5 mL，3.0 mL 1∶1 氨水，观察溶液的变化，当烧杯中的溶液略有浑浊时，记录下所需时间，并填入表 10-6 中。

4. 将制备好的胶体溶液分成两份，一份用激光束检测胶体特有的丁铎尔现象；另一份加入强电解质，观察胶体在强电解质存在的情况下发生的聚沉现象。

5. 胶体溶液的分析。如果存在丁铎尔现象，说明溶液中的颗粒是以胶体状态存在的。对比去离子水和胶体溶液，用激光笔照射可以发现胶体溶液中存在明显的光通路，而去离子水中则不存在这种现象。

表 10-5　生成胶体所需时间(1)

V_{TEOS}/mL	0.5	1.0	1.5	2.0	2.5
$V_{乙醇}$/mL	13.5	13.0	12.5	12.0	11.5
$V_{1:1氨水}$/mL	1.0	1.0	1.0	1.0	1.0
溶液变白时间/s					

注：每次实验使烧杯中溶液的体积为 15 mL。

表 10-6　生成胶体所需时间(2)

V_{TEOS}/mL	1.0	1.0	1.0	1.0	1.0
$V_{乙醇}$/mL	13.0	12.5	12.0	11.5	11.0
$V_{1:1氨水}$/mL	1.0	1.5	2.0	2.5	3.0
溶液变白时间/s					

注：每次实验使烧杯中溶液的体积为 15 mL。

思考题

参考文献

1. 什么是纳米材料？
2. 影响纳米二氧化硅胶体制备的主要因素是什么？
3. 为什么胶体溶液会产生丁铎尔现象？
4. 制备胶体的反应过程中氨水的作用是什么？

实验三十六　含有钼酸根的钴氢氧化物和氧化物的制备及析氧电催化性质

实验目的

1. 了解重要无机金属氧化物和氢氧化物的制备方法、结构及其在能源相关的催化领域的科研进展。

2. 了解扫描电子显微镜、X 射线衍射仪的工作原理、使用和数据处理方法，建立对材料结构的初步认识。

3. 了解氧气析出反应的电催化性质测试、性能评估方法，培养学生综合创新能力，提高学生学习及从事科研的兴趣。

实验背景

随着全球能源需求的增加，寻找可再生清洁能源变得更加紧迫。风能和太阳能是间歇性的，并不适合长期使用。水电解技术可以将电能转化为具有高能量密度的清洁能源氢能。然而，与析氢反应相比，电解水中阳极的电化学氧气析出反应(oxygen evolution reaction，OER)是四电子转移反应，具有固有的缓慢的动力学行为，带来了相对较大的过电势和较高的能耗，是清洁能源 H_2 燃料生产利用的瓶颈。

层状过渡金属氢氧化物(LDHs)具有基于水镁石和水滑石的独特二维层状结构，分子通式为 $M^{II}_{1-x}M^{III}_x(OH)_2(A^{n-})_{x/n}\cdot yH_2O$，具有化学组成(不同价态的金属离子、不同插层阴离子)可调的结构特性，可以通过改变层间阴离子、制备片层结构等方式提升其催化性能，在能源转换相关的反应中受到广泛关注。含量丰富、种类繁多的多元金属氧化物也是常用的氧析出电催化材料，通常活性高、稳定性好。

本实验中，材料制备所涉及的基础化学原理为沉淀溶解平衡中的反应商判据(即溶度积规则)。当 $J > K^{\ominus}_{sp}$ 时，有沉淀析出。电化学性质实验所涉及的基础化学原理为氧化还原反应中的电极电势。碱性介质中，所涉及的基础化学原理为 $O_2 + 2H_2O + 4e^- \longrightarrow 4OH^-$，$E^{\ominus} = 0.401\ V$；$E(vs.\ RHE) = 1.229\ V$。

仪器及药品

仪器：电化学工作站(CHI 660E)，玻碳电极，铂电极、Hg/HgO 电极，电子天平，室温搅拌器，离心机，烧杯，量筒，容量瓶，微量移液器等。

药品：$Co(NO_3)_2\cdot 6H_2O(s)$，$Na_2MoO_4\cdot 2H_2O(s)$，250 mL KOH 溶液(1 $mol\cdot L^{-1}$)，Nafion 溶液[品牌 Aldrich，5%(质量分数)]，2-甲基咪唑(s)，乙醇等。

实验步骤

1. 含有 MoO_4^{2-} 插层离子 $Co(OH)_2$ 的制备及结构表征

称量并配制下列溶液：0.120 g 2−甲基咪唑溶于 20 mL 水，25 mg $Na_2MoO_4 \cdot 2H_2O$ 溶于 10 mL 水，0.291 g $Co(NO_3)_2 \cdot 6H_2O$ 溶于 10 mL 水。将 Na_2MoO_4 溶液倒入 $Co(NO_3)_2$ 溶液中，然后将上述混合溶液在搅拌下迅速倒入 2−甲基咪唑溶液中。在室温下继续搅拌溶液 4 h，将产物离心分离并洗涤（水洗两次，乙醇洗一次）。在 50 ℃下干燥 12 h，可得到 $\alpha-Co(OH)_2-MoO_4(25)$ 样品，备用。

将 $Na_2MoO_4 \cdot 2H_2O$ 的初始质量由 25 mg 增大为 50 mg，在相同操作条件及步骤下，可得到 $\alpha-Co(OH)_2-MoO_4(50)$ 样品。

样品分别用扫描电子显微镜和粉末 X 射线衍射仪测试，进行结构表征。

2. $CoMoO_4$ 的制备及结构表征

在 2 个烧杯中分别配制 20 mL $Co(NO_3)_2$ 溶液（1 $mol \cdot L^{-1}$）和 20 mL Na_2MoO_4 溶液（1 $mol \cdot L^{-1}$）。在搅拌下将 Na_2MoO_4 溶液快速倒入 $Co(NO_3)_2$ 溶液中，搅拌 10 min，然后离心分离并洗涤（水洗两次，乙醇洗一次），在 50 ℃下干燥 12 h 备用。将干燥的样品在马弗炉里煅烧，条件为空气气氛、升温速率 1 $℃ \cdot min^{-1}$、煅烧温度 400 ℃、煅烧时间 2 h。

对煅烧前后样品分别用扫描电子显微镜和粉末 X 射线衍射仪测试，进行结构表征。

3. $\alpha-Co(OH)_2-MoO_4$ 和 $CoMoO_4$ 析氧电催化性质的测试与评估

（1）电极的制备　用电子天平准确称取 5 mg 样品，将其分散在 480 μL 无水乙醇、480 μL 蒸馏水和 40 μL Nafion 溶液的混合溶液中，利用超声波清洗器将其超声分散 30 min，以得到均匀的分散液，然后用微量移液器移取分散液滴于玻碳电极上（8 μL/次×2 次），室温下自然风干，即可以进行电化学测试。

（2）电化学测试装置　采用典型的三电极系统，该系统连接到电化学工作站，铂电极为对电极，Hg/HgO 电极为参比电极，涂有电催化材料的玻碳电极（d = 5 mm）为工作电极，电解液为 1.0 $mol \cdot L^{-1}$ KOH 溶液。

（3）线性扫描伏安测试　在室温下，采用线性扫描伏安法（linear sweep voltammetry，LSV）测定极化曲线，评估催化剂对 OER 的电催化性能。扫描速度为 5 $mV \cdot s^{-1}$，扫描范围为 0.1～0.8 V（vs. HgO/Hg）。采用可逆氢电极（RHE）来计算各电位：

$$E(\text{vs. RHE}) = E(\text{vs. Hg/HgO}) + E^{\ominus}(\text{vs. Hg/HgO}) + 0.059\,2\text{ V pH} \quad (\text{pH} \approx 14)$$

$E^{\ominus}$(vs. Hg/HgO) = 0.098 V。评估催化性能的重要指标为在 10 $mA \cdot cm^{-2}$ 电流密度下的过电位（$\eta_{10} = E_{RHE} - 1.229$ V）。

4. 实验数据处理与分析

（1）样品的形貌　使用场发射扫描电子显微镜（SEM），型号为 FEI NovaSEM 450 型，对材料微观表面形貌，尺寸等进行分析。将不同样品的 SEM 图进行整理、分析、比较，着重观察形貌及尺寸。

（2）样品的物相　使用 XRD−7000S 型 X 射线衍射仪，工作电压和电流分别为 40 kV 和

40 mA，光源为 Cu-Kα1（λ = 1.540 6 Å）。扫描范围为 20°～ 80°，扫描速度为5°·min^{-1}。将不同样品的 XRD 数据通过 Jade 软件分析、Origin 或 Excel 软件作图，明确样品结晶性或物相。

（3）催化性质　根据 3.（3）中公式，将所测 E（vs. Hg/HgO）电位转变为 E（vs. RHE）电位，以此为横坐标；将所测电流除以电极面积换算成电流密度，以此为纵坐标；获得 10mA·cm^{-2}电流密度下的过电位。

思考题

1. 2-甲基咪唑在 α-$Co(OH)_2$-MoO_4 样品合成过程中的用途是什么？如何设计实验进行研究？

参考文献

2. 如何查找 $CoMoO_4$ 的 $K_{sp}^{\ominus}$？当水溶液中 Co^{2+}浓度与 MoO_4^{2-} 浓度相同时，刚生成沉淀时溶液的浓度是多少？

3. 自行查找资料，了解层状氢氧化物的结构。

4. 自行查阅资料，了解 Mo 元素及其化合物的结构特性，并举例说明相关应用。

实验三十七　无机纸上色谱

实验提示

本实验用纸上色谱法分离与鉴定溶液中的 Cu^{2+}，Fe^{3+}，Co^{2+} 和 Ni^{2+}。

在吸有溶剂的滤纸（固定相）和由于毛细管作用而顺着滤纸上移的溶剂（流动相）之间，每种离子各有一定的分配关系，犹如在两相之间的萃取那样。如果以一段时间后溶剂向上移动的距离为 1，由于固定相的作用离子均达不到这一高度，只能得到小于 1 的一个 R_f 值。各种离子的 R_f 值不同，从而可以分离这些离子，进一步鉴定它们。

仪器、药品及材料

仪器：广口瓶（500 mL，2 个），量筒（100 mL，1 个），烧杯（50 mL，5 个；500 mL，1 个），镊子，点滴板，搪瓷盘（30 cm×50 cm），喉头喷雾器，小刷子。

药品：HCl 溶液（浓），$NH_3 \cdot H_2O$（浓），$FeCl_3$ 溶液（0.1 $mol \cdot L^{-1}$），$CoCl_2$ 溶液（1 $mol \cdot L^{-1}$），$NiCl_2$ 溶液（1 $mol \cdot L^{-1}$），$CuCl_2$ 溶液（1 $mol \cdot L^{-1}$），$K_4[Fe(CN)_6]$ 溶液（0.1 $mol \cdot L^{-1}$），$K_3[Fe(CN)_6]$ 溶液（0.1 $mol \cdot L^{-1}$），丙酮，丁二酮肟。

材料：7.5 cm×11 cm 色层滤纸（1 张），普通滤纸（1 张），毛细管（5 根）。

实验步骤

1. 准备工作

（1）在一个 500 mL 广口瓶中加入 17 mL 丙酮，2 mL 浓 HCl 溶液及 1 mL 去离子水，配制成展开液，盖好瓶盖。

（2）在另一个 500 mL 广口瓶中放入一个盛浓 $NH_3 \cdot H_2O$ 的开口小滴瓶，盖好广口瓶。

（3）在 7.5 cm×11 cm 色层滤纸上，用铅笔画 4 条间隔为 1.5 cm 的竖线平行于长边，在纸条上端 1 cm 处和下端 2 cm 处各画出一条横线，在纸条上端画好的各小方格内标出 Fe^{3+}，Co^{2+}，Ni^{2+}，Cu^{2+}，未知液 5 种样品的名称。最后按 4 条竖线折叠成五棱柱体（图 10-7）。

（4）在 5 个干净、干燥的 50mL 烧杯中分别滴几滴 0.1 $mol \cdot L^{-1}$ $FeCl_3$ 溶液、1 $mol \cdot L^{-1}$ $CoCl_2$ 溶液、1 $mol \cdot L^{-1}$ $NiCl_2$ 溶液、1 $mol \cdot L^{-1}$ $CuCl_2$ 溶液及未知液（未知液是由前 4 种溶液中任选几种，以等体积混合而成的）。再各放入 1 支毛细管。

2. 加样

（1）加样练习　取一片普通滤纸用于练习。用毛细管吸取溶液后垂直触到滤纸上，当滤纸上形成直径为 0.3～0.5 cm 的圆形斑点时，立即提起毛细管。反复练习几次，直到能做出直径小于或接近 0.5 cm 的斑点为止。

（2）加样　按所标明的样品名称，在滤纸下端横线上分别加样。将加样后的滤纸置于通风

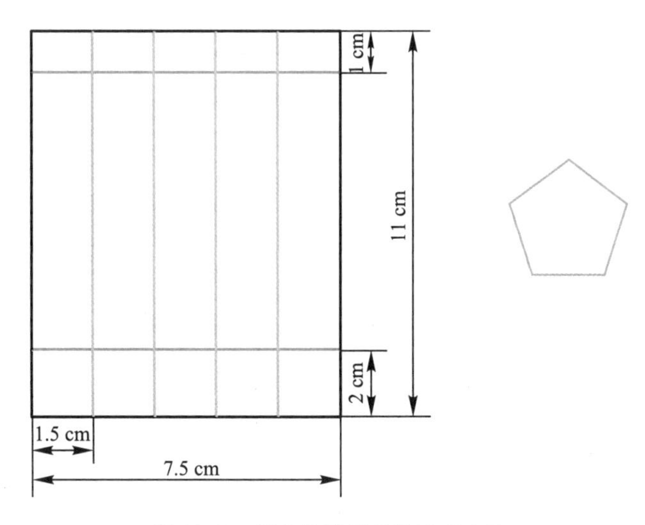

图 10-7　纸上色谱用纸的准备方法

处晾干。

3. 展开

按滤纸上的折痕重新折叠一次。用镊子将滤纸五棱柱体垂直放入盛有展开液的广口瓶中，盖好瓶盖，观察各种离子在滤纸上展开的速度及颜色。当溶剂前沿接近纸上端横线时，用镊子将滤纸取出，用铅笔标记出溶剂前沿的位置，然后放入大烧杯中，于通风处晾干。

4. 斑点显色

当离子斑点无色或颜色较浅时，常需要加上显色剂，使离子斑点呈现出特征颜色。以上 4 种离子可采用两种方法显色：

（1）显色方法一　将滤纸置于充满氨气的广口瓶上，5 min 后取出滤纸，观察并记录斑点的颜色。其中 Ni^{2+} 的颜色较浅，可用小刷子蘸取丁二酮肟溶液快速涂抹，记录 Ni^{2+} 所形成斑点的颜色。

（2）显色方法二　将滤纸放在搪瓷盘中，用喉头喷雾器向纸上喷洒 0.1 $mol \cdot L^{-1}$ $K_3[Fe(CN)_6]$ 溶液与 0.1 $mol \cdot L^{-1}$ $K_4[Fe(CN)_6]$ 溶液的等体积混合液，观察并记录斑点的颜色。

5. 确定未知液中含有的离子

观察未知液在纸上形成斑点的数量、颜色和位置，分别与已知离子斑点的颜色、位置相对照，便可以确定未知液中含有哪几种离子。

6. R_f 值的测定

用刻度尺分别测量溶剂移动的距离和离子移动的距离，然后分别计算出 4 种离子的 R_f 值。

数据记录与处理

1. 展开液的组成（体积比）：

丙酮：盐酸（浓）：水 = ________________

2. 已知离子斑点的颜色和 R_f 值：

离子		Fe^{3+}	Co^{2+}	Ni^{2+}	Cu^{2+}
斑点颜色	$K_3[Fe(CN)_6]+K_4[Fe(CN)_6]$				
	$NH_3(g)$				
展开液移动的距离(b)/cm					
离子移动的距离(a)/cm					
$R_f=\frac{a}{b}$					

3. 未知液中含有的离子为______________________________

结果与讨论

纸上色谱法是以滤纸为载体,滤纸的基本成分是一种极性纤维素,它对水等极性溶剂有很强的亲和力,滤纸能吸附约占本身质量20%的水分。这部分水保持固定,称为固定相;有机溶剂借滤纸的毛细管作用在固定相的表面上流动,称为流动相。流动相的移动引起样品中各组分的不同的迁移。

为了理解组分在纸上迁移的原理,可以设想流动相和固定相都可分成若干个小部分,并且移动是间断进行的。现仅考察其中两个小部分流动相在两个小部分固定相上移动时对溶质的作用情况。按与某小部分固定相接触的先后顺序将流动相编为1号、2号;按流动相前进方向,从含样品的固定相开始,将固定相编为Ⅰ号、Ⅱ号(图10-8)。由于样品组分在两相中都有一定的溶解度,因而当流动相1号与固定相Ⅰ号(含有样品)接触时,样品组分或溶质将分配于两相中,并达到分配平衡,其净结果是溶质被流动相所萃取;当流动相1号(已含部分样品)移动到固定相Ⅱ号上面时,溶质再次分配于两相中,再次达到分配平衡,其净结果是溶质溶解于新的固定相中;当流动相2号与固定相Ⅰ号(余下一部分溶质)接触时,余下的溶质又一次被流动相2号所萃取。总之,流动相在固定相上面移动时,对溶质进行一次萃取、再次萃取,或者说溶质在两相中进行一次分配、再次分配。实际上有机溶剂在纸上连续扩展的整个过程可看作无限个流动相在无限个固定相上的流动,溶质在两相中很快地一次又一次地进行分配,连续达到无数次的分配平衡。分配平衡的平衡常数又称为分配系数,分配系数(K)可以用固定相中溶质的浓度(c_s)和流动相中溶质的浓度(c_M)之比来表示,即$K=c_s/c_M$。不同物质在两相中的溶解度不同,因而其分配系数也不同。分配系数小的物质在纸上移动的速度快,反之,分配系数大的物质在纸上移动的速度慢。结果,样品中各组分在纸的不同位置上各自留下斑点。综上所述,纸上色谱法是根据不同

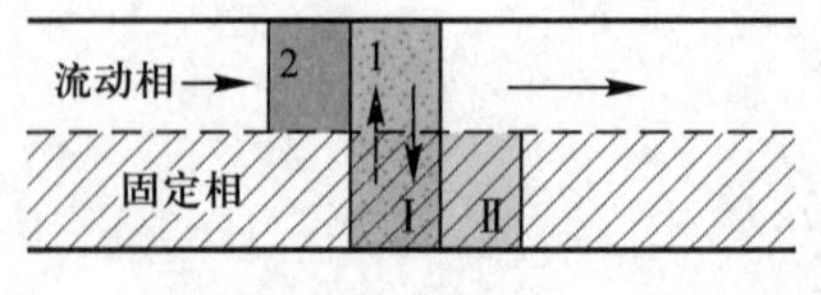

图10-8 物质在纸上色谱体系中分配示意图

物质在两相间的分配比不同而被分离开的。

纸上色谱图中物质斑点中心离开原点的距离(a)和溶剂前沿离开原点的距离(b)之比值称为比移值,用符号 R_f 表示(图 10-9),即

$$R_f=\frac{a}{b}$$

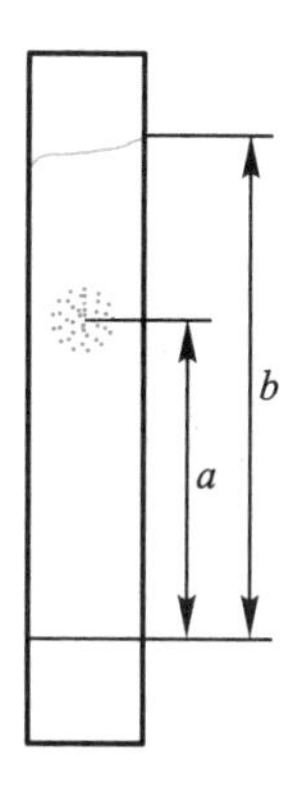

图 10-9　R_f 值

已经知道 R_f 与分配系数 K 之间存在着某种定量关系,R_f 是平衡常数的函数。在一定条件下,K 一定时,R_f 也有确定的数值。当溶剂种类、纸的种类和体系所处温度等因素改变时,物质的 R_f 也改变。只要实验条件相同,R_f 的重复性就很好。因此 R_f 是纸上色谱法中的重要数值。

参考文献

实验三十八 改性活性硅酸(PSA)的制备及其水处理性能的研究

实验背景

人类社会和经济的发展导致了生产和生活废水排量的急剧增加，随着人们环境保护意识的增强和可持续发展思想的逐步深入，废水处理问题也越来越突出地摆在人们面前。目前废水处理的方法有多种，其中应用较广泛，成本较低的是絮凝沉淀法。活性硅酸即聚硅酸(PSA)是一类阴离子型的无机高分子絮凝剂，通常用于水质净化处理以强化水处理过程。但是，活性硅酸极易凝聚，形成带支链的、环状的或网状的三维立体结构聚合物，最终形成硅酸凝胶而失去絮凝作用。为了改善活性硅酸这一特性，可以在活性硅酸中引入适量的某些金属离子(如 Al^{3+}, Fe^{3+}等)对其进行改性处理。这些金属离子可以与作为活性硅酸中潜在反应位置的羟基氧形成配位键，减缓活性硅酸的进一步聚合，阻断硅酸凝胶化作用，延长胶凝时间。同时，金属离子的加入可以改变活性硅酸溶胶的 ξ 电势，改善活性硅酸的絮凝性能。

实验目的

1. 学习活性硅酸的制备及其改性处理等无机合成方法。
2. 熟练掌握酸度计、浊度仪和分光光度计等仪器的操作使用。
3. 了解改性活性硅酸在废水处理领域中的应用。

实验提示

1. 查阅文献的关键词：絮凝剂、活性硅酸、废水处理。
2. 实验关键

(1) 改性活性硅酸的制备 控制硅酸聚合度是关键，它与原料的浓度、聚合反应温度、酸度及反应时间都有关，其基本制备流程如下：

硅酸钠→调节 pH →聚合→加入金属盐→陈化→产品

(2) 改性活性硅酸的除浊性能研究 用改性活性硅酸作为絮凝剂处理含土浊水(土样可以用高岭土、蒙脱土等配制)，除浊效果与絮凝剂加入量、水样 pH 有关。浊度可用浊度仪测定。

(3) 改性活性硅酸对染料废水的脱色性能研究 改性活性硅酸可使染料废水脱色、变清，其脱色效果与染料品种、絮凝剂加入量、水样 pH 等有关。

利用分光光度计测定水样处理前后的吸光度可以计算脱色率。

仪器及药品

仪器：电子天平，pHS-3C 型酸度计，磁力恒温搅拌器，721 型(或 V5000 型等)分光光度计，

GDS-3 型浊度仪,烧杯,量筒。

药品:Na_2SiO_3(s),$Al_2(SO_4)_3$(s),NaOH(s),H_2SO_4 溶液(2 $mol\cdot L^{-1}$),高岭土,染料(蓝 X-BR,红 X-8B 等)。

实验要求

1. 阅读给定的文献,并用关键词查阅相关的参考文献。
2. 制定研究方案,探索改性活性硅酸的制备最佳工艺条件以及摸索其对含土废水除浊率、对含染料废水的脱色性能规律。
3. 对研究的结果展开讨论。
4. 提交研究论文。

思考题

在制备改性活性硅酸絮凝剂时,如果硅酸钠的浓度过高或者制备过程的 pH 过大将会对实验结果产生什么影响?

参考文献

实验三十九　B-Z 振荡反应

实验提示

本文介绍了 B-Z 体系的浓度振荡及空间化学波现象，并利用 FKN 模型对振荡机理进行了讨论。

在大多数化学反应中，生成物或反应物的浓度随时间而单调地增加（生成物）或减少（反应物），最终达到平衡状态。而反应

$$2BrO_3^- + 3CH_2(COOH)_2 + 2H^+ \xrightarrow{\text{铈离子}} 2BrCH(COOH)_2 + 3CO_2(g) + 4H_2O$$

的过程却并非如此，在该反应的过程中可明显地观察到 Ce^{4+} 浓度的周期变化现象，同时也可测到反应过程中 Br^- 生成的周期振荡现象。苏联化学家 Belousov 在 1958 年首次发现了这类反应，几年后 Zhabotinsky 等人对这类反应又进行了深入的研究，将反应的范围大大扩展，这类反应被称为 B-Z 振荡反应。锰离子或邻二氮菲合铁（Ⅱ）离子均可作为这类反应的催化剂。为什么会产生化学振荡现象呢？20 世纪 60 年代末 Prigogine 学派对不可逆过程热力学的突破性研究成果，使得人们真正了解了化学振荡产生的原因，即当体系处于非平衡态的非线性区时，无序的均匀态并不总是稳定的，在某些条件下，无序的均匀定态会失去稳定性而自发产生某种新的、可能是时空有序的状态。因为这种状态的形成需要物质和能量的耗散，所以把这种状态称为耗散结构（dissipative structure）。

仪器及药品

仪器：烧杯（50 mL，3 个；150 mL，1 个；1 000 mL，1 个），量筒（10 mL，1 个；100 mL，1 个），培养皿（9 cm）。

药品：浓硫酸，$CH_2(COOH)_2(s)$，邻二氮菲（s），$FeSO_4 \cdot 7H_2O(s)$，$KBrO_3(s)$，$(NH_4)_2Ce(NO_3)_6(s)$（均为 AR）。

实验步骤

1. 浓度振荡现象的观察

在 1 000 mL 烧杯中，先倒入 600 mL 去离子水，再依次溶入 16 g $CH_2(COOH)_2(s)$，6 g $KBrO_3(s)$，3 mL 邻二氮菲亚铁指示剂[称取 0. 135 g 邻二氮菲（s），0. 07 g $FeSO_4 \cdot 7H_2O(s)$ 溶于 10 mL 去离子水制成]，0. 5 g $(NH_4)_2Ce(NO_3)_6(s)$，再在搅拌条件下加入 26 mL 浓硫酸，静置片刻后即可发现溶液颜色先由红变蓝，又由蓝变红，开始出现周期振荡现象（如不加邻二氮菲亚铁指示剂，则颜色在无色和黄色之间振荡）。

2. 空间化学波现象的观察

先配制 3 种溶液：将 3 mL 浓硫酸和 11 g $KBrO_3$(s)溶解在 134 mL 去离子水中制得溶液Ⅰ；将 1.1 g $KBrO_3$(s)溶解在 10 mL 去离子水中制得溶液Ⅱ；将 2 g $CH_2(COOH)_2$(s)溶在 20 mL 去离子水中制得溶液Ⅲ。接着在一小烧杯中先加入 18 mL 溶液Ⅰ，再加入 1.5 mL 溶液Ⅱ和 3 mL 溶液Ⅲ，待溶液澄清后，再加入 3 mL 邻二氮菲亚铁指示剂(配制方法同上)，充分混合后，倒入一直径为 9 cm 的培养皿中，将培养皿水平放在桌面上盖上盖子，下面放一张白纸以便观察。培养皿中的溶液先呈均匀的红色，片刻后溶液中出现蓝色，并成环状向外扩展，形成各种同心圆式图案。如果倾斜培养皿使一些同心圆破坏，则可观察到螺旋式图案的形成，这些图案同样能向四周扩展。

结果与讨论

B-Z 振荡反应的机理是复杂的，对用铈离子催化的 B-Z 振荡反应，1972 年 Field，Körös 及 Noyes 提出了著名的 FKN 机理，它比较成功地解释了振荡的产生。

设该体系中主要存在着两种不同的总过程Ⅰ和Ⅱ，哪一种过程占优势，取决于体系中溴离子的浓度，当 $c(Br^-)$ 高于某个临界值时，过程Ⅰ占优势，当 $c(Br^-)$ 低于该临界值时，过程Ⅱ占优势。过程Ⅰ消耗 Br^- 导致过程Ⅱ，而过程Ⅱ产生 Br^- 又使体系回到过程Ⅰ，如此循环就产生了化学振荡现象。

用铈离子催化的 B-Z 振荡反应机理大致如下：当 $c(Br^-)$ 较大时，发生下列反应：

$$BrO_3^- + Br^- + 2H^+ \longrightarrow HBrO_2 + HOBr \tag{1}$$

$$HBrO_2 + Br^- + H^+ \longrightarrow 2HOBr \tag{2}$$

反应(1)、(2)使 $c(Br^-)$ 逐渐降低，这两个反应属于过程Ⅰ。

当 $c(Br^-)$ 低于临界值后，发生如下反应：

$$BrO_3^- + HBrO_2 + H^+ \longrightarrow 2BrO_2 + H_2O \tag{3}$$

$$BrO_2 + Ce^{3+} + H^+ \longrightarrow HBrO_2 + Ce^{4+} \tag{4}$$

$$2HBrO_2 \longrightarrow BrO_3^- + HOBr + H^+ \tag{5}$$

上述反应生成的 Ce^{4+} 又促使产生 Br^-：

$$4Ce^{4+} + BrCH(COOH)_2 + H_2O + HOBr \longrightarrow 2Br^- + 4Ce^{3+} + 3CO_2(g) + 6H^+ \tag{6}$$

于是 $c(Br^-)$ 又增大，上述反应(3)、(4)、(5)和(6)属于过程Ⅱ。当 $c(Br^-)$ 超过临界值时，反应(1)、(2)又开始进行，体系开始一个新的循环，这样的循环就产生了周期性的振荡现象，该反应的振荡周期约为 30 s。

上述振荡反应的净化学变化是

$$2BrO_3^- + 3CH_2(COOH)_2 + 2H^+ \xrightarrow{\text{铈离子}} 2BrCH(COOH)_2 + 3CO_2(g) + 4H_2O$$

随着反应的进行，BrO_3^- 的浓度逐渐减小，CO_2 气体不断放出，体系的能量与物质逐渐耗散，如果不补充原料最终会导致振荡结束。

参考文献

实验四十 配合物键合异构体的制备及红外光谱测定

实验目的

1. 通过$[Co(NH_3)_5NO_2]Cl_2$和$[Co(NH_3)_5ONO]Cl_2$的制备，了解配合物的键合异构现象。
2. 利用配合物的红外光谱图鉴别这两种不同的键合异构体。

实验原理

键合异构体是配合物异构现象中的一个重要类型。配合物的键合异构体是指相同的配体以不同的配位方式形成的多种配合物。在这类配合物中，配合物的化学式相同，中心原子与配体及配位数也相同，只是与中心原子键合的配体的配位原子不同。当配体中有两个不同的原子都可以作为配位原子时，配体可以不同的配位原子与中心原子键合而生成键合异构配合物。例如，本实验中合成的$[Co(NH_3)_5NO_2]Cl_2$和$[Co(NH_3)_5ONO]Cl_2$就是一例。当亚硝酸根离子通过氧原子跟中心原子配位($M \leftarrow ONO$)时称为亚硝酸根配合物，而以氮原子与中心原子配位($M \leftarrow NO_2$)时形成的配合物称为硝基配合物。

红外光谱法是测定配合物键合异构体的有效方法。分子或基团的振动导致相结合原子间的偶极矩发生改变时，它就可以吸收相应频率的红外辐射而产生对应的红外吸收光谱。分子或基团内键合原子间的特征吸收频率ν受其原子质量和键的力常数等因素影响，可表示为

$$\nu = \frac{1}{2\pi}\sqrt{\frac{k}{\mu}}$$

式中：ν为频率；k为基团的化学键力常数；μ为基团中成键原子的折合质量，$\mu = m_1m_2/(m_1+m_2)$，m_1和m_2分别为相键合的两原子各自的原子质量。

由上式可知，基团的化学键力常数k越大，折合质量μ越小，则基团的特征频率就越高，反之，基团的化学键力常数k越小，折合质量μ越大，则基团的特征频率就越低，当基团与金属离子形成配合物时，由于配位键的形成不仅引起金属离子与配位原子之间的振动（称为配合物的骨架振动），而且还将影响配体内原来基团的特征频率。配合物的骨架振动直接反映了配位键的特性和强度，这样就可以通过骨架振动的测定直接研究配合物的配位键性质。但是，由于配合物中心原子的质量都比较大，即μ值一般都大，而且配位键的键力常数比较小，即k值比较小，因此，这种配位键的振动频率都很低，一般出现在200～500 cm^{-1}的低频范围，这给研究配位键带来很大的困难。然而由于配合物的形成，配体中的配位原子与中心原子的配位作用会改变整个配体的对称性和配体中某些原子的电子云分布，同时还可能使配体的构型发生变化，这些因素都能引起配体特征频率的变化。利用这些变化所引起的配体特征频率的变化所得到的红外光谱图，便可研究配位键的性质。

本实验是通过测定$[Co(NH_3)_5NO_2]Cl_2$和$[Co(NH_3)_5ONO]Cl_2$配合物的红外光谱，利用它们

的谱图可以识别哪一种配合物是通过氮原子配位的硝基配合物，哪一种是通过氧原子配位的亚硝酸根配合物。亚硝酸根离子(NO_2^-)中的 N 或 O 原子与 Co^{3+} 配位时，对 N—O 键特征频率的影响是不同的。当 NO_2^-以 N 原子配位形成 $CO^{3+} \leftarrow N\langle^{O}_{O}$ 时，由于 N 给出电荷，使 N—O 键键力常数减弱，因为 NO_2^-本身结构是对称的，两个 N—O 键是等价的，则两个 N—O 键键力常数的减弱是平均分配的，由于键力常数的减弱，使得 N—O 键的伸缩振动频率降低，在1 428 cm^{-1}左右出现特征吸收峰；当 NO_2^-以 O 原子配位形成 $Co^{3+} \leftarrow O{-}N{=}O$ 时，两个 N—O 键不等价，配位的 O—N 键键力常数减弱，其特征吸收峰出现在1 065 cm^{-1}附近，而另一个没有配位的 O—N 键键力常数比用 N 配位时的 N—O 键键力常数大，故在 1 468 cm^{-1}出现特征吸收峰。所以一旦确定了两个配合物红外谱图上的 N—O 特征峰，就可以很容易地断定出 N—O 键伸缩振动频率最高的一个配合物是$[Co(NH_3)_5ONO]Cl_2$，另一个则是$[Co(NH_3)_5NO_2]Cl_2$，其 N—O 键的伸缩振动频率小。

用比较法可断定红外光谱图上哪些峰与哪些基团有关。例如，$[Co(NH_3)_5Cl]Cl_2$的红外光谱图上有 4 个峰，而配位键的特征吸收峰一般在远红外区 200～500 cm^{-1}之间，就可以认为$[Co(NH_3)_5NO_2]Cl_2$的红外光谱图上 600～4 000 cm^{-1}之间的峰为 N—H 键引起的。比较$[Co(NH_3)_5Cl]Cl_2$与$[Co(NH_3)_5NO_2]Cl_2$，$[Co(NH_3)_5ONO]Cl_2$的红外光谱图可知，它们共有的峰为 N—H 键引起的，多的峰即为 N—O 键引起的，其中有一个 N—O 键吸收峰值大的(在 1 468 cm^{-1}处)红外光谱图谱一定是$[Co(NH_3)_5ONO]Cl_2$的图谱。

仪器及药品

仪器：红外分光光度计，烧杯(250 mL，1 个)，烧杯(100 mL，2 个)，布氏漏斗，吸滤瓶(250 mL)，温度计(-20～150 ℃)，循环水流抽气泵，量筒(50 mL，2 个)，长颈漏斗。

药品：氨水(CP)，乙醇(CP)，盐酸，丙酮(CP)，亚硝酸钠(CP)，NH_4Cl(CP)，30% H_2O_2 溶液(CP)，$CoCl_2$(CP)，pH 试纸。

实验步骤

1. $[Co(NH_3)_5Cl]Cl_2$制备

称取 4. 2 g NH_4Cl 固体放于 250 mL 烧杯内，加入 25 mL 浓氨水使之溶解，在不断搅拌下，将 8. 5 g 研细的 $CoCl_2$分若干次加到上述溶液中(应在前一份钴盐溶解后再加入下一份)，发生如下反应：

$$CoCl_2+2NH_4Cl+4NH_3 \longrightarrow [Co(NH_3)_6]Cl_2\downarrow +2HCl$$

黄红色的$[Co(NH_3)_6]Cl_2$晶体从溶液中析出，同时放出热量。

以下操作应在通风橱中进行。在不断搅拌下，慢慢滴入 7 mL 30% H_2O_2溶液，反应结束时生成粉红色的$[Co(NH_3)_5H_2O]Cl_3$溶液，反应方程式如下：

$$2[Co(NH_3)_6]Cl_2(s) + H_2O_2 + 4HCl \longrightarrow 2[Co(NH_3)_5H_2O]Cl_3+2NH_4Cl$$

再向此溶液中慢慢注入 25 mL 浓盐酸。在注入浓盐酸过程中，反应的温度上升，并有紫红色沉淀 $[Co(NH_3)_5Cl]Cl_2$ 产生：

$$[Co(NH_3)_5H_2O]^{3+} + 3HCl \longrightarrow [Co(NH_3)_5Cl]Cl_2\downarrow + H_2O + 3H^+$$

将反应后的混合物放在蒸气浴上加热 10 min，冷却到室温，减压过滤，用总量为 20 mL 冰冷的水洗涤沉淀数次，然后用等体积冰冷的 6 $mol\cdot L^{-1}$ HCl 溶液洗涤，再用少量无水乙醇洗涤一次，最后用丙酮洗涤一次，在 97～120 ℃烘干 1～2 h 或用红外灯干燥。

2. 键合异构体（Ⅰ）制备

在 15 mL 2 $mol\cdot L^{-1}$ 氨水中溶解 1.0 g $[Co(NH_3)_5Cl]Cl_2$，在水浴上加热使其充分溶解，过滤除去不溶物，滤液冷却后用 4 $mol\cdot L^{-1}$ 盐酸酸化到 pH = 3～4，加入 1.5 g 亚硝酸钠，加热使所生成的沉淀全部溶解，冷却溶液，在通风橱里向冷却的溶液中小心注入 15 mL 浓盐酸，再用冰水冷却使结晶完全，滤出棕黄色晶体，用无水乙醇淋洗 2～3 次，晾干记录产量。

3. 键合异构体（Ⅱ）的制备

在 25 mL 4 $mol\cdot L^{-1}$ 氨水中溶解 1.0 g $[Co(NH_3)_5Cl]Cl_2$，水浴上加热溶解，待全部溶解并冷却后以 4 $mol\cdot L^{-1}$ 盐酸中和溶液至 pH = 5～6，冷却后加入 1.0 g 亚硝酸钠，搅拌使其溶解，再在冰水中冷却，以 4 $mol\cdot L^{-1}$ 盐酸调整 pH≈4，即有橙红色的晶体析出。过滤晶体，并用冰水冷却过的无水乙醇洗涤，在室温下干燥，记录产量。

二氯化亚硝酸五氨合钴（Ⅲ）（$[Co(NH_3)_5ONO]Cl_2$）不稳定，容易转变为二氯化硝基五氨合钴（Ⅲ）（$[Co(NH_3)_5NO_2]Cl_2$）配合物。因此，制备得到的两种异构体应尽快进行红外光谱测定。

4. 键合异构体的红外光谱测定

当某一样品受到一束频率连续变化的红外辐射时，分子将吸收某些频率作为能量消耗于各种化学键的伸缩振动或弯曲振动，此时透过的光线在吸收区自然将有所减弱，如果以红外光的透射率对波数（或波长）作图，则将记录一条表示各个吸收带位置的吸收曲线，即为红外光谱图。

本实验是在 4 000～700 cm^{-1} 范围内，用 KBr 压片法测定这两种异构体的红外光谱（图 10-10、图 10-11）。

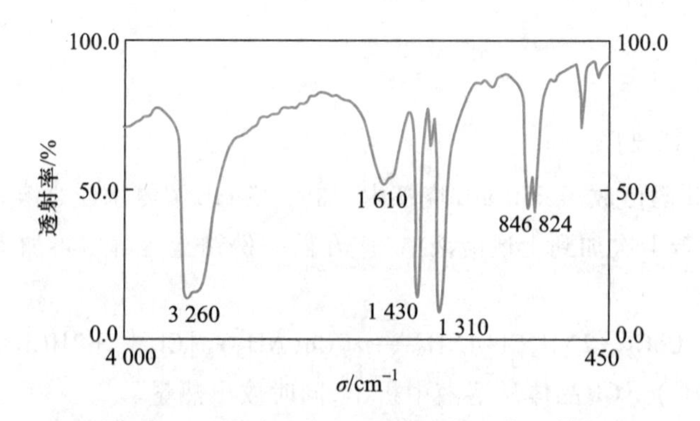

图 10-10 $[Co(NH_3)_5NO_2]Cl_2$ 的红外光谱图

有关两种异构体红外光谱指认参阅附注 2，有关红外光谱仪的使用方法参阅仪器分析相关内容。

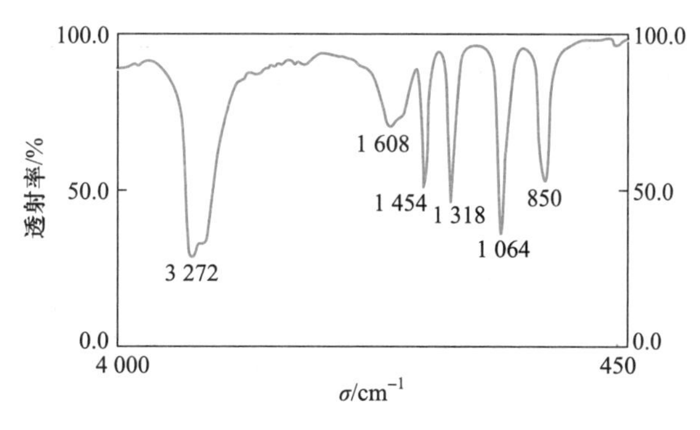

图 10-11　$[Co(NH_3)_5ONO]Cl_2$的红外光谱图

数据记录与处理

1. 由测定的两种异构体的红外光谱图,标识并解释谱图中的主要特征吸收峰。

2. 根据两种异构体的红外光谱图,确认哪种是氮配位的硝基配合物,哪种是氧配位的亚硝酸根配合物。

思考题

1. 为何配合物中配位键的特征频率不易直接测定?

2. 本实验中是根据所生成的配合物的键合异构的哪些差别来进行红外光谱分析的?

3. 合成异构体(Ⅰ)和异构体(Ⅱ)的条件有何差别?为什么在合成时要严格控制实验条件?哪些因素是主要影响因素?

4. 怎样确定哪种异构体更稳定?

参考文献

附注:红外光谱图

1. 有可能形成键合异构配合物的配体

M—CN,氰配合物

M—NC,异氰配合物

M—SCN,硫氰酸根配合物

M—NCS,异硫氰酸根配合物

M—CNO,雷酸根配合物

M—ONC,异雷酸根配合物

M—OCN,氰氧基配合物

M—NOC,异氰氧基配合物

2. $[Co(NH_3)_5NO_2]Cl_2$、$[Co(NH_3)_5ONO]Cl_2$和$[Co(NH_3)_5Cl]Cl_2$的红外光谱图指认($4\ 000 \sim 700\ cm^{-1}$)(见表 10-7)。

表 10-7 Co^{3+}三种配合物的红外光谱数据及特征峰的归属 单位:cm^{-1}

$[Co(NH_3)_5NO_2]Cl_2$	$[Co(NH_3)_5ONO]Cl_2$	$[Co(NH_3)_5Cl]Cl_2$	特征峰的归属
3 260	3 272	3 130	σ(N—H)
1 610	1 608	1 600	δ(N—H)
1 430			σ_{as}(N—O)
	1 454		σ(N—O)未配位的 N—O
1 310	1 318	1 320	N—H 对称变形振动
	1 064		σ(N—O) 与 Co 的配位端
846	850	850	NH_3扭转振动
824			NO_2变形振动

注:σ 代表伸缩振动;δ 代表变形振动;下标 as 代表反对称轴振动。

附　　录

附录一　元素的相对原子质量

序数	元素		相对原子质量	序数	元素		相对原子质量	序数	元素		相对原子质量
	名称	符号			名称	符号			名称	符号	
1	氢	H	1.007 9	27	钴	Co	58.933	53	碘	I	126.90
2	氦	He	4.002 6	28	镍	Ni	58.693	54	氙	Xe	131.29
3	锂	Li	6.941	29	铜	Cu	63.546	55	铯	Cs	132.91
4	铍	Be	9.012 2	30	锌	Zn	65.39	56	钡	Ba	137.33
5	硼	B	10.811	31	镓	Ga	69.723	57	镧	La	138.91
6	碳	C	12.011	32	锗	Ge	72.61	58	铈	Ce	140.12
7	氮	N	14.007	33	砷	As	74.922	59	镨	Pr	140.91
8	氧	O	15.999	34	硒	Se	78.96	60	钕	Nd	144.24
9	氟	F	18.998	35	溴	Br	79.904	61	钷	Pm	(145)
10	氖	Ne	20.180	36	氪	Kr	83.80	62	钐	Sm	150.36
11	钠	Na	22.990	37	铷	Rb	85.468	63	铕	Eu	151.96
12	镁	Mg	24.305	38	锶	Sr	87.62	64	钆	Gd	157.25
13	铝	Al	26.982	39	钇	Y	88.906	65	铽	Tb	158.93
14	硅	Si	28.086	40	锆	Zr	91.224	66	镝	Dy	162.50
15	磷	P	30.974	41	铌	Nb	92.906	67	钬	Ho	164.93
16	硫	S	32.066	42	钼	Mo	95.94	68	铒	Er	167.26
17	氯	Cl	35.453	43	锝	Tc	(98)	69	铥	Tm	168.93
18	氩	Ar	39.948	44	钌	Ru	101.07	70	镱	Yb	173.04
19	钾	K	39.098	45	铑	Rh	102.91	71	镥	Lu	174.97
20	钙	Ca	40.078	46	钯	Pd	106.42	72	铪	Hf	178.49
21	钪	Sc	44.956	47	银	Ag	107.87	73	钽	Ta	180.95
22	钛	Ti	47.867	48	镉	Cd	112.41	74	钨	W	183.84
23	钒	V	50.942	49	铟	In	114.82	75	铼	Re	186.2
24	铬	Cr	51.996	50	锡	Sn	118.71	76	锇	Os	190.23
25	锰	Mn	54.938	51	锑	Sb	121.75	77	铱	Ir	192.22
26	铁	Fe	55.845	52	碲	Te	127.60	78	铂	Pt	195.08

续表

序数	元素		相对原子质量	序数	元素		相对原子质量	序数	元素		相对原子质量
	名称	符号			名称	符号			名称	符号	
79	金	Au	196.97	90	钍	Th	232.04	101	钔	Md	(258)
80	汞	Hg	200.59	91	镤	Pa	231.04	102	锘	No	(259)
81	铊	Tl	204.38	92	铀	U	238.03	103	铹	Lr	(260)
82	铅	Pb	207.2	93	镎	Np	(237)	104	𬬻	Rf	(261)
83	铋	Bi	208.98	94	钚	Pu	(244)	105	𬭊	Db	(262)
84	钋	Po	(209)	95	镅	Am	(243)	106	𬭳	Sg	(263)
85	砹	At	(210)	96	锔	Cm	(247)	107	𬭛	Bh	(264)
86	氡	Rn	(222)	97	锫	Bk	(247)	108	𬭶	Hs	(265)
87	钫	Fr	(223)	98	锎	Cf	(251)	109	鿏	Mt	(268)
88	镭	Ra	(226)	99	锿	Es	(252)				
89	锕	Ac	(227)	100	镄	Fm	(257)				

附录二 常用酸碱试剂的浓度和密度

名称	密度 $\rho_B/(g\cdot mL^{-1})$ (20 ℃)	$w_B\times100$	物质的量浓度 $c_B/(mol\cdot L^{-1})$
浓硫酸	1.84	98	18
稀硫酸	1.06	9	1
浓硝酸	1.42	69	16
稀硝酸	1.07	12	2
浓盐酸	1.19	38	12
稀盐酸	1.03	7	2
磷 酸	1.7	85	15
高氯酸	1.7	70	12
冰醋酸	1.05	99	17
稀醋酸	1.02	12	2
氢氟酸	1.13	40	23
氢溴酸	1.38	40	7
氢碘酸	1.70	57	7.5
浓氨水	0.88	28	15
稀氨水	0.98	4	2
浓氢氧化钠溶液	1.43	40	14
稀氢氧化钠溶液	1.09	8	2
饱和氢氧化钡溶液	—	2	0.1
饱和氢氧化钙溶液	—	0.15	—

附录三　酸、碱的解离常数

1. 弱酸的解离常数(298.15 K)

弱酸	解离常数 $K_a^\ominus$
H_3AsO_4	$K_{a1}^\ominus=5.7\times10^{-3}$；$K_{a2}^\ominus=1.7\times10^{-7}$；$K_{a3}^\ominus=2.5\times10^{-12}$
H_3AsO_3	$K_{a1}^\ominus=5.9\times10^{-10}$
H_3BO_3	5.8×10^{-10}
HOBr	2.6×10^{-9}
H_2CO_3	$K_{a1}^\ominus=4.2\times10^{-7}$；$K_{a2}^\ominus=4.7\times10^{-11}$
HCN	5.8×10^{-10}
H_2CrO_4	($K_{a1}^\ominus=9.55$；$K_{a2}^\ominus=3.2\times10^{-7}$)
HOCl	2.8×10^{-8}
HF	6.9×10^{-4}
HOI	2.4×10^{-11}
HIO_3	0.16
H_5IO_6	$K_{a1}^\ominus=4.4\times10^{-4}$；$K_{a2}^\ominus=2\times10^{-7}$；$K_{a3}^\ominus=6.3\times10^{-13}$①
HNO_2	6.0×10^{-4}
H_2O_2	$K_{a1}^\ominus=2.0\times10^{-12}$
H_3PO_4	$K_{a1}^\ominus=6.7\times10^{-3}$；$K_{a2}^\ominus=6.2\times10^{-8}$；$K_{a3}^\ominus=4.5\times10^{-13}$
$H_4P_2O_7$	$K_{a1}^\ominus=2.9\times10^{-2}$；$K_{a2}^\ominus=5.3\times10^{-3}$；$K_{a3}^\ominus=2.2\times10^{-7}$；$K_{a4}^\ominus=4.8\times10^{-10}$
H_2SO_4	$K_{a2}^\ominus=1.0\times10^{-2}$
H_2SO_3	$K_{a1}^\ominus=1.7\times10^{-2}$；$K_{a2}^\ominus=6.0\times10^{-8}$
H_2Se	$K_{a1}^\ominus=1.5\times10^{-4}$；$K_{a2}^\ominus=1.1\times10^{-15}$
H_2S	$K_{a1}^\ominus=8.9\times10^{-8}$；$K_{a2}^\ominus=7.1\times10^{-19}$
H_2SeO_4	$K_{a2}^\ominus=1.2\times10^{-2}$
H_2SeO_3	$K_{a1}^\ominus=2.7\times10^{-2}$；$K_{a2}^\ominus=5.0\times10^{-8}$
HSCN	0.14
$H_2C_2O_4$(草酸)	$K_{a1}^\ominus=5.4\times10^{-2}$；$K_{a2}^\ominus=5.4\times10^{-5}$
HCOOH(甲酸)	1.8×10^{-4}
HAc(乙酸)	1.8×10^{-5}
$ClCH_2COOH$(氯乙酸)	1.4×10^{-3}
EDTA	$K_{a1}^\ominus=1.0\times10^{-2}$；$K_{a2}^\ominus=2.1\times10^{-3}$；$K_{a3}^\ominus=6.9\times10^{-7}$；$K_{a4}^\ominus=5.9\times10^{-11}$

2. 弱碱的解离常数(298.15 K)

弱碱	解离常数 $K_b^{\ominus}$
$NH_3 \cdot H_2O$	1.8×10^{-5}
N_2H_4(联氨)	9.8×10^{-7}
NH_2OH(羟氨)	9.1×10^{-9}
CH_3NH_2(甲胺)	4.2×10^{-4}
$C_6H_5NH_2$(苯胺)	(4×10^{-10})
$(CH_2)_6N_4$(六亚甲基四胺)	(1.4×10^{-9})

注:① 此数据取自:《无机化学丛书》(第六卷),1995。

② 本数据取自:Lide D R. CRC Handbook of Chemistry and Physics. 78th ed,1997。

括号中的数据取自:Lange's Handbook of Chemistry . 13th ed,1985。其余数据均按《NBS 化学热力学性质表》(刘天和、赵梦月,译,1998)的数据计算得来。

附录四　溶度积常数

化学式	$K_{sp}^{\ominus}$	化学式	$K_{sp}^{\ominus}$
AgAc	1.9×10^{-3}	$Bi(OH)_3$	(4×10^{-31})
AgBr	5.3×10^{-13}	$BiONO_3$	4.1×10^{-5}
AgCl	1.8×10^{-10}	$CaCO_3$	4.9×10^{-9}
Ag_2CO_3	8.3×10^{-12}	$CaC_2O_4 \cdot H_2O$	2.3×10^{-9}
Ag_2CrO_4	1.1×10^{-12}	$CaCrO_4$	(7.1×10^{-4})
$Ag_2Cr_2O_7$	(2.0×10^{-7})	CaF_2	1.5×10^{-10}
$AgIO_3$	3.1×10^{-8}	$Ca(OH)_2$	4.6×10^{-6}
AgI	8.3×10^{-17}	$CaHPO_4$	1.8×10^{-7}
$AgNO_2$	3.0×10^{-5}	$Ca_3(PO_4)_2$(低温)	2.1×10^{-33}
Ag_3PO_4	8.7×10^{-17}	$Ca_3(PO_4)_2$(高温)	8.4×10^{-32}
Ag_2SO_4	1.2×10^{-5}	$CaSO_4$	7.1×10^{-5}
Ag_2SO_3	1.5×10^{-14}	$Cd(OH)_2$	5.3×10^{-15}
$Ag_2S-\alpha$	6.3×10^{-50}	CdS	1.4×10^{-29}
$Ag_2S-\beta$	1.0×10^{-49}	$Co(OH)_2$(新)	9.7×10^{-16}
$Al(OH)_3$(无定形)	(1.3×10^{-33})	$Co(OH)_2$(陈)	2.3×10^{-16}
$BaCO_3$	2.6×10^{-9}	$Co(OH)_3$	(1.6×10^{-44})
$BaCrO_4$	1.2×10^{-10}	$CoS-\alpha$	(4.0×10^{-21})
$BaSO_4$	1.1×10^{-10}	$CoS-\beta$	(2.0×10^{-25})
$Be(OH)_2-\alpha$	6.7×10^{-22}	$Cr(OH)_3$	(6.3×10^{-31})

续表

化学式	$K_{sp}^{\ominus}$	化学式	$K_{sp}^{\ominus}$
$CuCl$	1.7×10^{-7}	$Mg_3(PO_4)_2$	1.0×10^{-24}
$CuCN$	3.5×10^{-20}	$Mn(OH)_2$(am)	2.0×10^{-13}
$Cu(OH)_2$	(2.2×10^{-20})	MnS(am)	(2.5×10^{-10})
$Cu_2P_2O_7$	7.6×10^{-16}	MnS(cr)	4.5×10^{-14}
CuS	1.2×10^{-36}	$Ni(OH)_2$(新)	5.0×10^{-16}
Cu_2S	2.2×10^{-48}	NiS-α	1.1×10^{-21}
$Fe(OH)_2$	4.86×10^{-17}	NiS-β	(1.0×10^{-24})
$Fe(OH)_3$	2.8×10^{-39}	NiS-γ	2.0×10^{-26}
FeS	1.6×10^{-19}	$PbCO_3$	1.5×10^{-13}
HgI_2	2.8×10^{-29}	$PbCl_2$	1.7×10^{-5}
Hg_2Cl_2	1.4×10^{-18}	$PbCrO_4$	(2.8×10^{-13})
Hg_2I_2	5.3×10^{-29}	PbI_2	8.4×10^{-9}
Hg_2SO_4	7.9×10^{-7}	$PbSO_4$	1.8×10^{-8}
Hg_2S	(1.0×10^{-47})	PbS	9.0×10^{-29}
HgS(红)	2.0×10^{-53}	$Sn(OH)_2$	5.0×10^{-27}
HgS(黑)	6.4×10^{-53}	$Sn(OH)_4$	(1×10^{-56})
Li_2CO_3	8.1×10^{-4}	SnS	1.0×10^{-25}
LiF	1.8×10^{-3}	$SrSO_4$	3.4×10^{-7}
Li_3PO_4	(3.2×10^{-9})	$Zn(OH)_2$	6.8×10^{-17}
$MgCO_3$	6.8×10^{-6}	ZnS-α	(1.6×10^{-24})
MgF_2	7.4×10^{-11}	ZnS-β	2.5×10^{-22}
$Mg(OH)_2$	5.1×10^{-12}		

注:本数据是根据《NBS 化学热力学性质表》(刘天和,赵梦月,译,1998)中的数据计算得来的。括号中的数据取自:Lange's Handbook of Chemistry.13th ed,1985。

附录五 某些配离子的标准稳定常数(298.15 K)

配离子	$K_f^{\ominus}$	配离子	$K_f^{\ominus}$
$AgCl_2^-$	1.84×10^{5}	$Ag(S_2O_3)_2^{3-}$	(2.9×10^{13})
$AgBr_2^-$	1.93×10^{7}	$Al(OH)_4^-$	3.31×10^{33}
AgI_2^-	4.80×10^{10}	AlF_6^{3-}	(6.9×10^{19})
$Ag(NH_3)^+$	2.07×10^{3}	$BiCl_4^-$	7.96×10^{6}
$Ag(NH_3)_2^+$	1.67×10^{7}	$Ca(EDTA)^{2-}$	(1×10^{11})
$Ag(CN)_2^-$	2.48×10^{20}	$Cd(NH_3)_4^{2+}$	2.78×10^{7}
$Ag(SCN)_2^-$	2.04×10^{8}	$Co(NH_3)_6^{2+}$	1.3×10^{5}

续表

配离子	$K_f^{\ominus}$	配离子	$K_f^{\ominus}$
$Co(NH_3)_6^{3+}$	(1.6×10^{35})	HgI_4^{2-}	5.66×10^{29}
$CuCl_2^-$	6.91×10^{4}	HgS_2^{2-}	3.36×10^{51}
$Cu(NH_3)_4^{2+}$	2.30×10^{12}	$Hg(NH_3)_4^{2+}$	1.95×10^{19}
$Cu(P_2O_7)_2^{6-}$	8.24×10^{8}	$Hg(NCS)_4^{2-}$	4.98×10^{21}
$Cu(CN)_2^-$	9.98×10^{23}	$Ni(NH_3)_6^{2+}$	8.97×10^{8}
FeF^{2+}	7.1×10^{6}	$Ni(CN)_4^{2-}$	1.31×10^{30}
FeF_2^+	3.8×10^{11}	$Pb(OH)_3^-$	8.27×10^{13}
$Fe(CN)_6^{3-}$	4.1×10^{52}	$PbCl_3^-$	27.2
$Fe(CN)_6^{4-}$	4.2×10^{45}	PbI_4^{2-}	1.66×10^{4}
$Fe(NCS)^{2+}$	9.1×10^{2}	$Pb(CH_3CO_2)^+$	152
$HgBr_4^{2-}$	9.22×10^{20}	$Pb(CH_3CO_2)_2$	826
$HgCl^+$	5.73×10^{6}	$Pb(EDTA)^{2-}$	(2×10^{18})
$HgCl_2$	1.46×10^{13}	$Zn(OH)_4^{2-}$	2.83×10^{14}
$HgCl_4^{2-}$	1.31×10^{15}	$Zn(NH_3)_4^{2+}$	3.60×10^{8}

注：本数据是根据《NBS 化学热力学性质表》（刘天和，赵梦月，译，1998）中的数据计算得来的。括号中的数据取自：Lange's Handbook of Chemistry. 13th ed，1985。

附录六　标准电极电势（298.15 K）

电极反应 氧化型 ⇌ 还原型	$E^{\ominus}$/V
$Li^+(aq)+e^- \rightleftharpoons Li(s)$	−3.040
$Cs^+(aq)+e^- \rightleftharpoons Cs(s)$	−3.027
$Rb^+(aq)+e^- \rightleftharpoons Rb(s)$	−2.943
$K^+(aq)+e^- \rightleftharpoons K(s)$	−2.936
$Ra^{2+}(aq)+2e^- \rightleftharpoons Ra(s)$	−2.910
$Ba^{2+}(aq)+2e^- \rightleftharpoons Ba(s)$	−2.906
$Sr^{2+}(aq)+2e^- \rightleftharpoons Sr(s)$	−2.899
$Ca^{2+}(aq)+2e^- \rightleftharpoons Ca(s)$	−2.869
$Na^+(aq)+e^- \rightleftharpoons Na(s)$	−2.714
$La^{3+}(aq)+3e^- \rightleftharpoons La(s)$	−2.362
$Mg^{2+}(aq)+2e^- \rightleftharpoons Mg(s)$	−2.357
$Be^{2+}(aq)+2e^- \rightleftharpoons Be(s)$	−1.968
$Al^{3+}(aq)+3e^- \rightleftharpoons Al(s)$	−1.68
$Mn^{2+}(aq)+2e^- \rightleftharpoons Mn(s)$	−1.182
* $SO_4^{2-}(aq)+H_2O(l)+2e^- \rightleftharpoons SO_3^{2-}(aq)+2OH^-(aq)$	−0.936 2
$Zn^{2+}(aq)+2e^- \rightleftharpoons Zn(s)$	−0.762 1
$Cr^{3+}(aq)+3e^- \rightleftharpoons Cr(s)$	(−0.74)
$2CO_2(g)+2H^+(aq)+2e^- \rightleftharpoons H_2C_2O_4(aq)$	−0.595 0

续表

电极反应 氧化型　⇌　还原型	$E^{\ominus}$/V
* $2SO_3^{2-}(s)+3H_2O(l)+4e^- \rightleftharpoons S_2O_3^{2-}(aq)+6OH^-(aq)$	−0.565 9
* $Fe(OH)_3(s)+e^- \rightleftharpoons Fe(OH)_2(s)+OH^-(aq)$	−0.546 8
$Sb(s)+3H^+(aq)+3e^- \rightleftharpoons SbH_3(g)$	−0.510 4
* $S(s)+2e^- \rightleftharpoons S^{2-}(aq)$	−0.445
$Cr^{3+}(aq)+e^- \rightleftharpoons Cr^{2+}(aq)$	(−0.41)
$Fe^{2+}(aq)+2e^- \rightleftharpoons Fe(s)$	−0.408 9
$Cd^{2+}(aq)+2e^- \rightleftharpoons Cd(s)$	−0.402 2
$PbSO_4(s)+2e^- \rightleftharpoons Pb(s)+SO_4^{2-}(aq)$	−0.355 5
$In^{3+}(aq)+3e^- \rightleftharpoons In(s)$	−0.338
$Tl^++e^- \rightleftharpoons Tl(s)$	−0.335 8
$Co^{2+}(aq)+2e^- \rightleftharpoons Co(s)$	−0.282
$PbCl_2(s)+2e^- \rightleftharpoons Pb(s)+2Cl^-(aq)$	−0.267 6
$Ni^{2+}(aq)+2e^- \rightleftharpoons Ni(s)$	−0.236 3
$VO_2^+(aq)+4H^++5e^- \rightleftharpoons V(s)+2H_2O(l)$	−0.233 7
$CuI(s)+e^- \rightleftharpoons Cu(s)+I^-(aq)$	−0.185 8
$AgI(s)+e^- \rightleftharpoons Ag(s)+I^-(aq)$	−0.151 5
$Sn^{2+}(aq)+2e^- \rightleftharpoons Sn(s)$	−0.141 0
$Pb^{2+}(aq)+2e^- \rightleftharpoons Pb(s)$	−0.126 6
* $CrO_4^{2-}(aq)+2H_2O(l)+3e^- \rightleftharpoons CrO_2^-(aq)+4OH^-(aq)$	(−0.12)
$MnO_2(s)+2H_2O(l)+2e^- \rightleftharpoons Mn(OH)_2(s)+2OH^-(aq)$	−0.051 4
$2H^+(aq)+2e^- \rightleftharpoons H_2(g)$	0
* $NO_3^-(aq)+H_2O(l)+e^- \rightleftharpoons NO_2^-(aq)+2OH^-(aq)$	0.008 49
$S_4O_6^{2-}(aq)+2e^- \rightleftharpoons 2S_2O_3^{2-}(aq)$	0.023 84
$AgBr(s)+e^- \rightleftharpoons Ag(s)+Br^-(aq)$	0.073 17
$S(s)+2H^+(aq)+2e^- \rightleftharpoons H_2S(aq)$	0.144 2
$Sn^{4+}(aq)+2e^- \rightleftharpoons Sn^{2+}(aq)$	0.153 9
$SO_4^{2-}(aq)+4H^+(aq)+2e^- \rightleftharpoons H_2SO_3(aq)+H_2O(l)$	0.157 6
$Cu^{2+}(aq)+e^- \rightleftharpoons Cu^+(aq)$	0.160 7
$AgCl(s)+e^- \rightleftharpoons Ag(s)+Cl^-$	0.222 2
$PbO_2(s)+H_2O(l)+2e^- \rightleftharpoons PbO(s,$黄色$)+2OH^-(aq)$	0.248 3
$Hg_2Cl_2(s)+2e^- \rightleftharpoons 2Hg(l)+2Cl^-(aq)$	0.268 0
$Cu^{2+}(aq)+2e^- \rightleftharpoons Cu(s)$	0.339 4
$[Fe(CN)_6]^{3-}(aq)+e^- \rightleftharpoons [Fe(CN)_6]^{4-}(aq)$	0.355 7
$[Ag(NH_3)_2]^+(aq)+e^- \rightleftharpoons Ag(s)+2NH_3(aq)$	0.371 9
* $ClO_4^-(aq)+H_2O(l)+2e^- \rightleftharpoons ClO_3^-(aq)+2OH^-(aq)$	0.397 9
* $O_2(g)+2H_2O(l)+4e^- \rightleftharpoons 4OH^-(aq)$	0.400 9

续表

电极反应			$E^{\ominus}/V$
氧化型	$\rightleftharpoons$	还原型	
$2H_2SO_3(aq)+2H^+(aq)+4e^- \rightleftharpoons S_2O_3^{2-}(aq)+3H_2O(l)$			0.410 1
$H_2SO_3(aq)+4H^+(aq)+4e^- \rightleftharpoons S(s)+3H_2O(l)$			0.449 7
$Cu^+(aq)+e^- \rightleftharpoons Cu(s)$			0.518 0
$I_2(s)+2e^- \rightleftharpoons 2I^-(aq)$			0.534 5
$MnO_4^-(aq)+e^- \rightleftharpoons MnO_4^{2-}(aq)$			0.554 5
$H_3AsO_4(aq)+2H^+(aq)+2e^- \rightleftharpoons H_3AsO_3(aq)+H_2O(l)$			0.574 8
* $MnO_4^-(aq)+2H_2O(l)+3e^- \rightleftharpoons MnO_2(s)+4OH^-(aq)$			0.596 5
* $BrO_3^-(aq)+3H_2O(l)+6e^- \rightleftharpoons Br^-(aq)+6OH^-(aq)$			0.612 6
* $MnO_4^{2-}(aq)+2H_2O(l)+2e^- \rightleftharpoons MnO_2(s)+4OH^-(aq)$			0.617 5
$2HgCl_2(aq)+2e^- \rightleftharpoons Hg_2Cl_2(s)+2Cl^-(aq)$			0.657 1
$O_2(g)+2H^+(aq)+2e^- \rightleftharpoons H_2O_2(aq)$			0.694 5
$Fe^{3+}(aq)+e^- \rightleftharpoons Fe^{2+}(aq)$			0.769
$Hg_2^{2+}(aq)+2e^- \rightleftharpoons 2Hg(l)$			0.795 6
$NO_3^-(aq)+2H^+(aq)+e^- \rightleftharpoons NO_2(g)+H_2O(l)$			0.798 9
$Ag^+(aq)+e^- \rightleftharpoons Ag(s)$			0.799 1
$Hg^{2+}(aq)+2e^- \rightleftharpoons Hg(l)$			0.851 9
* $HO_2^-(aq)+H_2O(l)+2e^- \rightleftharpoons 3OH^-(aq)$			0.867 0
* $ClO^-(aq)+H_2O(l)+2e^- \rightleftharpoons Cl^-(aq)+2OH^-$			0.890 2
$2Hg^{2+}(aq)+2e^- \rightleftharpoons Hg_2^{2+}(aq)$			0.908 3
$NO_3^-(aq)+3H^+(aq)+2e^- \rightleftharpoons HNO_2(aq)+H_2O(l)$			0.927 5
$NO_3^-(aq)+4H^+(aq)+3e^- \rightleftharpoons NO(g)+2H_2O(l)$			0.963 7
$HNO_2(aq)+H^+(aq)+e^- \rightleftharpoons NO(g)+H_2O(l)$			1.04
$Br_2(l)+2e^- \rightleftharpoons 2Br^-(aq)$			1.077 4
$2IO_3^-(aq)+12H^+(aq)+10e^- \rightleftharpoons I_2(s)+6H_2O(l)$			1.209
$O_2(g)+4H^+(aq)+4e^- \rightleftharpoons 2H_2O(l)$			1.229
$MnO_2(s)+4H^+(aq)+2e^- \rightleftharpoons Mn^{2+}(aq)+2H_2O(l)$			1.229 3
* $O_3(g)+H_2O(l)+2e^- \rightleftharpoons O_2(g)+2OH^-(aq)$			1.247
$Cr_2O_7^{2-}(aq)+14H^+(aq)+6e^- \rightleftharpoons 2Cr^{3+}(aq)+7H_2O(l)$			(1.33)
$Cl_2(g)+2e^- \rightleftharpoons 2Cl^-(aq)$			1.360
$PbO_2(s)+4H^+(aq)+2e^- \rightleftharpoons Pb^{2+}(aq)+2H_2O(l)$			1.458
$MnO_4^-(aq)+8H^+(aq)+5e^- \rightleftharpoons Mn^{2+}(aq)+4H_2O(l)$			1.512
$2BrO_3^-(aq)+12H^+(aq)+10e^- \rightleftharpoons Br_2(l)+6H_2O(l)$			1.513
$H_5IO_6(aq)+H^+(aq)+2e^- \rightleftharpoons IO_3^-(aq)+3H_2O(l)$			(1.60)
$2HClO(aq)+2H^+(aq)+2e^- \rightleftharpoons Cl_2(g)+2H_2O(l)$			1.630
$MnO_4^-(aq)+4H^+(aq)+3e^- \rightleftharpoons MnO_2(s)+2H_2O(l)$			1.700
$H_2O_2(aq)+2H^+(aq)+2e^- \rightleftharpoons 2H_2O(l)$			1.763

续表

电极反应			$E^{\ominus}/V$
氧化型	$\rightleftharpoons$	还原型	
$S_2O_8^{2-}(aq)+2e^- \rightleftharpoons 2SO_4^{2-}(aq)$			1.939
$Co^{3+}(aq)+e^- \rightleftharpoons Co^{2+}(aq)$			1.95
$O_3(g)+2H^+(aq)+2e^- \rightleftharpoons O_2(g)+H_2O(l)$			2.075
$F_2(g)+2e^- \rightleftharpoons 2F^-(aq)$			2.889
$F_2(g)+2H^+(aq)+2e^- \rightleftharpoons 2HF(aq)$			3.076

注:① 本数据是根据《NBS 化学热力学性质表》(刘天和,赵梦月,译,1998)中的数据计算得来的。括号中的数据取自:Lange's Handbook of Chemistry. 13th ed,1985。

② 上角 * 表示在碱性环境下。

附录七 常见阳离子的鉴定

1. NH_4^+

NH_4^+ 与 Nessler 试剂($K_2[HgI_4]+KOH$)反应生成红棕色的沉淀:

$$NH_4^+ + 2[HgI_4]^{2-} + 4OH^- \longrightarrow HgO\cdot HgNH_2I(s) + 7I^- + 3H_2O$$

Nessler 试剂是 $K_2[HgI_4]$ 的碱性溶液,如果溶液中有 Fe^{3+},Cr^{3+},Co^{2+} 和 Ni^{2+} 等离子,能与 KOH 反应生成深色的氢氧化物沉淀,从而干扰 NH_4^+ 的鉴定,为此可改用下述方法:在原试液中加入 NaOH 溶液,并微热,用滴加 Nessler 试剂的滤纸条检验逸出的氨气,由于 $NH_3(g)$ 与 Nessler 试剂作用,使滤纸上出现红棕色斑点。

$$NH_3(g) + 2[HgI_4]^{2-} + 3OH^- \longrightarrow HgO\cdot HgNH_2I(s) + 7I^- + 2H_2O$$

鉴定步骤:

(1) 取 10 滴试液于试管中,加入 2 $mol\cdot L^{-1}$ NaOH 溶液使试液呈碱性,微热,并用滴加 Nessler 试剂的滤纸条检验逸出的气体,如有红棕色斑点出现,表示有 NH_4^+ 存在。

(2) 取 10 滴试液于试管中,加入 2 $mol\cdot L^{-1}$ NaOH 溶液碱化,微热,并用润湿的红色石蕊试纸(或用 pH 试纸)检验逸出的气体,如试纸显蓝色,表示有 NH_4^+ 存在。

2. K^+

K^+ 与 $Na_3[Co(NO_2)_6]$(俗称钴亚硝酸钠)在中性或稀醋酸介质中反应,生成亮黄色 $K_2Na[Co(NO_2)_6]$ 沉淀:

$$2K^+ + Na^+ + [Co(NO_2)_6]^{3-} \longrightarrow K_2Na[Co(NO_2)_6](s)$$

强酸与强碱均能使试剂分解,妨碍鉴定,因此,在鉴定时必须将溶液调节至中性或微酸性。

NH_4^+ 也能与试剂反应生成橙色 $(NH_4)_3[Co(NO_2)_6]$ 沉淀,干扰 K^+ 的鉴定。为此,要在水浴上加热 2 min 使橙色沉淀完全分解。

$$NO_2^- + NH_4^+ \longrightarrow N_2(g) + 2H_2O$$

加热时,亮黄色的 $K_2Na[Co(NO_2)_6]$ 无变化,从而消除了 NH_4^+ 的干扰。

Cu^{2+},Fe^{3+},Co^{2+} 和 Ni^{2+} 等有色离子对鉴定也有干扰。

鉴定步骤:取 3～4 滴试液于试管中,加入 4～5 滴 0.5 $mol \cdot L^{-1}$ Na_2CO_3 溶液,加热,使有色离子变为碳酸盐沉淀。离心分离,在所得清液中加入 6 $mol \cdot L^{-1}$ HAc 溶液,再加入 2 滴 $Na_3[Co(NO_2)_6]$ 溶液,最后将试管放入沸水浴中加热2 min,若试管中有亮黄色沉淀,表示有 K^+ 存在。

3. Na^+

Na^+ 与 $Zn(Ac)_2 \cdot UO_2(Ac)_2$(醋酸铀酰锌)在中性或醋酸酸性介质中反应,生成淡黄色结晶状醋酸铀酰锌钠沉淀:

$$Na^+ + Zn^{2+} + 3UO_2^{2+} + 8Ac^- + HAc + 9H_2O \longrightarrow NaAc \cdot Zn(Ac)_2 \cdot 3UO_2(Ac)_2 \cdot 9H_2O(s) + H^+$$

在碱性溶液中,$UO_2(Ac)_2$ 可生成 $(NH_4)_2U_2O_7$ 或 $K_2U_2O_7$ 沉淀;在强酸性溶液中,醋酸铀酰锌钠沉淀的溶解度增加,因此,鉴定反应必须在中性或微酸性溶液中进行。

其他金属离子有干扰,可加 EDTA 配位掩蔽。

鉴定步骤:取 3 滴试液于试管中,加 6 $mol \cdot L^{-1}$ 氨水中和至碱性,再加6 $mol \cdot L^{-1}$ HAc 溶液酸化,然后加 3 滴饱和 EDTA 溶液和 6～8 滴醋酸铀酰锌,充分摇荡,放置片刻,若有淡黄色结晶状沉淀生成,表示有 Na^+ 存在。

4. Mg^{2+}

Mg^{2+} 与镁试剂 I(对硝基苯偶氮间苯二酚)在碱性介质中反应,生成蓝色螯合物沉淀:

HO— —N=N— —NO_2
OH

(镁试剂 I)

HO— —N=N— —NO_2(s)
O — Mg/2

(蓝色沉淀)

有些能生成深色氢氧化物沉淀的离子对鉴定有干扰,可用 EDTA 配位掩蔽。

鉴定步骤:取 1 滴试液于点滴板上,加 2 滴 EDTA 饱和溶液,搅拌后,加 1 滴镁试剂 I,1 滴 6 $mol \cdot L^{-1}$ NaOH 溶液,如有蓝色沉淀生成,表示有 Mg^{2+} 存在。

5. Ca^{2+}

Ca^{2+} 与乙二醛双缩[2-羟基苯胺](简称 GBHA)在 pH = 12～12.6 的条件下反应生成红色螯合物沉淀:

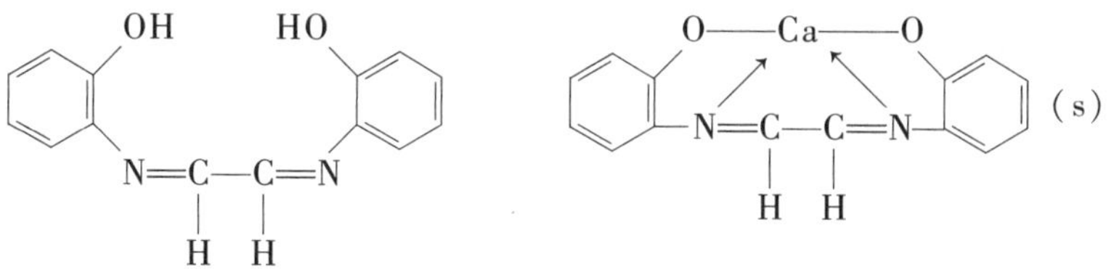

（GBHA）　　　　（红色）

沉淀能溶于 $CHCl_3$ 中，Ba^{2+}，Sr^{2+}，Ni^{2+}，Co^{2+}，Cu^{2+} 等与 GBHA 反应生成有色沉淀，但不溶于 $CHCl_3$，故它们对 Ca^{2+} 的鉴定无干扰，而对 Cd^{2+} 的鉴定有干扰。

鉴定步骤：取 1 滴试剂于试管中，加入 10 滴 $CHCl_3$，加入 4 滴 0.2% GBHA 溶液、2 滴 6 $mol \cdot L^{-1}$ NaOH 溶液、2 滴 1.5 $mol \cdot L^{-1}$ Na_2CO_3 溶液，摇荡试管，如果 $CHCl_3$ 层显红色，表示有 Ca^{2+} 存在。

6. Sr^{2+}

由于易挥发的锶盐如 $SrCl_2$ 置于煤气灯氧化焰中灼烧，能产生猩红色火焰，故可利用焰色反应鉴定 Sr^{2+}。若样品是不易挥发的 $SrSO_4$，应采用 Na_2CO_3 使它转化为 $SrCO_3$，再加盐酸使 $SrCO_3$ 转化为 $SrCl_2$。

鉴定步骤：取 4 滴样品于试管中，加入 4 滴 0.5 $mol \cdot L^{-1}$ Na_2CO_3 溶液，在水浴上加热得 $SrCO_3$ 沉淀，离心分离。在沉淀中加 2 滴 6 $mol \cdot L^{-1}$ HCl 溶液，使其溶解为 $SrCl_2$ 溶液，然后用清洁的镍铬丝或铂丝蘸取 $SrCl_2$ 溶液置于煤气灯的氧化焰中灼烧，如有猩红色火焰，表示有 Sr^{2+} 存在。

注意，在进行焰色反应前，应先将镍铬丝或铂丝蘸取浓 HCl 溶液在煤气灯的氧化焰中灼烧，反复数次，直至火焰无色。

7. Ba^{2+}

在弱酸性介质中，Ba^{2+} 与 K_2CrO_4 反应生成黄色 $BaCrO_4$ 沉淀：

$$Ba^{2+} + CrO_4^{2-} \longrightarrow BaCrO_4(s)$$

沉淀不溶于醋酸，但可溶于强酸。因此鉴定反应必须在弱酸中进行。

Pb^{2+}，Hg^{2+}，Ag^{+} 等离子也能与 K_2CrO_4 反应生成不溶于醋酸的有色沉淀，为此，可预先用金属锌使 Hg^{2+}，Pb^{2+}，Ag^{+} 等还原成金属单质而除去。

鉴定步骤：取 4 滴样品于试管中，加浓 $NH_3 \cdot H_2O$ 使样品呈碱性，再加锌粉少许，在沸水浴中加热 1～2 min，并不断搅拌，离心分离。在溶液中加醋酸酸化，加3～4滴 K_2CrO_4 溶液，摇荡，在沸水浴中加热，如有黄色沉淀，表示有 Ba^{2+} 存在。

8. Al^{3+}

Al^{3+} 与铝试剂（金黄色素三羧基铵盐）在 pH＝6～7 介质中反应，生成红色絮状螯合物沉淀：

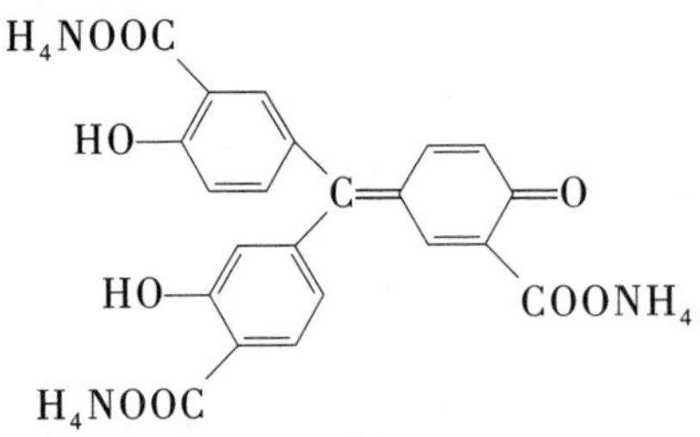

(铝试剂) 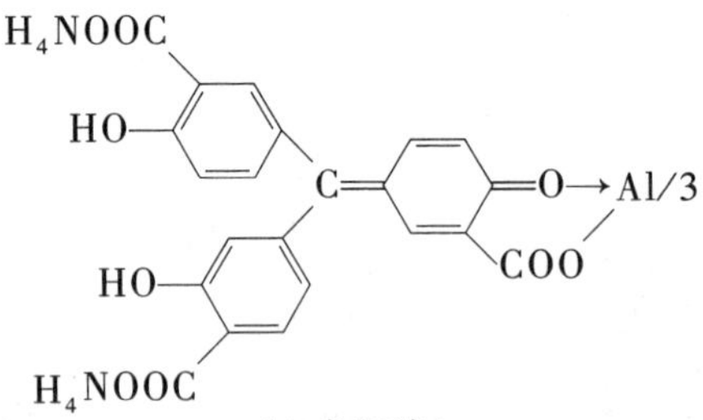　　(红色沉淀)

Cu^{2+},Bi^{3+},Fe^{3+},Cr^{3+},Ca^{2+}等离子干扰鉴定,Fe^{3+},Bi^{3+}可预先加 NaOH 使之生成 $Fe(OH)_3$,$Bi(OH)_3$ 而除去。Cr^{3+},Cu^{2+}与铝试剂的螯合物能被 $NH_3 \cdot H_2O$ 分解。Ca^{2+}与铝试剂的螯合物能被$(NH_4)_2CO_3$ 转化为$CaCO_3$。

鉴定步骤:取 4 滴试液于试管中,加 6 $mol \cdot L^{-1}$NaOH 溶液碱化,并过量 2 滴,加 2 滴 3% H_2O_2 溶液,加热 2 min,离心分离。用 6 $mol \cdot L^{-1}$HAc 溶液将溶液酸化,调 pH=6～7,加 3 滴铝试剂,摇荡后,放置片刻,加 6 $mol \cdot L^{-1}$ $NH_3 \cdot H_2O$ 碱化,置于水浴上加热,如有橙红色(有 CrO_4^{2-} 存在)物质生成,可离心分离。用去离子水洗涤沉淀,如沉淀为红色,表示有 Al^{3+}存在。

9. Sn^{2+}

(1) 与 $HgCl_2$ 反应　$SnCl_2$ 溶液中 Sn(Ⅱ)主要以 $SnCl_4^{2-}$ 形式存在。$SnCl_4^{2-}$ 与适量 $HgCl_2$ 反应生成白色 Hg_2Cl_2 沉淀:

$$SnCl_4^{2-}+2HgCl_2 \longrightarrow SnCl_6^{2-}+Hg_2Cl_2(s)$$

如果 $SnCl_4^{2-}$ 过量,则沉淀变为灰色,即 Hg_2Cl_2 与 Hg 的混合物,最后变为黑色,即 Hg(s)。

$$SnCl_4^{2-}+Hg_2Cl_2(s) \longrightarrow SnCl_6^{2-}+2Hg(s)$$

加入铁粉,可使许多电极电势大的电对的离子还原为金属,预先分离,从而消除干扰。

鉴定步骤:取 2 滴试液于试管中,加 2 滴 6 $mol \cdot L^{-1}$ HCl 溶液,加少许铁粉,在水浴上加热至作用完全,不再有气泡产生为止。吸取清液于另一干净试管中,加入 2 滴 $HgCl_2$ 溶液,如有白色沉淀生成,表示有 Sn^{2+}存在。

(2) 与甲基橙反应　$SnCl_4^{2-}$ 与甲基橙在浓 HCl 溶液介质中加热发生反应,甲基橙被还原为氢化甲基橙而褪色:

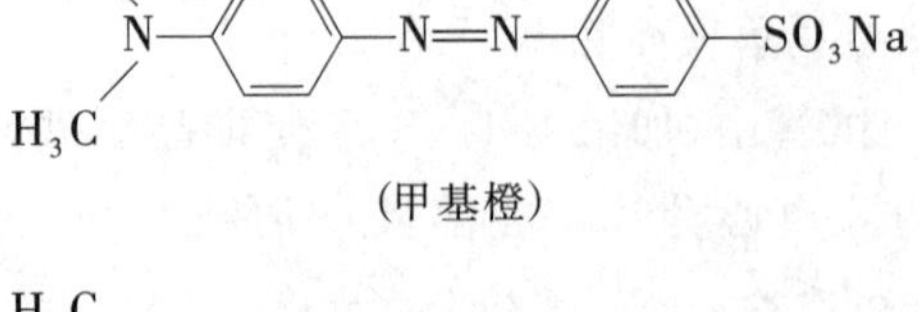

(甲基橙)

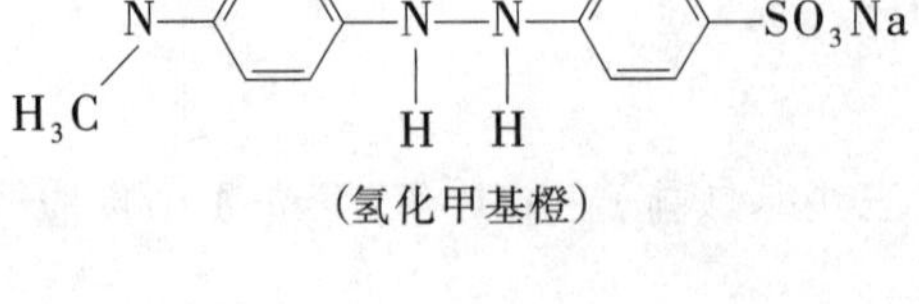

(氢化甲基橙)

鉴定步骤：取 2 滴试液于试管中，加 2 滴浓 HCl 溶液及 1 滴 0.01%甲基橙，加热，如甲基橙褪色，表示有 Sn^{2+}存在。

10. Pb^{2+}

Pb^{2+}与 K_2CrO_4 在稀 HAc 溶液中反应生成难溶的黄色 $PbCrO_4$ 沉淀：

$$Pb^{2+}+CrO_4^{2-} \longrightarrow PbCrO_4(s)$$

沉淀溶于 NaOH 溶液及浓 HNO_3 溶液：

$$PbCrO_4(s)+3OH^- \longrightarrow [Pb(OH)_3]^-+CrO_4^{2-}$$

$$2PbCrO_4(s)+2H^+ \longrightarrow 2Pb^{2+}+Cr_2O_7^{2-}+H_2O$$

沉淀难溶于稀 HAc 溶液、稀 HNO_3 溶液及 $NH_3 \cdot H_2O$。

Ba^{2+}，Bi^{3+}，Hg^{2+}，Ag^+等离子在 HAc 溶液中也能与 CrO_4^{2-} 作用生成有色沉淀，所以这些离子的存在对 Pb^{2+}的鉴定有干扰。可先加入 H_2SO_4 溶液，使 Pb^{2+}生成 $PbSO_4$ 沉淀，再用 NaOH 溶液溶解 $PbSO_4$，从而使 Pb^{2+}与其他难溶硫酸盐如 $BaSO_4$，$SrSO_4$ 等分开。

鉴定步骤：取 4 滴试液于试管中，加 2 滴 6 $mol \cdot L^{-1}$ H_2SO_4 溶液，加热几分钟，摇荡，使 Pb^{2+}沉淀完全，离心分离。在沉淀中加入过量 6 $mol \cdot L^{-1}$ NaOH 溶液，并加热 1 min，使 $PbSO_4$ 转化为 $[Pb(OH)_3]^-$，离心分离。在清液中加 6 $mol \cdot L^{-1}$ HAc 溶液，再加 2 滴 0.1 $mol \cdot L^{-1}$ K_2CrO_4 溶液，如有黄色沉淀，表示有 Pb^{2+}存在。

11. Bi^{3+}

Bi^{3+}在碱性溶液中能被 Sn(Ⅱ)还原为黑色的金属铋：

$$2Bi(OH)_3+3[Sn(OH)_4]^{2-} \longrightarrow 2Bi(s)+3[Sn(OH)_6]^{2-}$$

鉴定步骤：取 3 滴试液于试管中，加入浓 $NH_3 \cdot H_2O$，Bi^{3+}变为 $Bi(OH)_3$ 沉淀，离心分离。洗涤沉淀，以除去可能共存的Cu(Ⅱ)和 Cd(Ⅱ)。在沉淀中加入少量新配制的 $Na_2[Sn(OH)_4]$ 溶液，如沉淀变黑，表示有 Bi^{3+}存在。

$Na_2[Sn(OH)_4]$ 溶液的配制方法：取几滴 $SnCl_2$ 溶液于试管中，加入 NaOH 溶液至生成的 $Sn(OH)_2$ 白色沉淀恰好溶解，便得到澄清的 $Na_2[Sn(OH)_4]$ 溶液。

12. Sb^{3+}

Sb^{3+}在酸性溶液中能被金属锡还原为金属锑：

$$2SbCl_6^{3-}+3Sn \longrightarrow 2Sb(s)+3SnCl_4^{2-}$$

当有砷离子存在时，也能在金属锡上生成黑色斑点(As)，但 As 与 Sb 不同，当用水洗去锡箔上的酸后加新配制的 NaBrO 溶液则溶解。注意一定要将 HCl 洗净，否则在酸性条件下，NaBrO 也能使 Sb 的黑色斑点溶解。

Hg_2^{2+}，Bi^{3+}等离子也干扰 Sb^{3+}的鉴定，可用 $(NH_4)_2S$ 预先分离。

鉴定步骤：取 6 滴试液于试管中，加 6 $mol \cdot L^{-1}$ $NH_3 \cdot H_2O$ 使溶液碱化，加 5 滴 0.5 $mol \cdot L^{-1}$

$(NH_4)_2S$ 溶液,充分摇荡,于水浴上加热 5 min 左右,离心分离。在溶液中加 6 mol·L^{-1} HCl 溶液,使其呈微酸性,并加热 3～5 min,离心分离。沉淀中加 3 滴浓 HCl 溶液,再加热使 Sb_2S_3 溶解。取此溶液滴在锡箔上,片刻锡箔上出现黑斑。用水洗去酸,再用 1 滴新配制的 NaBrO 溶液处理,黑斑不消失,表示有 Sb^{3+}存在。

13. As(Ⅲ),As(Ⅴ)

砷常以 AsO_3^{3-},AsO_4^{3-} 形式存在。

AsO_3^{3-} 在碱性溶液中能被金属锌还原为 AsH_3 气体:

$$AsO_3^{3-}+3OH^-+3Zn+6H_2O \longrightarrow 3Zn(OH)_4^{2-}+AsH_3(g)$$

AsH_3 气体能与 $AgNO_3$ 作用,生成的产物由黄色逐渐变为黑色:

$$6AgNO_3+AsH_3 \longrightarrow Ag_3As \cdot 3AgNO_3(\text{黄})+3HNO_3$$

$$Ag_3As \cdot 3AgNO_3+3H_2O \longrightarrow H_3AsO_3+3HNO_3+6Ag(s,\text{黑色})$$

这是鉴定 AsO_3^{3-} 的特效反应。若是 AsO_4^{3-} 应预先用亚硫酸还原。

鉴定步骤:取 3 滴试液于试管中,加 6 mol·L^{-1} NaOH 溶液使其碱化,再加少许 Zn 粒,立刻用一小团脱脂棉塞在试管上部,再用 5% $AgNO_3$ 溶液浸过的滤纸盖在试管口上,置于水浴中加热,如滤纸上 $AgNO_3$ 斑点渐渐变黑,表示有 AsO_3^{3-} 存在。

14. Ti^{4+}

Ti^{4+}能与 H_2O_2 反应生成橙色的过钛酸溶液:

$$Ti^{4+}+4Cl^-+H_2O_2 \longrightarrow \left[\begin{array}{c} O \\ | \\ O \end{array}\!\!\!> TiCl_4\right]^{2-}+2H^+$$

Fe^{3+},CrO_4^{2-},MnO_4^- 等有色离子都干扰 Ti^{4+} 鉴定,但可用 $NH_3 \cdot H_2O$ 和 NH_4Cl 沉淀 Ti^{4+},从而与其他离子分离。Fe^{3+}可加 H_3PO_4 配位掩蔽。

鉴定步骤:取 4 滴试液于试管中,加入 7 滴浓氨水和 5 滴 1 mol·L^{-1} NH_4Cl 溶液摇荡,离心分离。在沉淀中加 2～3 滴浓 HCl 溶液和 4 滴浓 H_3PO_4 溶液,使沉淀溶解再加 4 滴 3% H_2O_2 溶液,摇荡,如溶液呈橙色,表示有 Ti^{4+}存在。

15. Cr^{3+}

生成过氧化铬 $CrO(O_2)_2$ 的反应　Cr^{3+}在碱性介质中可被 H_2O_2 或 Na_2O_2 氧化为 CrO_4^{2-}:

$$2[Cr(OH)_4]^-+3H_2O_2+2OH^- \xrightarrow{\triangle} 2CrO_4^{2-}+8H_2O$$

加硝酸酸化,溶液由黄色变为橙色:

$$2CrO_4^{2-}+2H^+ \rightleftharpoons Cr_2O_7^{2-}+H_2O$$

在含有 $Cr_2O_7^{2-}$ 的酸性溶液中,加戊醇(或乙醚),加少量 H_2O_2 溶液,摇荡后戊醇层呈蓝色。

$$Cr_2O_7^{2-}+4H_2O_2+2H^+ \longrightarrow 2CrO(O_2)_2+5H_2O$$

蓝色的 $CrO(O_2)_2$ 在水溶液中不稳定,在戊醇中较稳定。溶液酸度应控制在pH=2～3,当酸度过大时(pH<1),则

$$4CrO(O_2)_2+12H^+ \longrightarrow 4Cr^{3+}+7O_2(g)+6H_2O$$

溶液变蓝绿色(Cr^{3+}颜色)。

鉴定步骤:取 2 滴试液于试管中,加 2 $mol \cdot L^{-1}$ NaOH 溶液至生成沉淀又溶解,再多加 2 滴。加 3% H_2O_2 溶液,微热,溶液呈黄色。冷却后再加 5 滴 3% H_2O_2 溶液,加 1 mL 戊醇(或乙醚),最后慢慢滴加 6 $mol \cdot L^{-1}$ HNO_3 溶液,注意,每加 1 滴 HNO_3 溶液都必须充分摇荡。如戊醇层呈蓝色,表示有 Cr^{3+}存在。

16. Mn^{2+}

Mn^{2+}在稀硝酸或稀硫酸介质中可被 $NaBiO_3$ 氧化为紫红色 MnO_4^-:

$$2Mn^{2+}+5NaBiO_3(s)+14H^+ \longrightarrow 2MnO_4^-+5Bi^{3+}+5Na^++7H_2O$$

过量 Mn^{2+}会将生成的 MnO_4^- 还原为 $MnO(OH)_2(s)$。Cl^-及其他还原剂存在,对 Mn^{2+}的鉴定有干扰,因此不能在 HCl 溶液中鉴定 Mn^{2+}。

鉴定步骤:取 2 滴试液于试管中,加 6 $mol \cdot L^{-1}$ HNO_3 溶液使其酸化,加少量 $NaBiO_3$ 固体,摇荡后,静置片刻,如溶液呈紫红色,表示有 Mn^{2+}存在。

Mn^{2+}的鉴定

17. Fe^{2+}

Fe^{2+}与 $K_3[Fe(CN)_6]$在 pH<7 溶液中反应,生成深蓝色沉淀(滕氏蓝):

$$xFe^{2+}+xK^++x[Fe(CN)_6]^{3-} \longrightarrow [KFe(\text{Ⅲ})(CN)_6Fe(\text{Ⅱ})]_x(s)$$

$[KFe(CN)_6Fe]_x$ 沉淀能被强碱分解,生成红棕色 $Fe(OH)_3$ 沉淀。

鉴定步骤:取 1 滴试液于点滴板上,加 1 滴 2 $mol \cdot L^{-1}$ HCl 溶液酸化,加 1 滴 0.1 $mol \cdot L^{-1}$ $K_3[Fe(CN)_6]$溶液,如出现深蓝色沉淀,表示有 Fe^{2+}存在。

18. Fe^{3+}

(1) 与 KSCN 或 NH_4SCN 反应 Fe^{3+}与 SCN^-在稀酸介质中反应,生成可溶于水的深红色 $[Fe(NCS)_n]^{3-n}$:

$$Fe^{3+}+nSCN^- \rightleftharpoons [Fe(NCS)_n]^{3-n} \qquad (n=1 \sim 6)$$

$[Fe(NCS)_n]^{3-n}$能被碱分解,生成红棕色 $Fe(OH)_3$ 沉淀。浓硫酸及浓硝酸能使试剂分解:

$$SCN^-+H_2SO_4+H_2O \longrightarrow NH_4^++COS(g)+SO_4^{2-}$$

$$3SCN^-+13NO_3^-+10H^+ \longrightarrow 3CO_2(g)+3SO_4^{2-}+16NO(g)+5H_2O$$

鉴定步骤:取 1 滴试液于点滴板上,加 1 滴 2 $mol \cdot L^{-1}$ HCl 溶液酸化,再加 1 滴0.1 $mol \cdot L^{-1}$ KSCN 溶液,如溶液显红色,表示有 Fe^{3+}存在。

(2) 与 $K_4[Fe(CN)_6]$反应 Fe^{3+}与 $K_4[Fe(CN)_6]$反应生成蓝色沉淀(普鲁士蓝):

$$xFe^{3+} + xK^{+} + x[Fe(CN)_6]^{4-} \longrightarrow [KFe(Ⅲ)(CN)_6Fe(Ⅱ)]_x(s)$$

沉淀不溶于稀酸,但能被浓盐酸分解,也能被 NaOH 溶液转化为红棕色$Fe(OH)_3$沉淀。

鉴定步骤:取 1 滴试液于点滴板上,加 1 滴 2 $mol \cdot L^{-1}$ HCl 溶液及 1 滴$K_4[Fe(CN)_6]$溶液,如立即生成蓝色沉淀,表示有 Fe^{3+}存在。

19. Co^{2+}

Co^{2+}在中性或微酸性溶液中与 KSCN 反应生成蓝色的$[Co(NCS)_4]^{2-}$:

$$Co^{2+} + 4SCN^{-} \longrightarrow [Co(NCS)_4]^{2-}$$

该配离子在水溶液中不稳定,但在丙酮溶液中较稳定。Fe^{3+}的干扰可加 NaF 来掩蔽。大量 Ni^{2+}存在,溶液呈浅蓝色,干扰鉴定。

鉴定步骤:取 5 滴试液于试管中,加入数滴丙酮,再加少量 KSCN(s)或 $NH_4SCN(s)$,经充分摇荡,若溶液呈鲜艳的蓝色,表示有 Co^{2+}存在。

20. Ni^{2+}

Ni^{2+}与丁二酮肟在弱碱性溶液中反应,生成鲜红色螯合物沉淀:

$$Ni^{2+} + 2\begin{array}{l} CH_3—C{=}N—OH \\ \quad\ \ | \\ CH_3—C{=}N—OH \end{array} + 2NH_3 \longrightarrow \begin{array}{ccccccc} & & & H & & & \\ & & O & & O & & \\ H_3C & & N & & N & & CH_3 \\ & C & & & & C & \\ & & & Ni & & & \\ & C & & & & C & \\ H_3C & & N & & N & & CH_3 \\ & & O & & O & & \\ & & & H & & & \end{array}(s) + 2NH_4^{+}$$

大量的 Co^{2+},Fe^{2+},Fe^{3+},Cu^{2+}等离子因为与试剂反应生成有色的沉淀,故干扰 Ni^{2+}的鉴定。可预先分离这些离子。

鉴定步骤:取 5 滴试液于试管中,加入 5 滴 2 $mol \cdot L^{-1}$氨水使试液碱化,加 1 滴 1%丁二酮肟溶液,若出现鲜红色沉淀,表示有 Ni^{2+}存在。

21. Cu^{2+}

Cu^{2+}与 $K_4[Fe(CN)_6]$在中性或弱酸性介质中反应,生成红棕色$Cu_2[Fe(CN)_6]$沉淀。

$$2Cu^{2+} + [Fe(CN)_6]^{4-} \longrightarrow Cu_2[Fe(CN)_6](s)$$

沉淀难溶于稀 HCl 溶液,HAc 溶液及稀 $NH_3 \cdot H_2O$,但易溶于浓 $NH_3 \cdot H_2O$:

$$Cu_2[Fe(CN)_6](s) + 8NH_3 \longrightarrow 2[Cu(NH_3)_4]^{2+} + [Fe(CN)_6]^{4-}$$

沉淀易被 NaOH 溶液转化为 $Cu(OH)_2$:

$$Cu_2[Fe(CN)_6](s)+4OH^- \longrightarrow 2Cu(OH)_2(s)+[Fe(CN)_6]^{4-}$$

Fe^{3+}干扰 Cu^{2+}的鉴定，可加 NaF 掩蔽 Fe^{3+}，或加 6 mol·L^{-1} $NH_3·H_2O$ 及 1 mol·L^{-1} NH_4Cl 溶液使 Fe^{3+}生成 $Fe(OH)_3$ 沉淀，将 $Fe(OH)_3$ 完全分离出去，而 Cu^{2+}生成$[Cu(NH_3)_4]^{2+}$留在溶液中，用 HCl 溶液酸化后，再加$K_4[Fe(CN)_6]$检验 Cu^{2+}。

鉴定步骤：取 1 滴试液于点滴板上，加 2 滴 0.1 mol·L^{-1} $K_4[Fe(CN)_6]$溶液，若生成红棕色沉淀，表示有 Cu^2存在。

22. Zn^{2+}

Zn^{2+}在强碱性溶液中与二苯硫腙反应生成粉红色螯合物。

```
   NH—NH—C6H5              NH—N—C6H5
  /                        /    /
C=S                      C=S→Zn/2
  \                        \
   N=N—C6H5                 N=N—C6H5
  （二苯硫腙）              （粉红色螯合物）
```

生成的螯合物在水溶液中难溶，显粉红色，在 CCl_4 中易溶，显棕色。

鉴定步骤：取 2 滴试液于试管中，加入 5 滴 6 mol·L^{-1} NaOH 溶液，再加 10 滴 CCl_4，2 滴二苯硫腙溶液，摇荡，如水层显粉红色，CCl_4 层由绿色变棕色，表示有 Zn^{2+}存在。

23. Ag^+

Ag^+与稀 HCl 溶液反应生成白色 AgCl 沉淀。AgCl 沉淀能溶于浓 HCl 溶液或浓 KI 溶液形成$[AgCl_2]^-$或$[AgI_3]^{2-}$等配离子。AgCl 沉淀也能溶于稀 $NH_3·H_2O$ 形成$[Ag(NH_3)_2]^+$配离子：

$$AgCl(s)+2NH_3 \longrightarrow [Ag(NH_3)_2]^++Cl^-$$

利用此反应与其他阳离子氯化物沉淀分离。在溶液中加 HNO_3 溶液，重新得到 AgCl 沉淀：

$$[Ag(NH_3)_2]^++Cl^-+2H^+ \longrightarrow AgCl(s)+2NH_4^+$$

或者在溶液中加入 KI 溶液，得到黄色 AgI 沉淀。

鉴定步骤：取 5 滴试液于试管中，加 5 滴 2 mol·L^{-1} HCl 溶液，置一水浴上温热，使沉淀聚集，离心分离。沉淀用热的去离子水洗一次，然后加入过量6 mol·L^{-1} $NH_3·H_2O$，摇荡，如有不溶沉淀物存在时，离心分离。取一部分溶液于试管中加 2 mol·L^{-1} HNO_3 溶液，如有白色沉淀，表示有 Ag^+存在。或取一部分溶液于一试管中，加入 0.1 mol·L^{-1} KI 溶液，如有黄色沉淀生成，表示有 Ag^+存在。

24. Cd^{2+}

Cd^{2+}与 S^{2-}反应生成黄色 CdS 沉淀。沉淀溶于 6 mol·L^{-1} HCl 溶液和稀 HNO_3 溶液，但不溶于 Na_2S 溶液，$(NH_4)_2S$ 溶液，NaOH 溶液，KCN 溶液和 HAc 溶液。

可用控制溶液酸度的方法与其他离子分离并鉴定。

鉴定步骤:取 3 滴试液于试管中,加 10 滴 2 $mol \cdot L^{-1}$ HCl 溶液,再加 3 滴 0.1$mol \cdot L^{-1}$ Na_2S 溶液,可使 Cu^{2+} 沉淀,而 Co^{2+},Ni^{2+} 和 Cd^{2+} 均无反应,离心分离。在清液中加 30% NH_4Ac 溶液,使酸度降低,若有黄色沉淀析出,表示有 Cd^{2+} 存在。在该酸度下,Co^{2+},Ni^{2+} 不会生成硫化物沉淀。

25. Hg^{2+},Hg_2^{2+}

(1) Hg^{2+} 能被 Sn^{2+} 逐步还原,最后还原为金属汞,沉淀由白色(Hg_2Cl_2)变为灰色或黑色(Hg):

$$2HgCl_2+SnCl_4^{2-} \longrightarrow Hg_2Cl_2(s)+SnCl_6^{2-}$$

$$Hg_2Cl_2+SnCl_4^{2-} \longrightarrow 2Hg(s)+SnCl_6^{2-}$$

鉴定步骤:取 2 滴试液,加 2～3 滴 0.1 $mol \cdot L^{-1}$ $SnCl_2$ 溶液,若生成白色沉淀,并逐渐转变为灰色或黑色,表示有 Hg^{2+} 存在。

(2) Hg^{2+} 能与 KI 和 $CuSO_4$ 反应生成橙红色 $Cu_2[HgI_4]$ 沉淀。

$$Hg^{2+}+4I^- \longrightarrow [HgI_4]^{2-}$$

$$2Cu^{2+}+4I^- \longrightarrow 2CuI(s)+I_2$$

$$2CuI(s)+[HgI_4]^{2-} \longrightarrow Cu_2[HgI_4](s)+2I^-$$

为了除去棕黄色的 I_2,可用 Na_2SO_3 还原 I_2:

$$SO_3^{2-}+I_2+H_2O \longrightarrow SO_4^{2-}+2H^++2I^-$$

鉴定步骤:取 2 滴试液,加 2 滴 4% KI 溶液和 2 滴 $CuSO_4$ 溶液,再加少量 Na_2SO_3 固体,如生成橙红色 $Cu_2[HgI_4]$ 沉淀,表示有 Hg^{2+} 存在。

(3) 可将 Hg_2^{2+} 氧化为 Hg^{2+},再鉴定 Hg^{2+}。

欲将 Hg_2^{2+} 从混合阳离子中分离出来,常常加稀 HCl 溶液使 Hg_2^{2+} 生成 Hg_2Cl_2 沉淀。在常见阳离子中还有 Ag^+,Pb^{2+} 的氯化物难溶于水。由于 $PbCl_2$ 溶解度较大,可溶于热水,可与 Hg_2Cl_2,AgCl 分离。在 Hg_2Cl_2,AgCl沉淀中加 HNO_3 酸化的稀 HCl 溶液,AgCl 不溶解,Hg_2Cl_2 溶解,同时被氧化为 $HgCl_2$,从而使 Hg_2^{2+} 与 Ag^+分离开:

$$3Hg_2Cl_2(s)+2HNO_3+6HCl = 6HgCl_2+2NO(g)+4H_2O$$

鉴定步骤:取 3 滴试液于试管中,加入 3 滴 2 $mol \cdot L^{-1}$HCl 溶液,充分摇荡,置于水浴上加热 1 min,趁热分离。沉淀用热 HCl 水(1 mL 水加 1 滴2 $mol \cdot L^{-1}$HCl 溶液配成)洗 2 次。于沉淀中加 2 滴浓 HNO_3 溶液及 1 滴 2 $mol \cdot L^{-1}$HCl 溶液,摇荡,并加热 1 min,则 Hg_2Cl_2 溶解,而 AgCl 沉淀不溶解,离心分离。于溶液中加 2 滴 4% KI 溶液,2 滴 2% $CuSO_4$ 溶液及少量 Na_2SO_3 固体,如生成橙红色$Cu_2[HgI_4]$沉淀,表示有 Hg_2^{2+} 存在。

附录八　常见阴离子的鉴定

1. CO_3^{2-}

将试液酸化后产生的 CO_2 气体导入 $Ba(OH)_2$ 溶液，能使 $Ba(OH)_2$ 溶液变浑浊。SO_3^{2-} 对 CO_3^{2-} 的检出有干扰，可在酸化前加入 H_2O_2 溶液，使 SO_3^{2-}，S^{2-} 氧化为 SO_4^{2-}：

$$SO_3^{2-}+H_2O_2 \longrightarrow SO_4^{2-}+H_2O$$

$$S^{2-}+4H_2O_2 \longrightarrow SO_4^{2-}+4H_2O$$

鉴定步骤：取 10 滴试液于试管中，加入 10 滴 3% H_2O_2 溶液，置于水浴上加热 3 min，如果检验溶液中无 SO_3^{2-}，S^{2-} 存在时，可向溶液中一次加入半滴管 6 $mol \cdot L^{-1}$ HCl 溶液，并立即插入吸有饱和 $Ba(OH)_2$ 溶液的带塞滴管，使滴管口悬挂 1 滴溶液，观察溶液是否变浑浊。或者向试管中插入蘸有 $Ba(OH)_2$ 溶液的带塞的镍铬丝小圈，若镍铬丝小圈上的液膜变浑浊，表示有 CO_3^{2-} 存在。

2. NO_3^-

NO_3^- 与 $FeSO_4$ 在浓硫酸介质中反应生成棕色 $[Fe(NO)]SO_4$：

$$6FeSO_4+2NaNO_3+4H_2SO_4 \longrightarrow 3Fe_2(SO_4)_3+2NO(g)+Na_2SO_4+4H_2O$$

$$FeSO_4+NO \longrightarrow [Fe(NO)]SO_4$$

$[Fe(NO)]^{2+}$ 在浓硫酸与试液层界面处生成，呈棕色环状，故称“棕色环”法。

Br^-，I^- 及 NO_2^- 等干扰 NO_3^- 的鉴定。加稀硫酸及 Ag_2SO_4 溶液，使 Br^-，I^- 生成沉淀后分离出去。在溶液中加入尿素，并微热，可除去 NO_2^-：

$$2NO_2^-+CO(NH_2)_2+2H^+ \longrightarrow 2N_2(g)+CO_2(g)+3H_2O$$

鉴定步骤：取 10 滴试液于试管中，加入 5 滴 2 $mol \cdot L^{-1}$ 硫酸溶液，加入 1 mL 0.02 $mol \cdot L^{-1}$ Ag_2SO_4 溶液，离心分离。在清液中加入少量尿素固体，并微热。在溶液中加入少量 $FeSO_4$ 固体，摇荡溶解后，将试管斜持，慢慢沿试管壁滴入 1 mL 浓硫酸。若硫酸层与水溶液层的界面处有“棕色环”出现，表示有 NO_3^- 存在。

3. NO_2^-

(1) NO_2^- 与 $FeSO_4$ 在醋酸介质中反应，生成棕色 $[FeNO]SO_4$：

$$Fe^{2+}+NO_2^-+2HAc \longrightarrow Fe^{3+}+NO(g)+H_2O+2Ac^-$$

$$Fe^{2+}+NO \longrightarrow [FeNO]^{2+}$$

鉴定步骤：取 5 滴试液于试管中，加入 10 滴 0.02 $mol \cdot L^{-1}$ Ag_2SO_4 溶液，若有沉淀生成，离心分离，在清液中加少量 $FeSO_4$ 固体，摇荡溶解后，加入 10 滴 2 $mol \cdot L^{-1}$ HAc 溶液，若溶液呈棕色，表示有 NO_2^- 存在。

（2）NO_2^- 与硫脲在醋酸介质中反应生成 N_2 和 SCN^-：

$$CS(NH_2)_2+HNO_2 \longrightarrow N_2(g)+H^++SCN^-+2H_2O$$

生成的 SCN^- 在稀盐酸介质中与 $FeCl_3$ 反应合成红色 $[Fe(NCS)_n]^{3-n}$。

I^- 干扰 NO_2^- 的鉴定，要预先加 Ag_2SO_4 溶液使 I^- 生成 AgI 而分离出去。

鉴定步骤：取 5 滴试液于试管中，加入 10 滴 0.02 $mol \cdot L^{-1}$ Ag_2SO_4 溶液，离心分离。在清液中，加入 3～5 滴 6 $mol \cdot L^{-1}$ HAc 溶液和 10 滴 8%硫脲溶液，摇荡，再加 5～6 滴 2 $mol \cdot L^{-1}$ HCl 溶液及 1 滴 0.01 $mol \cdot L^{-1}$ $FeCl_3$ 溶液，若溶液显红色，表示有 NO_2^- 存在。

4. PO_4^{3-}

PO_4^{3-} 与 $(NH_4)_2MoO_4$ 在酸性介质中反应，生成黄色的磷钼酸铵沉淀。

$$PO_4^{3-}+3NH_4^++12MoO_4^{2+}+24H^+ \longrightarrow (NH_4)_3PO_4 \cdot 12MoO_3 \cdot 6H_2O(s)+6H_2O$$

S^{2-}，$S_2O_3^{2-}$，SO_3^{2-} 等还原性离子存在时，能使 Mo(Ⅵ)还原成低氧化数化合物。因此，预先加 HNO_3 溶液，并于水浴上加热，以除去这些干扰离子。

鉴定步骤：取 5 滴试液于试管中，加入 10 滴浓 HNO_3 溶液，并置于沸水浴中加热 1～2 min。稍冷后，加入 20 滴 $(NH_4)_2MoO_4$ 溶液，并在水浴中加热至 40～45 ℃，若有黄色沉淀产生，表示有 PO_4^{3-} 存在。

5. S^{2-}

S^{2-} 与 $Na_2[Fe(CN)_5NO]$ 在碱性介质中反应生成紫色的 $[Fe(CN)_5NOS]^{4-}$：

$$S^{2-}+[Fe(CN)_5NO]^{2-} \longrightarrow [Fe(CN)_5NOS]^{4-}$$

鉴定步骤：取 1 滴试液于点滴板上，加 1 滴 1% $Na_2[Fe(CN)_5NO]$ 溶液。若溶液呈紫色，表示有 S^{2-} 存在。

6. SO_3^{2-}

在中性介质中，SO_3^{2-} 与 $Na_2[Fe(CN)_5NO]$，$ZnSO_4$，$K_4[Fe(CN)_6]$ 三种物质反应生成红色沉淀，其组成尚不清楚。在酸性溶液中，红色沉淀消失，因此，如溶液为酸性必须用氨水中和。S^{2-} 干扰 SO_3^{2-} 的鉴定，可加入 $PbCO_3(s)$ 使 S^{2-} 生成 PbS 沉淀：

$$PbCO_3(s)+S^{2-} \longrightarrow PbS(s)+CO_3^{2-}$$

鉴定步骤：取 10 滴试液于试管中，加入少量 $PbCO_3(s)$，摇荡，若沉淀由白色变为黑色，则需要再加少量 $PbCO_3(s)$，直到沉淀呈灰色为止。离心分离。保留清液。

在点滴板上，加饱和 $ZnSO_4$ 溶液，0.1 $mol \cdot L^{-1}$ $K_4[Fe(CN)_6]$ 溶液及 1% $Na_2[Fe(CN)_5NO]$ 溶液各 1 滴，加 1 滴 2 $mol \cdot L^{-1}$ $NH_3 \cdot H_2O$ 将溶液调至中性，最后加 1 滴除去 S^{2-} 的试液。若出现红色沉淀，表示有 SO_3^{2-} 存在。

7. $S_2O_3^{2-}$

$S_2O_3^{2-}$ 与 Ag^+ 反应生成白色 $Ag_2S_2O_3$ 沉淀，但 $Ag_2S_2O_3$ 能迅速分解为 $Ag_2S(s)$ 和 H_2SO_4，颜色由白色变为黄色、棕色，最后变为黑色：

$$2Ag^+ + S_2O_3^{2-} \longrightarrow Ag_2S_2O_3(s)$$

$$Ag_2S_2O_3(s) + H_2O \longrightarrow H_2SO_4 + Ag_2S(s,\text{黑色})$$

S^{2-} 干扰 $S_2O_3^{2-}$ 的鉴定，必须预先除去。

鉴定步骤：取 1 滴除去 S^{2-} 的试液于点滴板上，加 2 滴 0.1 $mol \cdot L^{-1}$ $AgNO_3$ 溶液，若见到白色沉淀生成，并很快变为黄色、棕色，最后变为黑色，表示有 $S_2O_3^{2-}$ 存在。

8. SO_4^{2-}

SO_4^{2-} 与 Ba^{2+} 反应生成 $BaSO_4$ 白色沉淀。

CO_3^{2-}，SO_3^{2-} 等干扰 SO_4^{2-} 的鉴定，可先酸化，以除去这些离子。

鉴定步骤：取 5 滴试液于试管中，加 6 $mol \cdot L^{-1}$ HCl 溶液至无气泡产生，再多加 1～2 滴。加入 1～2 滴 1 $mol \cdot L^{-1}$ $BaCl_2$ 溶液，若生成白色沉淀，表示有 SO_4^{2-} 存在。

9. Cl^-

Cl^- 与 Ag^+ 反应生成白色 AgCl 沉淀。

SCN^- 也能与 Ag^+ 生成白色的 AgSCN 沉淀，因此，SCN^- 存在时干扰 Cl^- 的鉴定。在 2 $mol \cdot L^{-1}$ $NH_3 \cdot H_2O$ 中，AgSCN 难溶，AgCl 易溶，并生成 $[Ag(NH_3)_2]^+$，由此，可将 SCN^- 分离出去。在清液中加 HNO_3 溶液，可降低 NH_3 的浓度，使 AgCl 再次析出。

鉴定步骤：取 10 滴试液于试管中，加 5 滴 6 $mol \cdot L^{-1}$ HNO_3 溶液和 15 滴 0.1 $mol \cdot L^{-1}$ $AgNO_3$ 溶液，在水浴上加热 2 min。离心分离。将沉淀用 2 mL 去离子水洗涤 2 次，使溶液 pH 接近中性，加入 10 滴 12% $(NH_4)_2CO_3$ 溶液，并在水浴中加热 1 min，离心分离。在清液中加 1～2 滴 2 $mol \cdot L^{-1}$ HNO_3 溶液，若有白色沉淀生成，表示有 Cl^- 存在。

10. Br^-，I^-

Br^- 与适量氯水反应游离出 Br_2，溶液显橙红色，再加入 CCl_4 或 $CHCl_3$，有机相显红棕色，水层无色。再加过量氯水，由于生成 BrCl 变为淡黄色：

$$2Br^- + Cl_2 \longrightarrow Br_2 + 2Cl^-$$

$$Br_2 + Cl_2 \longrightarrow 2BrCl$$

I^- 在酸性介质中能被氯水氧化为 I_2，I_2 在 CCl_4 或 $CHCl_3$ 中显紫红色。加过量氯水，则由于 I_2 被氧化为 IO_3^- 而使颜色消失：

$$2I^- + Cl_2 \longrightarrow I_2 + 2Cl^-$$

$$I_2 + 5Cl_2 + 6H_2O \longrightarrow 2HIO_3 + 10HCl$$

若向含有 Br^-，I^- 混合溶液中逐渐加入氯水，由于 I^- 的还原性比 Br^- 强，所以 I^- 首先被氧化，I_2 在 CCl_4 层中显紫红色。如果继续加氯水，Br^- 被氧化为 Br_2，I_2 被进一步氧化为 IO_3^-。这时 CCl_4 层紫红色消失，而呈红棕色。如氯水过量，则 Br_2 被进一步氧化为淡黄色的 BrCl。

鉴定步骤：取 5 滴试液于试管中，加 1 滴 2 mol·L^{-1} H_2SO_4 溶液将溶液酸化，再加 1 mL CCl_4，1 滴氯水，充分摇荡，若 CCl_4 层呈紫红色，表示有 I^- 存在。继续加入氯水，并摇荡，若 CCl_4 层紫红色褪去，又呈现出棕黄色或黄色，则表示有 Br^- 存在。

主要参考书目

郑重声明

高等教育出版社依法对本书享有专有出版权。任何未经许可的复制、销售行为均违反《中华人民共和国著作权法》，其行为人将承担相应的民事责任和行政责任；构成犯罪的，将被依法追究刑事责任。为了维护市场秩序，保护读者的合法权益，避免读者误用盗版书造成不良后果，我社将配合行政执法部门和司法机关对违法犯罪的单位和个人进行严厉打击。社会各界人士如发现上述侵权行为，希望及时举报，我社将奖励举报有功人员。

反盗版举报电话　(010)58581999　58582371

反盗版举报邮箱　dd@hep.com.cn

通信地址　北京市西城区德外大街4号　高等教育出版社法律事务部

邮政编码　100120

读者意见反馈

为收集对教材的意见建议，进一步完善教材编写并做好服务工作，读者可将对本教材的意见建议通过如下渠道反馈至我社。

咨询电话　400-810-0598

反馈邮箱　hepsci@pub.hep.cn

通信地址　北京市朝阳区惠新东街4号富盛大厦1座
高等教育出版社理科事业部

邮政编码　100029